Secrets d'insectes

1 001 curiosités du peuple à 6 pattes

Christophe Bouget
Dessins de Gérald Goujon

Préface de Gilles Boeuf

Éditions Quæ

Éditions Quæ
RD 10
78026 Versailles Cedex, France

© Éditions Quæ, 2016
ISBN : 978-2-7592-2448-7

Aux racines qui nous forgent et aux graines que l'on sème,
À mes grands-parents Jules et Alice, et mes parents Bill et Gisèle,
À Karine,
À Manon, Théo et Jules.

Sommaire

Partie VII. Insectes et cultures : symboles et savants 243

30 L'insecte, sujet et objet d'art 245

31 Un peu de littérature buissonnière... 255

32 L'entomologiste sous la loupe 261

33 L'entomologiste dans l'histoire des sciences 269

34 Les insectes font l'actualité 275

Bibliographie 283

Glossaire 285

Préface

Maintenant qu'une grande partie de la Terre a été explorée, que de nombreuses expéditions ont été organisées, il vient vite à l'esprit du naturaliste l'idée que, sans doute après les bactéries, nous vivons sur une planète « insectes » !
Les trois plus grandes collections du monde (Washington, Londres et Paris) sont à présent bien organisées, répertoriées, classées, numérisées pour certaines d'entre elles. De nouvelles méthodologies sont développées en systématique et en taxinomie, grâce aux approches moléculaires, et toute l'extraordinaire diversité de ce groupe d'arthropodes que sont les insectes – ces fameux hexapodes, les « 6 pattes » – nous apparaît et nous interroge, bien sûr. Nous avons aujourd'hui, archivées dans ces musées, plus de 2 millions d'espèces, tous groupes confondus, des premières cyanobactéries aux métazoaires les plus élaborés, et les insectes en représentent plus de la moitié ! Les collections du Muséum national d'histoire naturelle à Paris comprennent plus de 41 millions de spécimens. Ces chiffres laissent rêveur puisque les estimations du nombre d'insectes vivant aujourd'hui sur la planète oscillent entre 3 et 8 millions d'espèces – une fourchette bien large ! Chaque inventaire terrestre quelque peu fouillé dans un « recoin » de la planète, s'il n'est pas trop « polaire », donne toujours énormément d'espèces nouvelles. Pour la seule année 2012 (dernière liste exhaustive publiée), 10 000 espèces d'insectes nouvellement connues (et plus de 300 fossiles) ont été publiées, soit sur une année autant que tous les oiseaux répertoriés. Un être vivant sur quatre connus aujourd'hui est… un coléoptère, ce qui avait provoqué la célèbre réplique d'Haldane, citée par Christophe Bouget dans son introduction. Par exemple, la seule réserve naturelle de la forêt de la Massane, dans les Pyrénées-Orientales, en France, probablement le « point chaud » le mieux connu en Europe, abrite 6 800 espèces décrites, dont 3 500 insectes sur seulement 336 hectares.
Une telle diversité chez les insectes va donc forcément amener à une infinité de formes, de tailles, de couleurs, de traits d'histoire de vie, de caractéristiques, de comportements, d'étrangetés incroyables dont l'auteur tire judicieusement parti. C'est bien le propos de ce délicieux livre ! Christophe Bouget est un

chercheur engagé dans des approches variées de la biodiversité et il sait ici faire le lien avec le public. Faire partager sa passion en émerveillant le lecteur est aussi un rôle essentiel pour un scientifique. C'est en racontant de belles histoires à partir « d'êtres vivants apparemment sans intérêt » (!) que le scientifique peut convaincre le grand public de l'urgence de protéger, de garder avec nous ce monde vivant qui nous entoure encore. La forme de l'ouvrage s'y prête bien. Étudions une grande libellule : elle pratique 9 techniques de vol, encaisse 30 g en accélération, vole à 80 km/h avec quelques grammes de carburant, durant des heures, possède des sondes de vol, voit à 360 degrés, jusqu'à 300 images par seconde : une superbe source de bio-inspiration !

Pourquoi une telle réussite pour ce groupe ? La diversité est effectivement exceptionnelle et la question de la différenciation d'autant d'espèces, une réelle interrogation scientifique. Revient souvent la question de la « valeur » d'espèce chez les insectes, en fait sa fonction dans l'écosystème ! Surtout, cela ramène à la remarque permanente de ne pas considérer la biodiversité comme un unique catalogue d'espèces ! C'est beaucoup plus que cela ! Où y a-t-il plus de biodiversité : dans 350 000 plantes connues ou dans 400 000 coléoptères ? La biodiversité, c'est toute l'information génétique contenue dans un individu, une espèce, une population, un écosystème, et surtout l'ensemble des interactions établies entre les êtres vivants, entre eux et avec leur environnement. C'est en fait la fraction vivante de la Nature.

Les insectes, aussi populeux tant en nombre d'espèces qu'en abondance (par exemple la biomasse de fourmis sur la Terre est à peu près équivalente à celle des humains !), sont extrêmement divers. Ils sont tous pourvus de six pattes et segmentés en tête, thorax et abdomen. Beaucoup volent et possèdent deux paires d'ailes. Ils grandissent par mues successives ou subissent de profondes métamorphoses. Ils ont peuplé tous les milieux continentaux, des eaux douces aux sommets des montagnes, seul l'océan en est quasi dépourvu. Ils sont apparus au Dévonien, il y a plus de 400 millions d'années, issus des crustacés marins, et ont « explosé » en espèces une première fois dans les grandes forêts du Carbonifère vers – 340 millions d'années, puis plus tard au Crétacé vers – 110 millions d'années, où démarrera l'une de leur plus belle aventure, la coévolution avec les plantes à fleurs et la pollinisation. Sur un peu plus d'un million d'espèces animales connues aujourd'hui, 250 000 sont des pollinisateurs chez lesquels la proportion d'insectes est écrasante. S'il y a aujourd'hui autant de différences entre les diversités marine et terrestre, en dehors des aspects physiques liés aux considérations de diversité et d'abondance des niches, de continuité des milieux, de dispersion des gamètes et des larves et d'endémisme, c'est aussi en grande partie à cause des insectes.

Ainsi « décortiqués », les insectes représentent bien un merveilleux support pour persuader nos contemporains de l'urgence de la situation : nous sommes en train, avec nos plantes et animaux domestiques, par nos activités de destruction des écosystèmes, de pollutions massives, de surexploitations des ressources vivantes (la forêt tropicale si riche en insectes), de disséminations anarchiques d'espèces partout et par notre influence avérée sur ce climat qui change trop vite, de provoquer des dégâts irréversibles à nos environnements. Nous ne pouvons nous passer de cette biodiversité née il y a près de 4 milliards d'années, et dont nous sommes sortis il y a seulement quelques millions d'années. À quand beaucoup moins d'arrogance, et beaucoup plus de partage, d'humilité, de respect, de goût de l'harmonie, de place laissée aux non-humains ? À quand enfin un comportement digne de ce terme de « *sapiens* » dont Linné nous a affublés en 1758 ? Changeons et regardons les insectes, scrutons-les, admirons-les, aimons-les, inspirons-nous d'eux… Ce joli livre de Christophe Bouget nous y incite.

Gilles Boeuf,
Professeur à l'université Pierre et Marie Curie

Remerciements

Je tiens à remercier mes premiers lecteurs, Karine, Bill et Gisèle, pour leurs critiques et leurs encouragements, tous constructifs, ainsi que Sylvie Blanchard, des éditions Quæ, pour son regard curieux, rigoureux et perspicace.

Introduction

« Insecte, n. m., du latin *insectus*, sous le tabouret. Ainsi le mot insecte désigne-t-il un animal si petit qu'il peut (à l'aise) passer sous un tabouret sans ramper, alors que le python, si.

Les insectes sont des invertébrés de l'embranchement des articulés. Il n'y a pas de quoi se vanter. Leur corps, généralement peu sensible à la caresse, est entouré d'une peau à chitine d'aspect volontiers dégueulasse. Il se compose de trois parties :

• La tête, avec deux antennes que l'enfant aime à couper au ciseau pour tromper son ennui à la fin des vacances, deux gros yeux composés à facettes et peu expressifs au-delà du raisonnable, et une bouche très dure garnie d'un faisceau redoutable de sécateurs baveux dont la vue n'appelle pas le baiser.

• Le thorax, lisse et brillant, affublé d'un nombre invraisemblable de pattes, est le plus souvent garni de deux paires d'ailes dont la finesse des nervures ne manque pas de surprendre, chez un être aussi fruste. C'est grâce à ses ailes que l'insecte peut vrombir, signalant ainsi sa présence au creux de l'oreille interne de l'employé de banque assoupi.

• L'abdomen, divisé en gros anneaux mous et veloutés, est percé sur les côtés de maints trous faisant également office de trachées pulmonaires. (« Ce qui est étrange, chez la libellule, c'est qu'elle respire par où elle pète. » Maurice Genevoix, *Humus*.)

Il existe plusieurs millions d'espèces d'insectes. Certains vivent en Seine-et-Marne, au Kenya, ou sur un grand pied, tel le cafard landais qui, comme le berger du même nom, vit juché sur des échasses pour dominer fièrement les ordures ménagères dont il est friand.

Certains insectes, comme la mouche des plafonds, possèdent des ventouses sous les pattes qui leur permettent de se coller aux ptères. »

Pierre Desproges, *Dictionnaire superflu à l'usage de l'élite et des bien nantis*

« C'est fou le nombre de fourmis qui prennent feu sans aucune raison apparente. Je le sais d'expérience. Quand j'étais môme, j'ai passé de longues après-midi à les observer à la loupe sous un soleil de plomb. »

Jean Yanne, *J'me marre*

L'insecte est un modèle de réussite écologique dans l'arbre généalogique des êtres vivants. Plusieurs millions d'espèces d'une exceptionnelle diversité ont été sculptées par la sélection naturelle et la sélection sexuelle, la lutte pour la survie et pour la reproduction, avec une pincée de hasard, sur des générations successives durant presque 500 millions d'années d'évolution.

En France, les succès populaires du documentaire *Microcosmos et le peuple de l'herbe* et de la récente série *Minuscules* démontrent la curiosité du public pour le monde méconnu des insectes. Ce livre propose une introduction à leur univers, avec la même devise que le *Magasin d'éducation et de récréation* lancé par Hetzel au temps de Jules Verne : « instruire en amusant ».

Ce livre n'est donc pas un traité d'entomologie académique et exhaustif. C'est une sélection arbitraire de faits singuliers, un choix de thèmes fourmillant d'exemples pour les illustrer. Influencé par la lecture des écrits de Paulian, de Cambefort, de Jolivet, par les savoureuses *Épingles entomologiques* de Fraval, il fait écho aux découvertes scientifiques récentes comme aux connaissances plus classiques. C'est une collection personnelle, où l'auteur rend malicieusement hommage à sa Franche-Comté natale à plusieurs reprises. Ce recueil fait peut-être la part belle aux scarabées, car « Dieu, s'il existe, a un penchant démesuré pour les coléoptères » (J.B.S. Haldane).

Ce livre s'entend comme une contemplative déclaration d'admiration autant qu'un vibrant plaidoyer pour la conservation des insectes. Il s'adresse à ceux qui s'émerveillent encore du vol stationnaire d'un syrphe, ou d'un moro-sphinx survolant les fleurs du jardin, des éclats chatoyants d'un carabe ou du camouflage parfait d'un phasme brindille. Il interpelle ceux pour qui l'exploration des mœurs et des molécules insoupçonnées de nos millions de voisins à six pattes paraît au moins aussi essentielle que la conquête des ressources minières des lointaines planètes.

Ce livre est une promenade pour curieux, une galerie de portraits d'insectes énigmatiques ou d'entomologistes déconcertants, où l'on déambule comme dans un vieux musée, pour se laisser surprendre par un exploit ou s'enthousiasmer pour un record. Ce livre est aussi une démonstration : les insectes sont si variés qu'ils mènent à tout. Ce florilège voudrait susciter des sourires, du dégoût ou de l'enchantement à tous les curieux, et réserver des surprises aux entomologistes et aux biologistes. Il voudrait ressembler à un cabinet de curiosités voué à la diffusion du savoir, il voudrait créer des pistes pour en chercher davantage, des étincelles pour en savoir plus.

Celui qui se penche sur le monde des insectes convertit son mépris inspiré par leur petitesse en une fascination pour leur minutie. Du sommet de notre taille biologique et de nos croyances, nous sommes souvent aveugles d'un monde extraordinairement créatif. Entomologiste Gulliver chez les insectes lilliputiens, on pose ici un regard anthropocentré sur leur biologie, on se prête au jeu des analogies amusées et des changements d'échelle pour dépeindre un univers de coopération, de solidarité et d'altruisme, mais aussi de carnages, de massacres, d'infanticides, de manipulations, de viols, de suicides et d'incestes, peuplé, d'usurpateurs, de tricheurs, de mercenaires, de cannibales, d'esclavagistes. On s'étonne des trésors d'inventivité déployés par les insectes, qui pratiquent le clonage, la thérapie génique, l'élevage, l'agriculture, la division du travail et l'hygiène collective, tout en usant des antibiotiques et de la lumière froide. On se penche aussi sur les rapports complexes qu'entretiennent les hommes avec les insectes, tour à tour leurs ennemis, leurs cobayes, leurs modèles, leurs auxiliaires et leurs serviteurs.

Sur la forme, c'est un livre de chroniques scientifiques qui essaie d'éviter autant que possible les écueils du jargon de la biologie. Beaucoup d'insectes n'ayant pas de nom vernaculaire courant, les noms latins des espèces ont été largement cités. Ils seront des indices pour ceux qui chercheront à mieux connaître quelque scarabée des déserts africains ou quelque fourmi des forêts tropicales d'Amazonie. Le voyage peut commencer…

Partie I

Ubiquité et biodiversité

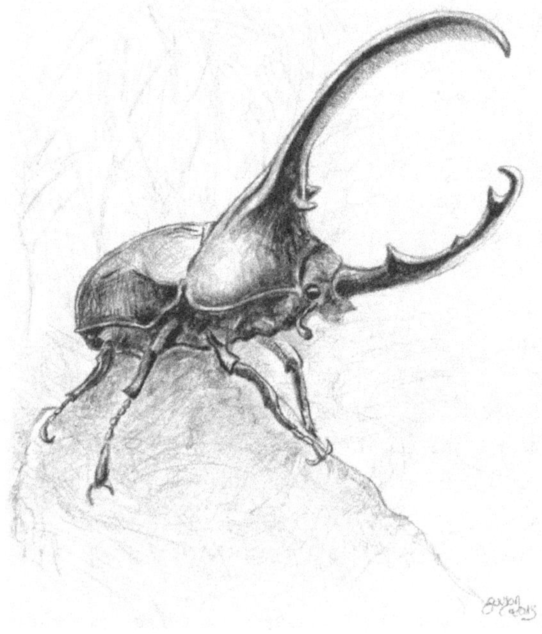

1

La recette du succès en faits et chiffres

Où l'on découvre que, sur Terre, quatre espèces sur cinq sont des insectes. Que, si tous les descendants d'un couple de bruches survivaient sans compétition ni prédation, leur volume représenterait le volume de la Terre au bout d'une année et demie seulement. Que l'insecte le plus petit est un mâle de guêpe long de 130 micromètres. Qu'un gros scarabée Goliath pèse autant qu'une souris. Que les insectes ont été les premiers animaux terrestres à voler il y a 300 millions d'années.

Une « success story » évolutive

Avec près d'un million d'espèces répertoriées, la classe des insectes est la plus vaste du règne animal.

L'entomologiste Nigel Stork a d'ailleurs affirmé : « en première approximation, toutes les espèces multicellulaires sur Terre sont des insectes ». Si des catalogues mondiaux, fiables et régulièrement révisés, existent pour les 9 600 espèces d'oiseaux ou les 4 300 mammifères, ce n'est pas le cas de l'immense majorité des insectes. Le groupe le plus riche, celui des coléoptères (plus de 400 000 espèces), est loin d'être complètement catalogué : on en décrit en moyenne 2 000 espèces nouvelles chaque année ! L'essentiel de la diversité des espèces actuelles est d'ailleurs constitué d'insectes inconnus vivant dans les forêts tropicales. En extrapolant les estimations du nombre d'espèces observées dans des forêts de Panama ou d'Indonésie, les entomologistes estiment que le nombre réel d'espèces d'insectes se situerait entre 5 et 80 millions !

Les secrets de la réussite évolutive et de la prospérité des insectes relèvent de plusieurs facteurs.

Le plus ancien fossile d'insecte est écossais, très partiel, et date de 412 millions d'années. Le plus vieux fossile complet est belge mais n'a que 365 millions d'années... Néanmoins, comme les insectes se prêtent mal à la fossilisation, leur apparition est probablement survenue il y a environ 440 millions d'années. Les collemboles et les lépismes fourmillaient il y a 400 millions d'années. Les insectes ont connu un faible taux d'extinction. Plus de la moitié des espèces actuelles sont apparues au Crétacé supérieur (– 70 millions d'années).

Les insectes correspondent à un sous-ensemble d'arthropodes à trois paires de pattes, au corps divisé en trois parties (tête, thorax, abdomen), pourvu de trachées respiratoires et de pièces buccales externes, et dépourvu d'appendices sur l'abdomen. La diversité actuelle des insectes s'est constituée à partir des arthropodes, avec lesquels ils partagent certains des caractères qui ont contribué à leur prospérité, notamment un exosquelette.

Les insectes portent leur squelette autour de leur corps, sous forme d'une rigide cuticule à base de chitine, qui leur assure une protection contre la déshydratation en milieu aérien et les prédateurs. C'est sur cet exosquelette que sont fixés les muscles. La respiration de l'insecte se fait grâce à un réseau de tuyaux (appelés trachées), débouchant à l'extérieur et apportant l'oxygène directement aux cellules dans l'ensemble du corps. Cet exosquelette, coriace et étanche, représente un frein à la croissance de l'insecte, qui doit muer pour grandir, se débarrasser de sa vieille cuticule pour laisser apparaître son nouveau corps.

D'autres caractéristiques uniques, acquises au cours de trois périodes majeures de diversification évolutive, constituent les indices de leur réussite : les ailes, le stade nymphal de la métamorphose, et enfin l'art de polliniser et de vivre en société.

Voler de ses propres ailes

La première grande diversification évolutive des insectes au sein des Arthropodes est associée à leur conquête de l'air par le vol il y a 400 millions d'années. Premiers animaux à conquérir les airs, les insectes se sont trouvés dotés d'un avantage évolutif considérable. Pendant plus de 150 millions d'années, jusqu'à l'apparition des premiers ptérosaures puis des oiseaux et des chauves-souris, ils ont détenu le monopole du vol.

En étudiant une nymphe d'éphémère fossile de 300 millions d'années découverte en 1981 en Tchécoslovaquie, la biologiste Jarmila Kukalova-Peck a déduit que les ailes se sont développées à partir de branchies. Les nervures qui nourrissent et renforcent les ailes des insectes d'aujourd'hui devaient à l'origine servir à l'échange d'oxygène dans l'environnement aquatique de la nymphe.

Les ailes permettent aux insectes, plus efficacement que les pattes marcheuses ou sauteuses, d'échapper à leurs prédateurs terrestres, de se déplacer pour coloniser un habitat mieux adapté, de migrer selon la saison et de couvrir un vaste territoire en quête de nourriture et de partenaires. Mais elles présentent aussi des inconvénients : leur présence complique la dissimulation aux yeux des prédateurs et leur construction requiert une énergie qui ne peut pas être consacrée à la croissance. Pour la larve d'insecte, qui grandit rapidement en profitant de ressources alimentaires parfois éphémères, ces inconvénients peuvent l'emporter sur les avantages. La meilleure stratégie consistait donc à attendre le stade adulte pour s'équiper d'ailes...

L'invention de la mue nymphale

Les insectes actuels ne développent des ailes fonctionnelles qu'au cours de leur transformation de larve en adulte. Les insectes primitifs ne subissent qu'une métamorphose incomplète, avec croissance progressive des ailes. Mais chez 85 % des espèces d'insectes, la métamorphose est complète. Les stades larvaires et adultes sont séparés par un stade appelé nymphe, immobile, au cours duquel s'opèrent de profonds remaniements, dont la formation des ailes. Le développement de ces insectes évolués compte donc quatre stades importants : œuf, larve, nymphe et adulte. La seconde grande diversification évolutive des insectes correspond ainsi à l'invention de la mue nymphale il y a 340 millions d'années. Cette configuration permet à la larve de se consacrer à la croissance. Hormis chez les éphémères, la croissance prend fin une fois atteint l'état adulte. Quant aux adultes, ils s'affairent à la dispersion et à la reproduction. La compétition entre les larves et les adultes est ainsi réduite. Ils peuvent occuper des habitats différents. La nymphe (chrysalide pour les papillons, pupe pour les mouches, par ex.) est capable de rester en diapause pour traverser les périodes défavorables.

Une coévolution réussie avec les plantes à fleurs

La troisième phase d'évolution rapide des insectes est associée à la diversification des plantes à fleurs (angiospermes) au Crétacé inférieur (– 100 millions d'années). Les insectes trouvent alors de nouvelles ressources alimentaires dans les fleurs et les fruits des angiospermes. En retour, les angiospermes font transporter leur pollen par les insectes pollinisateurs qu'ils attirent par différents mécanismes. La multiplication des ressources due aux angiospermes est accompagnée de l'apparition de tous les insectes sociaux, notamment des abeilles et des fourmis. D'autres caractéristiques des insectes ont facilité leur succès évolutif.

• Pour exploiter un environnement hétérogène et réagir à ses modifications, ils ont développé des systèmes sensoriels et neuromoteurs plus performants que ceux de la plupart des autres invertébrés : des yeux composés, des soies, des tympans, des antennes pour ressentir les vibrations et détecter les odeurs, des palpes pour goûter...

• Leur fort potentiel reproducteur, leur fécondité, leurs cycles vitaux courts leur garantissent une adaptation rapide aux changements environnementaux. À titre d'illustration arithmétique, avec les coléoptères Bruchidae se reproduisant tous les 29 jours, en partant d'un couple, 3 200 individus constituent la 2e génération, 128 000 la 3e, 1,4 milliard la 18e (au bout de 432 jours). Rapidement, le volume des corps de Bruchidae dépasserait ce que la Terre peut supporter si ces coléoptères n'étaient pas régulés par la compétition, la prédation et le parasitisme !

• Les insectes consomment des ressources alimentaires variées, grâce à la diversité de leurs pièces buccales : broyeuses (criquet), suceuses avec trompe (papillon adulte), piqueuses-suceuses (moustique), lécheuses-suceuses (abeille), etc. Enfin, l'efficacité de leurs mécanismes de défense contre les infections, objet d'étude privilégié du récent prix Nobel français de physiologie-médecine Jules Hoffmann, et leur plasticité génétique associée à la présence de nombreux éléments mobiles dans le génome, sont d'autres facteurs de leur réussite.

Grâce à leurs avantages évolutifs, les insectes représentent aujourd'hui 85 % de la diversité animale. Quatre espèces sur cinq sont des insectes ! Ils sont présents dans tous les milieux, terrestres ou aquatiques, et sous tous les climats, tempérés, tropicaux, ou extrêmes.

Des animaux de petite taille

Malgré leur réussite, les insectes n'ont jamais évolué jusqu'à devenir des monstres gigantesques. Quelques insectes « géants » ont existé au Carbonifère, comme les libellules *Meganeura* de 70 cm de long et d'envergure. Ce gigantisme tout relatif et non généralisé s'explique probablement par le taux alors important d'oxygène dans l'atmosphère et par l'absence de prédateurs vertébrés aériens.

La taille moyenne des insectes actuels avoisine seulement 3 mm, soit autour de la taille moyenne des êtres vivants, dont la gamme va de 0,3 mm (bactéries) à 30 m (baleine bleue). Les plus petits sont des guêpes Mymaridae (0,1 mm). Chez certaines de ces guêpes, les minuscules femelles sont capables de vaincre la résistance de la surface de l'eau, d'y pénétrer et de nager pour pondre dans des œufs d'insectes aquatiques.

Ça alors !

Des insectes minuscules

Les thrips sont des insectes minuscules d'un millimètre de long ou moins. Or certaines guêpes parasitoïdes (cf. chap. 17) pondent leurs œufs dans les œufs de thrips ! C'est le cas de la guêpe trichogramme *Megaphragma mymaripenne*, longue de 200 micromètres, plus petite qu'une amibe, un organisme composé d'une seule cellule, malgré la complexité d'organes dont elle est constituée. Elle a l'un des plus petits systèmes nerveux de tous les insectes, composé de seulement 7 400 neurones, contre 340 000 chez la mouche domestique, 850 000 chez l'abeille et 100 milliards dans le cerveau humain ! Malgré 100 fois moins de neurones que l'abeille, cette guêpe parasitoïde est capable de détecter un hôte pour y pondre. Une guêpe cousine a poussé la miniaturisation encore plus loin : le mâle *Dicopomorpha echmepterygis*, aveugle et sans ailes, ne mesure que 130 micromètres de long.

L'insecte le plus long est un phasme de Bornéo, *Phobaeticus chani*, dont on ne connaît que trois spécimens, et qui atteint 35,7 cm (56,6 avec les pattes antérieures étendues).

Ça alors !

Des géants chez les insectes

Ce tableau des insectes géants permet de réviser ses connaissances mythologiques !

Scarabée Goliath (*Goliathus goliatus*) larve	115 g	115 mm de long	Afrique
Scarabée dynaste (*Dynastes hercules*) mâle		170 mm de long	Amérique centrale
Scarabée Titan (*Titanus giganteus*)		160 mm de long	Amérique du Sud
Phasme (*Heteropteryx dilatata*) femelle	65 g	160 mm de long	Asie
Papillon Atlas (*Attacus atlas*)		260 mm d'envergure	Asie
Papillon ornithoptère (*Troides alexandrae*)		310 mm d'envergure	Papouasie
Papillon (*Thysania agrippina*)		350 mm d'envergure	Amérique du Sud
Blatte rhinocéros (*Macropanesthia rhinoceros*)	35 g	90 mm de long	Australie
Punaise aquatique géante (*Lethocerus maximus*)		120 mm de long	Asie
Sauterelle weta (*Deinacrida heteracantha*)	75 g	100 mm de long (sans les antennes)	Nouvelle-Zélande
Libellule demoiselle (*Megaloprepus caerulatus*)		190 mm d'envergure, 120 mm de long	Amérique du Sud
Fourmi (*Dorylus helvolus*) femelle		50 mm de long	Afrique
Mante (*Ischnomantis gigas*)		180 mm de long	Afrique
Moustique tipule (*Holorusia brobdignagnia*)		230 mm de long (pattes étendues)	Asie
Mégaloptère (*Corydalinae* sp.)		216 mm d'envergure	Asie

Les insectes sont limités à des tailles modestes par leur exosquelette pesant. Lors de la mue, avant que leur nouvelle carapace ne durcisse, des insectes géants seraient aplatis par la force de gravité. Leur petite taille ne rend pas indispensable la présence de pompes : le processus de diffusion suffit pour transporter des liquides dans l'ensemble du corps et le réseau de tuyaux trachéens apporte l'oxygène au cœur de l'organisme. Leur petite taille leur confère aussi une bonne résistance aux chutes et une grande puissance musculaire. La physique nous apprend que la force augmente comme le carré de la taille, alors que le poids augmente avec la taille au cube. Ainsi, en grandissant, on s'alourdit plus qu'on ne gagne en puissance. Les colosses sont souvent minuscules (cf. chap. 5 sur la force des scarabées mâles). D'autre part, leur petite taille leur donne accès à davantage de niches écologiques et d'habitats qu'un animal de grande taille dans le même environnement.

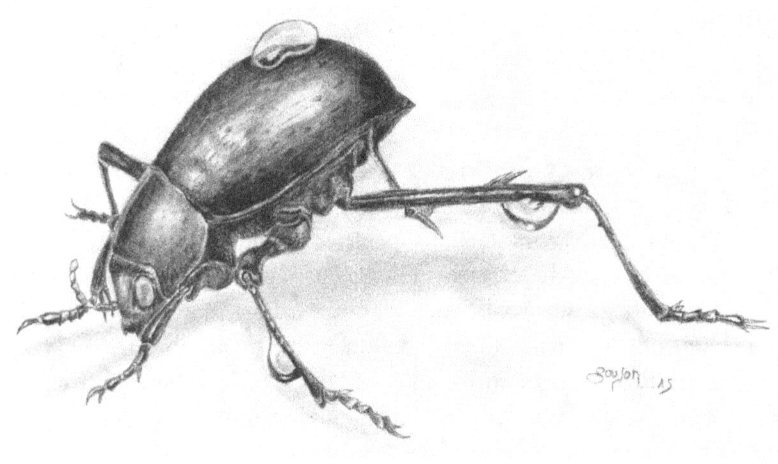

2

Des exploits tout-terrain
pour une réussite planétaire

« Le plus chétif des insectes est un ouvrage digne d'admiration. »

Friedrich Lesser, *Théologie des insectes*

« Aux regards de celui qui fit l'immensité
L'insecte vaut un monde : ils ont autant coûté. »

Alphonse de Lamartine, *Méditations poétiques*

Où l'on découvre, dans le désert, des fourmis courant sur les sables brûlants. Des ténébrions condensant les brumes matinales sur leur dos pour avoir l'eau à la bouche. D'autres insectes se douchant, suant ou réfléchissant les rayons solaires pour ne pas surchauffer. Que des insectes hibernent sans geler en produisant un antigel. Que des asticots polaires gèlent de l'intérieur sans mourir. Qu'il n'existe qu'une dizaine d'espèces d'insectes marins. Que les insectes aveugles des grottes se repèrent avec des cannes blanches et meurent en quelques minutes au soleil.

L'EXTRAORDINAIRE CAPACITÉ D'ADAPTATION DES INSECTES, par leurs comportements, leurs morphologies, leurs physiologies, est à l'origine de leur succès planétaire. Ils sont en particulier capables de survivre dans des conditions réellement extrêmes. Ces circonstances surviennent lors d'un déficit ou d'un excès dans les ressources vitales de base : eau, température, lumière. Certains organismes spectaculaires sont adaptés pour vivre constamment aux frontières des possibilités biologiques. Ils prospèrent dans l'obscurité des grottes, dans la chaleur et la sécheresse du désert, en haute montagne ou sur les banquises polaires. Cette position offre des avantages : les ressources alimentaires et l'espace vital ne doivent plus être partagés qu'entre un nombre réduit d'organismes, et la probabilité d'y rencontrer un prédateur ou un parasite est moindre. Pour l'exemple, voyons quelques cas originaux, complexes et étranges d'insectes des déserts, des glaces, des mers ou des grottes !

Chaud devant ! Les insectes des déserts

Les températures maximales observées sur la terre ferme ont été relevées dans les déserts. Ces températures élevées sont dangereuses pour la plupart des animaux car elles peuvent dénaturer les protéines, notamment les enzymes qui pilotent les processus vitaux. Au risque de surchauffe s'ajoute celui de la déshydratation, qui apparaît avec la perte d'eau par transpiration. Chez beaucoup d'arthropodes, la température létale avoisine 45 °C. Il existe cependant de nombreuses espèces déserticoles, en particulier des fourmis (*Cataglyphis* en Afrique du Nord, *Ocymyrmex* en Afrique du Sud, et *Melophorus* en Australie) et des coléoptères ténébrions. Ces animaux spécialisés ont développé de remarquables stratégies de régulation de la température et de l'hydratation.

Tolérer la surchauffe

La tolérance thermique des fourmis du désert est exceptionnelle. *Cataglyphis bombina* du Sahara pousse à l'extrême ses limites thermiques pour réduire la compétition avec les autres fourmis et échapper aux prédateurs. Diurne, elle exploite une étroite fenêtre thermique, juste au-dessus de la température critique du lézard prédateur, et juste en dessous de sa propre température létale. Cette fenêtre dure peu de temps : la sortie du nid s'étale sur 15 minutes. Les fourmis arrivent ainsi les premières sur des lieux où d'autres arthropodes sont morts de chaud. Les *Cataglyphis* peuvent prospecter avec des températures corporelles approchant 50 °C, donc des températures de 70 °C à la surface du sol ! En laboratoire, les *Ocymyrmex* du désert du Namib tombent dans un coma thermique dès qu'elles passent 25 secondes dans un environnement à 55 °C, alors

que les *Cataglyphis* ne déclarent ce symptôme qu'au bout de 10 à 25 minutes…
De même, le ténébrionide saharien *Adesmia metallica* est actif sur des sables à
55 °C, tout en supportant des températures voisines de 0 °C la nuit !

Dissiper la chaleur

Pour dissiper la chaleur, les insectes du désert présentent des caractéristiques
morphologiques spécifiques. Leur forme de corps allongée facilite l'évacua-
tion de la chaleur par convection. La fourmi africaine *Ocymyrmex barbiger* du
Namib, qui pèse 4 mg pour un corps de 4 mm, profite ainsi d'une grande valeur
du rapport entre surface et volume du corps, très utile pour dissiper largement
la chaleur et s'activer sur des sables jusqu'à 67 °C.

De nombreux animaux du désert sont de couleur pâle, ce qui réfléchit les rayons
solaires et empêche le corps d'absorber la chaleur. Chez les coléoptères ténébrions, les espèces d'*Onymacris* sont blanches. Pourtant, d'autres espèces sont
noires. Dans les conditions naturelles, les implications thermiques de la couleur
du corps sont en fait modulées par d'autres facteurs, notamment l'avertissement
ou le camouflage (cf. chap. 20). De plus, les couleurs corporelles n'affectent que
l'absorption des rayons lumineux visibles et de courte longueur d'onde. Enfin,
les ténébrions déserticoles noirs maximisent leur gain thermique, pour maintenir leur activité de recherche de nourriture lors des températures fraîches de
la nuit.

Le refroidissement par évaporation ou suée fonctionne également, malgré
la petite taille et les réserves d'eau limitées des insectes. La cigale du désert
Diceroprocta apache, qui se nourrit de la sève des plantes du désert, a accès à
une provision constante et abondante d'eau, qui s'évapore par des pores du
dos pour la rafraîchir. De même, les larves de la tenthrède australienne *Perga
dorsalis* s'arrosent l'abdomen d'un fluide rectal lorsque les températures du désert
deviennent trop élevées.

Refuges, échasses et course

La troisième stratégie pour éviter la surchauffe consiste à éviter de la subir !
De nombreux insectes du désert ont une activité nocturne, hors des pics quotidiens
de chaleur, pendant lesquels ils se mettent à l'abri dans un refuge, en s'enterrant
dans les couches profondes du sable, comme les ténébrions fouisseurs. De même,
les fourmis privilégient certaines zones de chasse moins chaudes aux heures de
canicule. Dans le Namib, les *Ocymyrmex* s'élèvent sur de petits brins d'herbe ou de
petits tas de sable où la température de l'air est plus basse. Vers midi, une élévation
de 20 mm fait baisser la température de 60 °C au sol à 45 °C sur ces modestes
promontoires. Dans le même registre, les insectes déserticoles ont souvent de

longues pattes, qui mettent leur corps à quelque distance du substrat brûlant. À 4 mm d'altitude, soit à hauteur de patte de fourmi du désert, il fait déjà 6 à 7 °C plus « frais » qu'à la surface du sol…

La course rapide permet également de minimiser la durée d'exposition au soleil et de produire une ventilation naturelle. Chez les insectes, le guépard est un ténébrion du désert, *Onymacris plana*, mesuré à 4 km/h (plus de 1 m/s), devançant de peu la fourmi *Cataglyphis*. Le bout de leurs pattes touche ainsi à peine le sable chaud.

Ça alors !

Les ténébrions du désert en ont l'eau à la bouche

Pour éviter la déshydratation, le premier mécanisme consiste à récupérer l'humidité de l'atmosphère. Plusieurs ténébrions (*Physasterna cribripes*, *Stenocara* sp., *Onymacris unguicularis* et *O. bicolor*) récupèrent le brouillard du matin, en dressant leur abdomen face au courant de brume pour recueillir les gouttelettes d'eau sur leurs élytres. Dans cette posture, l'humidité de l'air se condense sur leur carapace ; de minibosses hydrophiles captent l'eau de la brume et des pentes hydrophobes améliorent la glisse des microgouttes jusqu'à la bouche (cf. chap. 29 sur le biomimétisme).

Isoler son corps pour mieux économiser l'eau

L'exosquelette est une protection générique des insectes contre les pertes en eau. Chez les espèces du désert, des cires cuticulaires recouvrent l'exosquelette pour limiter les pertes d'eau. De plus, chez les ténébrions, une poche d'air formée dans la cavité sous les deux élytres soudés aide à réduire la perméabilité de la cuticule.

Les insectes des glaces

Le corps des insectes adopte la température de l'air ambiant. Quand il fait trop froid, les enzymes responsables des réactions métaboliques ne fonctionnent plus. Pour assumer ses fonctions physiologiques internes, l'eau doit être sous forme liquide et non solidifiée par le gel. Lorsque l'air descend à des températures négatives, les liquides vitaux peuvent donc geler. Les cellules éclatent quand leur contenu gèle. Les organismes ont développé divers mécanismes de défense contre le refroidissement. Ils sont capables de produire un supplément de chaleur ou bien de limiter leur déperdition de chaleur. Ils entrent en hibernation, évitant ainsi de subir les conditions extrêmes, ou bien ils affrontent le froid grâce à des adaptations particulières.

Produire un supplément de chaleur

Pour être actif en période froide, il est nécessaire de se réchauffer. Certains insectes frissonnent, en contractant et allongeant leurs muscles de vol à l'arrêt, ce qui réchauffe leur thorax, et donc le moteur. D'autres se dorent au soleil, en déployant leurs ailes en un chevron du meilleur angle qui abrite le thorax et réchauffe les ailes. Chez les bourdons arctiques, la pilosité protectrice est dense, et les courants d'air sortant du thorax croisent les courants entrants pour les réchauffer, comme dans la VMC double flux d'un pavillon bioclimatique !

Survivre d'arrache-pied

Les pattes des mouches des neiges *Niphadobata*, actives par des températures largement inférieures à 0 °C, se fracturent d'elles-mêmes en haut du fémur, en cas de blocage, afin que les mouches ne restent pas prisonnières de la glace !

Hiberner sans congeler

En période de très basses températures, les dégâts occasionnés aux tissus du corps refroidi peuvent être fatals. L'expansion des cristaux de glace dans les cellules ou entre les cellules cause des déformations voire des lésions. La survie implique deux catégories de réponses physiologiques : l'évitement ou la tolérance du gel du corps. Dans l'hémisphère nord, où les basses températures sont saisonnières, prévisibles et de longue durée, la stratégie dominante chez les insectes des glaces est celle de laisser chuter la température de son corps sans geler. Éviter le gel du corps à basse température implique des mécanismes physiologiques et biochimiques. À l'arrivée de l'hiver, les jours devenant de plus en plus courts et froids, les insectes vident leur intestin et se débarrassent du maximum de particules internes (bactéries, poussières…), potentiels points de départ d'une cristallisation instantanée en masse. Les insectes hibernants sélectionnent un abri sec, minimisant les risques externes de cristallisation de la glace. De plus, une couche cireuse sur la cuticule empêche également la progression de la glace externe dans le corps. D'autre part, ils réduisent petit à petit leur volume d'eau et synthétisent des substances antigel, surtout du glycérol, à partir du glycogène. Ce glycérol, proche des produits utilisés dans les circuits de refroidissement des automobiles, peut alors représenter 20 % de la masse corporelle et abaisse le point de congélation des liquides vitaux pour les maintenir dans un état de surfusion. Avant l'hibernation, les insectes produisent aussi des protéines antigel, beaucoup plus actives que les protéines antigel des poissons, qui entravent la croissance des cristaux de glace.

Antigel de chenille au service de la médecine

Au Canada, des chercheurs ont décodé la structure des protéines antigel de la tordeuse des bourgeons de l'épinette (*Choristoneura fumiferana*), en espérant des applications médicales pour la conservation des organes humains à transplanter (cf. chap. 29).

Avec une forte concentration de glycérol et en l'absence de germes de cristallisation, l'eau reste liquide jusqu'à des températures très négatives. Un coléoptère carabique arctique, *Pterostichus brevicornis*, a toléré expérimentalement la température de moins 87 °C !

Ils gèlent mais ne sont pas morts

Dans l'hémisphère sud, le climat est très variable et subit des refroidissements soudains ; la principale stratégie des insectes des zones froides est la tolérance du gel dans leur corps.

Ces espèces évitent les dégâts tissulaires en contrôlant la formation de la glace dans leurs fluides vitaux à des températures relativement hautes. Ils produisent des particules (protéines, cristalloïdes) comme germes de cristallisation ou les font produire par des micro-organismes internes. La plupart restreignent la formation de glace dans les espaces extracellulaires.

Parmi les espèces contrôlant ce gel corporel, citons le moustique antarctique aptère *Belgica antarctica*, ou le cafard des Alpes néo-zélandaises *Celatoblatta quinquemaculata*. En Antarctique, la larve de *B. antarctica* est extraordinairement résistante au froid : pour peu qu'elle n'y soit pas placée brutalement, elle résiste à – 20 °C.

Les insectes marins, au creux de la vague...

Les premiers insectes seraient des crustacés adaptés à la vie terrestre… Mais peu d'entre eux sont retournés à l'eau, et très peu à la mer. La colonisation d'un milieu hypersalin est délicate pour des raisons osmotiques : les fluides internes de l'insecte étant moins concentrés que l'eau de mer, l'eau s'échappe du corps de l'insecte vers l'environnement extérieur pour équilibrer les concentrations. La déshydratation se profile…

Ça alors ! Les insectes du littoral

Parmi les insectes associés au milieu marin, une majorité d'insectes sont en fait côtiers : ils colonisent la zone de balancement des marées et ne sont que temporairement immergés. Les petits carabes *Aepopsis robini* et *Aepophilus bonnairei* vivent dans les fissures des rochers sur la côte atlantique française, la chrysomèle *Chrysolina staphylea* est immergée à marée haute avec les plantes des estuaires dont elle se nourrit. Le petit coléoptère limnichide *Hyphalus insularis* vit sur les pellicules d'algues bleues à la surface des rochers, au bord des mers tropicales australiennes. Ses larves résistent à la submersion pendant des heures grâce à des filaments branchiaux qui captent l'oxygène de l'eau.

Quelques espèces seulement sont réellement marines, même sous-marines. Un petit moustique des lagons de Samoa, *Pontomyia natans* (1,5 mm), est la seule espèce sous-marine à tous les stades de développement. Sa vie adulte est très courte, de 30 minutes à 3 heures. La femelle n'a quasiment ni ailes ni pattes, et le mâle nage activement à sa rencontre, en utilisant ses longues pattes. Chez la phrygane marine, *Philanisus plebeius* (Trichoptera), les adultes volent et s'accouplent en l'air. La femelle injecte ensuite ses œufs avec sa solide tarière dans une étoile de mer, à l'abri dans les trous de rochers du littoral australien. La jeune larve quitte son hôte en forant un tunnel dans le corps de l'étoile de mer. Comme les porte-bois de nos rivières, elle construit ensuite son fourreau avec des débris coralliens du bassin.

Seul un genre d'insectes (*Halobates*) de la famille des punaises Gerridae comporte des espèces (en fait 5 !) qui vivent en pleine mer, à des centaines de kilomètres de la côte, dans les mers tropicales et subtropicales. Ces punaises ne sont pas sous-marines et vivent en flottilles à la surface de l'eau. Leurs 4 pattes postérieures hydrofuges, aux tarses couverts d'un grand nombre de soies microsillonnées, leur servent à patiner, tandis que les 2 pattes antérieures courtes servent à maintenir les proies qu'elles sucent. Aptères, elles utilisent les courants océaniques pour se disperser. Ces espèces de haute mer attachent leurs masses d'œufs sur des objets flottants, des algues mortes, des bois, des plumes voire du plastique. Dans l'océan Pacifique, naturellement dépourvu de larges surfaces de supports biologiques flottants, comme il en existe dans la mer des Sargasses, l'abondance de débris plastiques va apporter des millions de nouveaux supports et influencer le succès de ces communautés de radeaux.

Au royaume des aveugles, les insectes des cavernes sont rois

Le milieu souterrain – les grottes, les avens et les nappes phréatiques – est occupé par des animaux cavernicoles spécialisés (quelques rares vertébrés poissons ou batraciens, mais pas d'oiseaux ni de mammifères, et une foule d'invertébrés).

L'exploration des êtres vivants des grottes par la spéléologie biologique s'est développée surtout au xxe siècle, même si les hommes préhistoriques avaient déjà remarqué ces organismes particuliers : dans la grotte des Trois-Frères, en Ariège, sur un os de bison est gravée une espèce de sauterelle cavernicole.

Dans les régions tempérées, les grottes présentent des caractéristiques communes : obscurité, humidité plus élevée, écarts de température plus faibles et climat plus clément qu'à l'extérieur, absence de gros insectivores. Ces grottes ne sont pas peuplées au-delà d'une certaine latitude qui correspond à l'extension des deux dernières glaciations (Mindel et Würm).

Les espèces cavernicoles sont des cousines éloignées de celles qui vivent à l'extérieur, mais adaptées à la vie souterraine. Au cours de l'histoire de leur lignée, la variabilité génétique a généré des caractères qui les ont rendues plus aptes que d'autres à la vie dans l'environnement souterrain. Elles ne peuvent aujourd'hui plus survivre bien longtemps à l'extérieur. Par rapport à leurs cousines de la surface, les traits distinctifs les plus fréquents chez les espèces cavernicoles sont les suivants.

Dans l'obscurité permanente, les yeux ne sont plus très utiles. De nombreuses espèces n'ont plus d'yeux, d'autres ont des yeux extrêmement réduits, dépigmentés, avec un nombre d'unités très limité dans les yeux composés. Les insectes des grottes ont recours à d'autres sens, le toucher et l'odorat, pour trouver leur nourriture, se rencontrer pour se reproduire, et fuir leurs ennemis. Ces organes sensoriels sont logés sur les soies des pattes et dans les antennes, qui sont toutes deux particulièrement allongées, comme des appendices « cannes blanches ».

D'autre part, leur cuticule est pâle et dépigmentée et de nombreuses espèces sont presque transparentes. Chez les carabiques cavernicoles Sphodrides, hypersensibles aux UV, l'exposition à la lumière solaire est mortelle dans un délai de quelques minutes.

De plus, la plupart ont des ailes atrophiées ou n'en ont pas du tout. Les petits coléoptères dytiques *Siettitia* (2 mm), capturés par pompage dans les profondeurs des nappes phréatiques, présentent ces adaptations plutôt régressives (ailes absentes, dépigmentation, yeux réduits), mais montrent de nombreuses et longues soies sensorielles.

La vie au ralenti est une autre caractéristique constante de leur physiologie : ils respirent lentement, consomment peu d'oxygène, pondent moins d'œufs mais des œufs plus gros, leurs larves muent moins souvent, ils vivent plus longtemps (larve et adulte) que les espèces de surface.

Dans l'obscurité, aucune plante verte ne peut servir de base aux réseaux trophiques : il n'existe pas de cavernicoles herbivores. Les insectes des grottes sont carnivores et dépendent d'une chaîne alimentaire fondée sur les débris animaux (dont le guano des chauves-souris) et la matière organique apportée par l'eau ou la gravité.

Des exemples supplémentaires pourraient illustrer la résistance des insectes à d'autres conditions extrêmes : à l'absence temporaire d'oxygène, à l'immersion pour les insectes terrestres, aux irradiations... leur réussite adaptative est résolument fascinante !

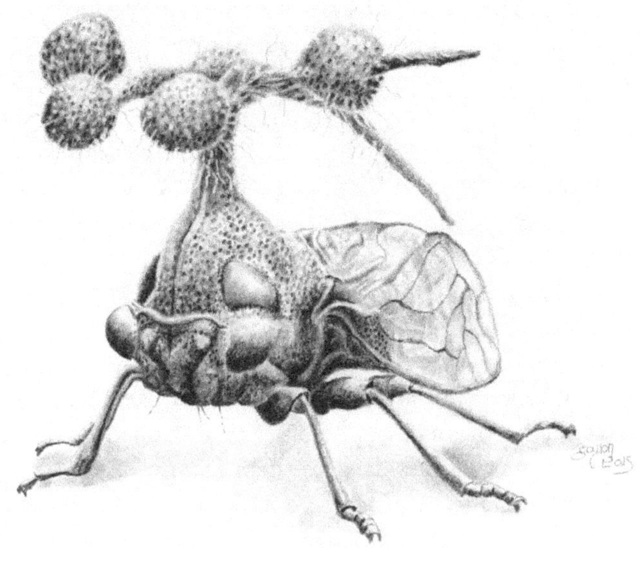

3

Drôles de bouilles :
adaptations et extravagances

Où l'on découvre que des femelles papillons grabataires sont fécondées sans
sortir de leur chrysalide. Que les femelles de cochenilles ne sont que des sacs
d'œufs abrités sous un bouclier. Que des mouches sans ailes habitent les îles
subantarctiques ventées. Que des mouches papoues mâles combattent en duel
avec leurs bois de cerf. Que des charançons ont des cous de girafe. Que des cousins
des cigales portent des chapeaux extravagants. Que les mouches diopsides mâles
font des concours d'yeux pédonculés avec leurs têtes de requins-marteaux.

Dans la grande palette de formes proposées par les insectes, l'existence ou le développement de tout organe résulte entre autres de la lutte pour la vie, des pressions de la sélection naturelle darwinienne, éliminant les moins aptes. Les adaptations aux conditions de vie et à l'habitat sont diverses. Citons les pattes postérieures natatoires des dytiques, élargies en forme de rames, les pattes antérieures fouisseuses des courtilières, le corps cylindrique allongé des insectes forant des galeries dans le bois ou dans les champignons... Plusieurs insectes qui se glissent sous les écorces se la jouent fine : les carabes *Mormolyce*, les coléoptères *Cossyphus*, *Hololepta plana* ou *Uleiota planata*, les punaises Aradidae ont un corps aplati. L'avant-corps de nombreux coléoptères qui consomment les escargots dans leurs coquilles (*Cychrus*, *Ablattaria*) est allongé et rétréci, pour faciliter leur pénétration à l'intérieur de la coquille enroulée en spirale. D'autres exemples extraordinaires d'adaptations morphologiques au milieu de vie, aux ressources alimentaires seront mentionnés dans les chapitres suivants.

Les caractères extravagants dans cette véritable cour des miracles dépendraient donc de la sélection naturelle favorisant les mieux conformés, mais aussi de la sélection sexuelle privilégiant l'accès de certains mâles à la reproduction. Les mâles de nombreux groupes ont ainsi des antennes en balai ou en peigne élargi pour mieux capter les phéromones émises par les femelles, ou des organes de combat pour la défense d'un pré carré de ressources ou la possession d'une femelle.

Monstres à la cour des miracles

Le développement extrême de certains organes (cornes, pattes, etc.), en taille et complexité, le plus souvent chez les mâles, jusqu'à une certaine monstruosité, a parfois été baptisé « hypertélie ». Ce développement exagéré d'un caractère morphologique peut constituer une gêne.

Ça alors !

L'hypertélie des sociétés humaines

Le concept d'hypertélie a été employé par le philosophe Gilbert Simondon pour désigner la capacité des objets techniques à générer leur propre logique. L'hypertélie devient le dépassement de la finalité, la spécialisation exagérée de l'objet technique qui le rend vulnérable vis-à-vis des moindres variations de son environnement socio-économique. Pour la sociologue Nonna Mayer, l'hypertélie caractérise les excès matériels de nos sociétés occidentales industrielles, où la mobilité individuelle des automobiles est devenue anarchique.

De nombreux exemples sont bien connus chez les vertébrés : les épées des poissons-scies et de l'espadon, les défenses recourbées du mammouth, les larges bois du cerf d'Irlande, les canines en sabre des félins *Machairodus*.

Chez les insectes, les cas d'hypertélie s'observent notamment dans les extravagances suivantes : expansions du thorax en casques, excroissances cornues sur la tête ou allongement spectaculaire des mandibules, allongement démesuré du cou ou du thorax ou des pattes.

Au fur et à mesure que l'on comprend mieux les fonctions de ces organes, on explique ces hypertélies, en fait cohérentes par rapport à leur fonction : sélection sexuelle, mimétisme, autodéfense, agrippement. Selon l'entomologiste Pierre Jolivet, un organe non adaptatif reste un organe non compris, tout au moins un organe qui était adaptatif et dont l'environnement a changé. La fonction de ces organes dits démesurés n'est pas toujours comprise, mais une fonction existe même si elle est encore ignorée. Si l'individu est mal adapté, il est éliminé.

Chez les chapeliers fous

Les membracides sont des cousins des cigales, des insectes suceurs de sève, essentiellement situés dans les forêts d'Amérique du Sud, dont les 3 600 espèces sont connues pour la diversité des formes de leur casque. Ces chapeaux, ou casques, sont en fait accrochés au thorax et font ressembler leur porteur à une fourmi en posture d'attaque (*Cyphonia clavata*), à une déjection d'oiseau (*Notocera bituberculata*), à une épine (*Umbonia crassicornis*), à une brindille (*Sphongophorus latifrons*), etc. Ces expansions thoraciques des membracides ont non seulement un rôle de camouflage, mais certainement aussi un rôle dans la défense contre les prédateurs (en se détachant du reste du corps) ou dans la sélection sexuelle.

Après examen approfondi, ce casque s'est révélé être en fait une 3ᵉ paire d'ailes modifiées, poussant sur le premier segment du thorax ! Le thorax de tous les insectes est divisé en 3 segments, notés couramment T1, T2 et T3. Les segments T2 et T3 portent une paire de pattes et une paire d'ailes, parfois modifiées comme le balancier des mouches en T3 ou l'élytre des scarabées en T2. Le segment T1 porte uniquement une paire de pattes. Jusqu'à présent, aucun insecte actuel connu ne portait d'appendices dorsaux sur le segment T1. Il s'agit donc d'une révolution majeure dans le plan d'organisation des insectes.

L'examen anatomique montre que le casque est lié au pronotum par une articulation similaire à celle de l'aile, avec des muscles qui le rendent mobile, qu'il est formé de deux couches de cellules et présente un réseau complexe de veines comme l'aile, et qu'il se déplie et gonfle comme l'aile lors de la dernière métamorphose de la nymphe à l'adulte. Il y a des insectes fossiles sur lesquels on a retrouvé des bouts d'ailes sur le segment T1. Mais le casque des membracides serait apparu il y a 40 millions d'années, soit très longtemps après la perte de cette 3ᵉ paire d'ailes originelle des premiers insectes. Les gènes Hox, qui inhibent habituellement la formation de la 3ᵉ paire d'ailes chez les insectes, n'agiraient plus chez les membracides. Contrairement aux ailes qui subissent une forte pression de sélection pour optimiser les capacités de vol, cette troisième paire d'appendices a pu diversifier sa forme et sa texture sans trop de conséquences sur la survie.

Têtes à cornes

La tête des insectes arbore diverses excroissances de la cuticule, sous la forme de cornes ou même de « bois ». Plus souvent présentes chez les mâles, elles servent à la protection d'un site d'alimentation ou à la défense d'une femelle.

En Papouasie, les mâles de la mouche *Phytalmia cervicornis* ont, sur la joue, des protubérances en forme de bois de cerf. Les mâles recherchent un site de ponte favorable pour les femelles, puis le gardent et attendent les femelles intéressées. Ils combattent les autres mâles qui convoitent la place. Leurs bois, dont la taille est fortement corrélée avec la taille de leur corps, sont utilisés plutôt comme un indicateur pour jauger la taille de l'adversaire au moment de décider de s'engager dans un combat. Après examen, le plus petit renonce sans combattre. Si les mâles sont de même taille, ils s'engagent dans une rixe, se dressant sur leurs quatre pattes arrière et pressant leurs têtes ensemble. Les plus gros mâles dont les bois ont été mutilés expérimentalement doivent s'engager plus souvent dans un combat énergivore que les gros mâles intacts. Au final, les grands mâles sont plus souvent gagnants.

Les mouches diopsides montrent un comportement similaire. Les mâles ont des yeux fortement pédonculés comme le requin-marteau. La longueur du pédoncule peut être plus grande que celle de l'insecte ! Les mâles à large pédoncule volent moins bien que les mâles à pédoncule court, mais leur fertilité est nettement accrue. La taille des glandes sexuelles qui conditionnent la fréquence d'accouplement est positivement corrélée à la longueur du pédoncule... Les biologistes justifient l'évolution de ce trait morphologique pourtant handicapant grâce à l'hypothèse de la sélection sexuelle par handicap (cf. chap. 5). Les femelles choisissent les mâles à large pédoncule : les larges pédoncules oculaires sont indicateurs de qualité génétique et influencent significativement le succès de la descendance. Les mâles comparent leur pédoncule oculaire pour prédéterminer le gagnant et éviter une parade territoriale intense et consommatrice d'énergie. Si un mâle est nettement plus petit que son adversaire, inutile pour lui de gaspiller son énergie pour perdre ! Les mandibules hypertrophiées des lucanes (comme *Cyclommatus imperator*), les longues cornes parfois ramifiées des scarabées (comme les dynastes ou les *Golofa*) sont d'autres ornements exagérés des mâles, qui ont évolué sous la pression de la sélection sexuelle, pour attirer les femelles et pour repousser les rivaux.

Ça alors ! Le mystère de la corne abdominale

La femelle de la petite guêpe *Inostemma boscii*, parasite de mouches cecidomyides en Amérique du Nord, possède une longue corne sur le premier segment abdominal, qui revient par-dessus le thorax et la tête. La fonction de cette curieuse « poignée » n'apparaît qu'à l'examen approfondi de son anatomie. Elle contient en fait dans un sillon une longue tarière de ponte, ainsi rangée et protégée, et non pendante. Au moment de pondre dans les œufs de diptères dans les bourgeons végétaux, la femelle projette son étui vers l'avant et fait glisser sa tarière.

Scarabées-girafes et pattes-échasses

L'allongement du thorax et du rostre est un autre trait morphologique parfois exagéré par la pression de la sélection sexuelle. Le long rostre des coléoptères brentides et leur forme allongée sont utiles pour le creusement de leurs tunnels sous l'écorce des bois morts. Ce rostre est deux fois plus long chez les mâles que chez les femelles, mais il est employé par les deux sexes comme arme pour défendre un partenaire. Les deux sexes choisissent d'ailleurs les partenaires les plus grands.

L'allongement démesuré du cou de certains charançons-girafes (*Trachelismus tenuissimus* aux Philippines, *Cycnotrachelus flavotuberosus* au Vietnam ou *Trachelophorus giraffa* à Madagascar) est aussi affaire de combat. Les femelles utilisent leur cou pour construire le nid de ponte, en roulant une feuille en cigare, mais leur cou est trois fois plus court que celui des mâles. Les mâles utilisent leur cou pour combattre leurs congénères et protéger des prédateurs parasites la femelle qui fait son nid. Chez le coléoptère *Diatelium wallacei*, le pronotum est démesurément allongé chez les deux sexes, pour mesurer jusqu'à deux fois la longueur du reste du corps chez certains mâles. Son rôle n'a pas encore été démontré, ni en relation avec les gros champignons lignicoles dans lesquels vit l'espèce, ni dans les conflits potentiels entre individus.

Enfin, l'allongement démesuré des pattes antérieures du longicorne arlequin *Acrocinus longimanus* en Amazonie, des chrysomèles *Arsoa* de Madagascar ou *Sagra* du Vietnam, doit avoir une fonction d'accrochage aux troncs ou aux partenaires pour faciliter l'accouplement. Quant aux pattes fines démesurées des moustiques tipules, elles leur permettraient de se poser impunément sur les toiles d'araignées !

Les antennes des mâles sont parfois extrêmement allongées, en lien direct avec leur fonction sexuelle. Leur longueur augmente leur sensibilité aux phéromones. De nombreux mâles des longicornes bien nommés, comme *Acanthocinus griseus* en France ou *Acalolepta artensis* en Nouvelle-Calédonie, ont de très longues antennes, de deux à trois fois la longueur du corps.

S'adapter par économie d'organes

L'adaptation peut se traduire par le développement extravagant des appendices, mais aussi par des régressions. La régression des organes sensoriels inutiles, comme les yeux chez les insectes cavernicoles a été évoquée au chapitre 2. La régression des organes locomoteurs chez des insectes sédentaires est un second cas de figure commenté ici.

Des mouches sans ailes

Les mouches sont fondamentalement ailées. Devenir aptère (sans ailes) ou brachyptère (à ailes réduites) peut devenir avantageux quand les ailes s'avèrent nuisibles ou embarrassantes.

C'est le cas des mouches aptères au royaume du vent des terres australes subantarctiques, comme les îles Crozet et Kerguelen, depuis longtemps étudiées par des missions scientifiques françaises. Ces insectes sont essentiellement des décomposeurs et vivent au niveau du sol. Ils ont des allures de fourmis. Leurs ailes feraient voiles au vent violent, qui les emporterait trop facilement. Parmi les mouches endémiques des Kerguelen, *Calicopteryx moseleyi* a failli disparaître. Elle se nourrissait d'une crucifère locale, le chou des Kerguelen, que le lapin introduit en 1874 a éliminé. La mouche a dû changer de niche écologique et mange aujourd'hui les algues sur les plages.

Cette régression est aussi le cas des mouches parasites, dont la nourriture est accessible à la force des pattes et pour qui les ailes sont embarrassantes et inutiles dans le pelage ou le plumage des hôtes. Chez les mouches hippoboscides, après avoir colonisé son hôte, la femelle digère ses propres ailes pour les convertir en réserves de graisse. Le cas le plus extrême de régression parasitaire est celui d'*Ascodipteron africanum*, en Inde, dont la femelle colonise une chauve-souris et régresse ensuite pour prendre la forme d'une outre. Elle s'enkyste sous la peau de l'hôte, perd ses ailes et ses pattes, et pond des larves par le trou qu'elle a creusé avec ses pièces buccales.

Les femelles d'autres familles de mouches parasites externes, comme les Nyctéribiides sur les chauves-souris, sont arachniformes (en forme d'araignée à 6 pattes !), sans ailes, avec un thorax et une tête réduits, et de grosses et longues pattes pour s'enfuir lorsqu'elles sont dérangées.

Les braules, ou « poux des abeilles », sont des mouches minuscules, aptères, aux yeux réduits, qui vivent dans les ruches, ou plutôt qui y vivaient car ils ont presque disparu après les campagnes de traitement contre le varroa. Ils volent du miel sans causer de graves nuisances aux abeilles. Les braules femelles pondent leurs œufs sur les opercules des alvéoles, les larves se développant ensuite dans la cire.

Les femelles sacs d'œufs

Le vaste groupe des Coccides, proches des pucerons, comprend de nombreux parasites des végétaux, notamment des arbres fruitiers et ornementaux. Le mâle adulte est un insecte libre et ailé, mais la femelle est aptère et sédentaire, et elle subit des régressions importantes. Elle enfonce son rostre dans la plante et s'immobilise. Après l'accouplement, elle se transforme en un sac à œufs : elle perd toute trace de segmentation, ses antennes et ses pattes régressent et elle s'entoure d'une matière cireuse, floconneuse ou d'une croûte résineuse. Elle pond ses œufs sous son corps, qui constitue même après sa mort un bouclier protecteur.

Chez quelques papillons (*Psychidae, Lymantriidae*), la femelle, vermiforme, ne sort pas de sa chrysalide. Le mâle, ailé et mobile, viendra l'y féconder après qu'elle aura foré un trou. Ses ailes sont absentes et ses pattes atrophiées. Elle ne se déplace pas et pond sur place avant de mourir, après une vie de quelques jours. Chez l'orgye (*Orgyia trigotephras*), la femelle est réduite à un sac d'œufs recouvert de poils blancs… Le dimorphisme sexuel est également frappant chez les strepsiptères, dont la femelle vermiforme est parasite interne d'un corps de guêpe ou d'abeille (cf. chap. 18).

Partie II

Croissez et multipliez-vous ! La vie sexuelle des insectes

4

Rencontrer son partenaire : parfums, sons et lumières

« L'insecte lumineux, comme une flamme errante,
Jetait avec orgueil ses mobiles lueurs. »

Marceline Desbordes-Valmore, « Le Ver luisant »

Où l'on découvre que le grand paon de nuit mâle sent les phéromones sexuelles d'une femelle à plus de 4 km. Que la puissance sonore des sérénades de certaines cigales peut assourdir irrémédiablement l'oreille humaine. Que les lucioles mâles et femelles échangent des flashs lumineux codés pour se retrouver. Que des congrégations de lucioles constituent des guirlandes de Noël clignotantes dans les forêts tropicales. Que les grandes vrillettes jouent des percussions dans les poutres pour se localiser.

L A VERSION SEXUÉE de la reproduction, dominante chez les insectes, implique l'accouplement d'un mâle et d'une femelle. Pour se retrouver, les deux partenaires bénéficient de signaux de communication chimiques, sonores ou lumineux émis par l'un et/ou l'autre.

Autant en emporte le vent... Les phéromones sexuelles

La communication chimique entre les individus d'une population d'insectes est particulièrement diversifiée. Les phéromones désignent les molécules qui provoquent une réaction chez les autres individus d'une même espèce et les phéromones sexuelles celles qui attirent les mâles vers les femelles ou réciproquement. Elles existent chez de nombreux groupes, mais elles ont été plus largement étudiées chez les papillons. Dans la majorité des cas, c'est la femelle papillon qui émet le bouquet phéromonal spécifique de l'espèce lors du comportement d'appel, en agitant l'abdomen à l'extrémité duquel se situent les glandes. Parfois incapable de voler (cf. chap. 3), elle attire à elle les mâles. Le mâle part à sa recherche en remontant la piste odorante dans l'air grâce aux nombreux chimiorécepteurs de ses antennes. La femelle du papillon grand paon de nuit (*Saturnia pyri*) peut attirer des mâles situés à plus de 4 km de distance !

Ça alors !

Fabre et les effluves du grand paon de nuit

En 1891, l'entomologiste méridional Jean-Henri Fabre (cf. chap. 31) constata qu'une femelle de grand paon de nuit, née du matin et cloîtrée sous une cloche en toile, attirait une quarantaine de mâles dans la soirée, alors qu'elle n'avait aucun succès si elle était logée dans une boîte hermétique. En observant qu'une cage grillagée ayant contenu des femelles continuait d'attirer des mâles plusieurs jours après le départ des femelles, il en déduisit que ces cages étaient imprégnées par une odeur attractive des femelles. Les premières phéromones de cette communication par effluves ne furent toutefois identifiées qu'en 1959.

Chez les mouches, les phéromones sexuelles émises par les femelles parfument leur cuticule et jouent davantage un rôle aphrodisiaque qu'attractif pour les mâles. En modifiant génétiquement des drosophiles afin qu'elles ne produisent plus ces phéromones cuticulaires, des chercheurs canadiens ont récemment démontré qu'elles servent à identifier le sexe et l'espèce d'un individu. Au lieu d'être délaissées comme on aurait pu le soupçonner, les femelles sans phéromones sont devenues irrésistibles, même pour des mouches mâles d'autres espèces. Quant aux mâles privés de phéromones, ils étaient courtisés par d'autres mâles ! En rétablissant une seule des phéromones, la barrière entre espèces était rétablie et les ardeurs des mâles calmées.

Dans le cas des coléoptères, les phéromones sexuelles peuvent être produites par les femelles ou par les mâles pour attirer à distance le partenaire de sexe opposé, mais elles peuvent aussi agir comme simple stimulant sexuel à courte distance.

Chez l'abeille domestique, la phéromone royale émise par la reine sert entre autres, mais pas seulement (cf. chap. 23), à attirer les mâles pendant le vol d'essaimage. Depuis quelques dizaines d'années, on utilise avec succès des phéromones sexuelles de synthèse dans des programmes de lutte intégrée contre les insectes ravageurs, au moyen de pièges avec des leurres sexuels imitant au mieux le bouquet phéromonal émis par la femelle « appelante », ou par la technique de confusion sexuelle. Cette dernière méthode implique la diffusion de grandes quantités de phéromones artificielles dans l'air pour semer la « confusion » parmi les mâles, en les désorientant et en les empêchant de localiser les femelles, dont le message est ainsi brouillé.

Sérénades et récitals

Pendant la période de reproduction, plusieurs insectes élaborent des chants d'appel pour se signaler au sexe opposé. Chez quelques espèces, les deux sexes font un duo, chacun produisant des sons pour l'autre. Ces sons peuvent être créés par différents moyens : le bourdonnement des ailes (moustiques), la déformation d'une membrane abdominale (cigales), la friction de tubercules sur les pattes (criquets) ou le frottement des élytres (grillons, sauterelles), la percussion sur le sol ou sur un substrat (termites). Dans la parade nuptiale des Plécoptères, le mâle attire la femelle en frappant le dessous de son abdomen contre le sol.

Avant de s'accoupler, les grandes vrillettes font parler les poutres ! Les mâles et les femelles de ces coléoptères rongeurs des bois humides attaqués par les champignons s'appellent en donnant des coups de tête réguliers et répétés contre les parois de leurs galeries. Comme ce mystérieux son ressemble à celui d'une horloge qui sonne, sans qu'on identifie facilement sa provenance, il a été surnommé « horloge de la mort », annonçant le décès de celui qui l'entend… Après cette conversation pré-copulatoire, mâles et femelles se rejoignent à l'extérieur du bois pour s'accoupler.

Chez les moustiques, les vibrations alaires de la femelle en vol sont perçues par les mâles grâce à l'organe de Johnston, un groupe de récepteurs antennaires sensibles aux mouvements d'air, et donc aux ondes sonores.

Les récepteurs de vibrations sonores sont souvent regroupés dans un autre organe auditif spécialisé, un tambour ou tympan, une membrane de la cuticule localisée de chaque côté de l'abdomen (papillons de nuit, criquets, cigales) ou sur les tibias des pattes antérieures (sauterelles, grillons).

Chez les criquets, les grillons et les sauterelles, les mâles stridulent pour attirer les femelles. Chez les courtilières *Gryllotalpa*, les galeries des terriers sont évasées pour amplifier les stridulations des mâles vers la surface. Chez les grillons champêtres, les mâles se livrent à des joutes sonores devant leur terrier avant que le vainqueur plus bruyant n'émette son chant de cour pour inviter une femelle à l'accouplement. Dans le cas du grillon australien *Teleogryllus oceanicus*, les mâles dominés sont agressés par les dominants qui les empêchent de chanter. Pour compenser ce déficit d'attraction, ces mâles subordonnés produisent davantage de phéromones cuticulaires, elles-mêmes attractives. Cette réaction est rapide : un mâle dominant devenu dominé change son profil chimique en 24 heures. Chez *Gryllus integer*, on trouve également deux types de mâles : les satellites silencieux et les chanteurs territoriaux. Les premiers trichent sournoisement en détournant quelques femelles aux abords du nid d'un rival chanteur. Ils ont un taux de reproduction plus faible que les mâles chanteurs, mais ils vivent en moyenne plus longtemps en minimisant le parasitisme par les mouches tachinaires, qui repèrent leurs cibles au chant (cf. chap. 19).

Les deux sexes des cigales ont des timbales membraneuses sur les côtés de l'abdomen, qui servent de tympan auditif pour capter les sons chez les mâles et les femelles. Pour les mâles, elles font également office de membrane émettrice de sons, vibrant jusqu'à 900 fois par seconde. Leur abdomen est d'ailleurs partiellement creux pour faire caisse de résonance. Lorsqu'ils font du bruit avec leur timbale, les mâles désactivent sa fonction d'écoute. Chaque espèce a son propre son. Si les petites espèces chantent dans les aigus au point de ne pas être audibles par l'oreille humaine, le son le plus fort produit par certaines cigales atteint 120 décibels et pourrait causer la surdité définitive chez les auditeurs humains trop proches !

Insectes lumineux : les feux de l'amour

Les mâles et les femelles de plusieurs familles de coléoptères produisent de la lumière pour communiquer. Le ver luisant, ou luciole ou lampyre, est le plus fameux d'entre eux. Sur les 2 000 espèces de vers luisants dans le monde, deux tiers produisent de la lumière. Dans la plupart des cas, leur système de communication implique des mâles volants et des femelles sédentaires. Selon les espèces, le mâle et la femelle, ou l'un ou l'autre des deux sexes, émettent une lumière verdâtre ou jaunâtre par la partie ventrale de l'abdomen. Les mâles signalent ainsi leur présence et leur maturité sexuelle, les femelles leur position au sol et répondent à l'appel d'un mâle. Dans certains cas, les femelles produisent une lueur continue associée à des phéromones pour attirer les mâles éteints. Dans d'autres, les mâles sont capables d'envoyer un signal lumineux auquel la femelle répond. Elle peut moduler ses signaux : un long intervalle de réponse n'est pas un bon signe pour Monsieur. La plupart des lucioles mâles et femelles se reconnaissent entre elles et signalent qu'elles sont prêtes à s'accoupler, moins par la luminosité ou la couleur, que par le rythme du clignotement, différent pour chaque espèce. Les spécialistes peuvent identifier les lucioles grâce à leur code lumineux, c'est-à-dire le nombre, la durée des éclairs et des intervalles. Les femelles des lucioles prédatrices *Photuris* imitent les signaux lumineux d'autres lucioles pour les manger (cf. chap. 11). Dans les régions densément peuplées par l'homme, la pollution lumineuse nocturne serait un des facteurs préjudiciables aux populations de lampyres, les mâles ne trouvant pas les femelles dans le nébuleux halo !

Ça alors !

Quand les lucioles décorent des arbres de Noël

En Asie du Sud-Est, en période de reproduction, les mâles des lucioles forestières *Pteroptyx* se rassemblent par milliers sur des arbres pour clignoter de façon parfaitement synchrone pendant plusieurs heures, souvent durant plusieurs nuits. La silhouette scintillante des arbres qui hébergent ces congrégations se découpe alternativement dans l'obscure nuit tropicale. Émettre leur lumière à l'unisson permet aux mâles de rendre leurs signaux visibles à travers la dense végétation de la forêt, et d'attirer ainsi les femelles volantes. Dans un va-et-vient incessant de nouveaux arrivants, mâles et femelles s'accouplent dans les frondaisons.

D'autres coléoptères que les lucioles sont capables de produire une luminescence, mais son rôle éventuel dans la communication sexuelle est mal connu. Les grands taupins *Pyrophorus* d'Amérique tropicale émettent une lumière puissante et continue en trois endroits : les deux points verts à l'arrière du thorax avertiraient les prédateurs de leur toxicité (cf. chap. 20), tandis que la lanterne abdominale orange, visible seulement du sol quand l'insecte est en vol, servirait à la communication sexuelle. Les deux lanternes thoraciques émettent lorsqu'on tient le taupin, mais s'arrêtent dès qu'il est relâché, suggérant une fonction défensive. L'explorateur naturaliste Humboldt affirmait pouvoir lire confortablement à la lueur d'une douzaine de ces *cucujos* ! Lors des premiers débarquements de bateaux européens concurrents en Amérique du Sud, ces taupins lumineux ont d'ailleurs provoqué la retraite d'une troupe d'envahisseurs anglais en train de débarquer, impressionnés par les lueurs qu'ils croyaient provenir des mèches d'artilleurs espagnols !

La lumière des lucioles et des taupins *Pyrophorus* est produite par une réaction biochimique dans un organe complexe appelé photophore. Dans ce photophore, certaines cellules agissent comme réflecteurs pour canaliser et intensifier la lumière. D'autres cellules contiennent les produits nécessaires à la réaction : un enzyme appelé luciférase, et une protéine appelée luciférine. En présence d'oxygène, la luciférine est oxydée par la luciférase en libérant de l'énergie sous forme de lumière. Les insectes contrôlent l'émission de lumière en modulant l'arrivée d'air, donc d'oxygène, dans le photophore par leur rythme respiratoire. La lumière ainsi dégagée est qualifiée de froide, car la réaction présente un excellent rendement lumineux : elle produit seulement 5 % de chaleur et 95 % de lumière. Par comparaison, une ampoule à incandescence ne restitue que 10 % de son énergie en lumière, et le reste en chaleur. Quarante taupins *Pyrophorus* livrent une lumière égalant la flamme d'une bougie, mais émettent 80 000 fois moins de chaleur que la bougie. En Amérique du Sud, les peuplades locales utilisent traditionnellement les *Pyrophorus* comme lampes de poche.

5

Comment conquérir son partenaire ?

« Entre deux individus, l'harmonie n'est jamais donnée,
elle doit indéfiniment se conquérir. »

Simone de Beauvoir, *La Force de l'âge*

Où l'on découvre les ballets aériens et les attouchements intimes auxquels se livrent les partenaires. Que les capacités de traction des scarabées défendant un territoire peuvent être proportionnellement plus puissantes que celles de l'homme le plus fort du monde. Que certaines mouches mâles séduisent leur femelle avec une proie emballée dans une boule de soie, mais que des tricheurs draguent avec un cadeau nuptial vide. Que des mâles d'abeilles forestières collectent des fragrances naturelles pour confectionner des parfums uniques attirant les femelles.

APRÈS LA PHASE de recherche du partenaire sexuel, reste à le conquérir. Classiquement, avant l'accouplement, les mâles sont en compétition pour les femelles, qui choisissent le meilleur partenaire possible parmi ces mâles. Les mâles produisent en effet de nombreux spermatozoïdes moins coûteux que les ovules, et le nombre de descendants qu'ils peuvent obtenir est plutôt conditionné par le nombre de femelles qu'ils parviennent à féconder. Pour se faire accepter par les femelles, les mâles ont investi dans plusieurs stratégies de séduction (parade, cadeau nuptial, combats...), avec des conséquences sur l'évolution de leurs caractères sexuels secondaires.

Quels bénéfices tirent les femelles du choix de leur mâle ? D'après la théorie de la sélection sexuelle, les femelles améliorent la propagation de leurs gènes dans les générations suivantes en augmentant la capacité de survie ou la fécondité de leurs descendants. Cette théorie repose sur plusieurs hypothèses possibles. Selon l'hypothèse du bon père, la descendance bénéficiera directement du territoire propice au développement larvaire apporté par un bon mâle. Selon l'hypothèse de l'emballement ou du fils sexy, la femelle qui choisit un mâle plus attractif aura des descendants mâles qui seront eux-mêmes attractifs plus tard et se reproduiront davantage. Selon l'hypothèse du handicap, la femelle qui choisit un mâle capable de produire des organes coûteux et encombrants et de survivre avec, sera susceptible de fournir les descendants les plus viables. Les ornements extravagants du mâle (cf. chap. 3) sont des signaux honnêtes de sa qualité, des gages de sa vigueur. Enfin, selon l'hypothèse du partenaire sain, être capable de développer des organes imposants et colorés est l'affichage d'une bonne santé. Un père imposant et rutilant ne transmet pas de maladie ou de parasite...

Ça alors ! Les mâles contraints à la monogamie se féminisent

Des chercheurs de l'université de Lausanne ont publié en 2014 les résultats d'une expérience sur la compétition entre les mâles au sein d'une population de drosophiles en élevage. Ils ont forcé les mâles à la monogamie sur plus de 100 générations. Appariés à une femelle partenaire unique, les mâles ne devaient donc plus combattre pour se faire accepter. À ce régime sans compétition sexuelle, les mâles sont devenus moins agressifs et moins compétitifs, exprimant davantage de gènes femelles que de gènes mâles et évoluant vers une féminisation !

Parades nuptiales avant de s'envoyer en l'air

Chez certains groupes, notamment les libellules et les mouches, les mâles attractifs intéressent les femelles par leurs acrobaties aériennes. Le mâle des mouches *Eristalis* se place en vol stationnaire au-dessus d'une femelle qui butine et effectue plusieurs descentes fulgurantes pour toucher subrepticement la femelle. Certains autres diptères forment des essaims bourdonnants de mâles et de femelles dont la chorégraphie approximative (ou trop complexe pour notre regard…) est un prélude aux accouplements. Les mâles des papillons adélides, qui portent des antennes atteignant 4 fois la longueur du corps, proposent également des ballets diurnes de voltige douce, avant de se poser par centaines sur les feuilles basses des arbres. Les mâles territoriaux de libellules demoiselles essaient d'attirer les femelles par leur voltige aérienne. La femelle est toutefois aussi sensible à la chaleur dégagée par le mâle qu'à sa danse : les mâles les plus chauds, détenteurs d'un territoire de berge au soleil, où la ponte se développera plus rapidement, seront préférés aux mâles frais à l'ombre.

Une fois les deux partenaires rapprochés, d'autres formes de stimulation intime et de reconnaissance précèdent parfois l'accouplement. En faisant saillir son tube de ponte, la femelle de drosophile provoque l'excitation du mâle, qui recourbe son abdomen. Chez de nombreux papillons de jour, lorsque le mâle, attiré à distance par les phéromones de la femelle (cf. chap. 4), a rejoint sa partenaire, il émet à son tour des phéromones aphrodisiaques avec des organes situés sous ses ailes (les androconies). Le mâle sort ses touffes de poils androconiaux, qui servent d'évaporateur, et la femelle les touche avec ses antennes pour provoquer la copulation. Chez les lucioles *Pteroptyx* (cf. chap. 4), le mâle monte sur la femelle et lui envoie quelques flashs lumineux dans les yeux avant d'être accepté ; des échanges de flashs entre les deux partenaires se poursuivent pendant l'accouplement !

Ça alors !

Les femelles préfèrent les colorés

Des chercheurs américains ont étudié les capacités d'apprentissage des femelles de papillon dans leur choix des mâles. Chez les papillons de l'espèce *Bicyclus anynana*, un mâle normal possède sur les ailes antérieures 2 taches colorées qui attirent les femelles. Dans leur expérience, les entomologistes ont placé des femelles durant trois heures en présence de mâles « sur-décorés », à 4 taches alaires, et d'autres en présence de mâles « sous-décorés », à une ou aucune marque.

Ils ont ensuite confronté ces deux lots de femelles à des mâles normaux à 2 taches. Les mâles à 4 taches n'ont pas eu à faire une cour démonstrative pour que les femelles les choisissent. Les mâles ternes et pauvres en taches étaient boudés au profit des mâles normaux. Même si les femelles n'ont côtoyé les mâles brillants ou ternes que durant une très courte période, leur choix était orienté vers les mâles dotés d'ornements supplémentaires.

Combats entre mâles pour opérations coup de poing

Les mâles qui sont en compétition directe pour une femelle ou un territoire d'accouplement et de ponte se livrent à d'âpres luttes. Pour s'abstenir de ces rugueux combats, les petits mâles du coléoptère staphylin *Leistotrophus versicolor* miment des femelles pour s'en rapprocher sans danger… Mais, chez bien d'autres espèces, l'évolution a encouragé le développement hypertrophié des organes de combat (cf. chap. 3).

Les exploits les plus impressionnants s'observent chez les scarabées qui emploient leur force pour repousser les assauts des autres prétendants en tentant de les désarçonner. Avant toute chose, rappelons que l'homme désigné comme le plus fort du monde est le Lituanien Zydrunas Savickas, 170 kg sur la balance, qui, en 2009, a réussi en 75 secondes à tirer sur 30 mètres un avion de 70 tonnes, soit 410 fois son poids. Chez les scarabées, le plus fort est probablement le petit bousier *Onthophagus taurus,* qui peut tirer une charge de 1 140 fois son propre poids. C'est comme si une personne tirait 6 bus doubles remplis de voyageurs ! Le scarabée rhinocéros d'Amérique centrale (*Xyloryctes thestalus*) est capable de soulever 100 fois son propre poids tout en continuant à marcher ! Quant aux mâles de *Lucanus cervus,* suspendus par leurs mandibules à un support, ils peuvent résister à la traction d'un poids de 200 g, ce qui équivaudrait à une charge de 10 tonnes pour un homme de 70 kg ! Quand un mâle de *L. cervus* a trouvé une plaie d'arbre suintante où le rejoindront les femelles, sa force lui est utile pour ne pas être délogé par un concurrent.

Dans plusieurs familles, les mâles pratiquent la « savate entomologique » pour protéger leur site ! Chez les punaises coréides, les pattes postérieures sont renforcées et servent aux combats, longuement décrits chez *Leptoglossus australis* au Japon ou *Acanthocephala declivis* au Mexique. Chez ces espèces, les mâles défendent ardemment quelques centimètres carrés de branche ou de feuillage pour gagner le droit de s'accoupler avec les femelles qui atterrissent sur leur territoire. Toutefois, leur combativité les conduit parfois à une stratégie inefficace. Certains mâles oublient l'objet de la lutte : ils passent leur temps à écarter les concurrents successifs sans s'accoupler, et s'éloignent de la femelle pour poursuivre les mâles défaits !

Des cadeaux nuptiaux aux femelles

Selon les cas, le cadeau nuptial alimentaire offert par les mâles est une stratégie de séduction des femelles, de prolongation de la durée d'accouplement ou de diversion défensive contre le cannibalisme des femelles (cf. chap. 6). Il prend la forme de sécrétions glandulaires ou de proies.

Chez les mouches prédatrices empidides, la stratégie du cadeau nuptial donne lieu à un assortiment de comportements savoureux. Avant l'accouplement, les mâles offrent à manger une proie enveloppée dans un cocon de soie à la femelle, qui le déballe et le consomme pendant l'accouplement. La femelle examine souvent le cadeau avant d'entamer le repas… et la bagatelle ! Si elle ne trouve pas le présent à son goût, elle refuse les avances du mâle. Certains mâles tricheurs évitent d'aller chasser et offrent une simple boule de soie vide, profitant du déballage pour s'accoupler. D'autres ramassent les cadeaux non déballés abandonnés par les femelles pour les offrir à une autre !

Chez les mouches-scorpions *Bittacus,* les mâles offrent également une proie cadeau, que les deux partenaires consomment ensemble. Chez les mouches-scorpions panorpes, le mâle régurgite une gouttelette de ses glandes salivaires et la présente à la femelle, qui l'absorbe durant l'accouplement.

Chez le scarabée méloïde *Lytta vesicatoria*, la femelle goûte le liquide proposé par le mâle avant l'accouplement. En effet, seul le mâle est capable de synthétiser la cantharidine, une substance toxique qui repousse les prédateurs. La femelle récupère ce composé lors de l'accouplement pour protéger ses œufs. Si et seulement si l'échantillon de la sécrétion du mâle contient suffisamment de cantharidine, elle accepte l'accouplement. De façon analogue, les femelles du papillon *Utetheisa ornatrix* peuvent jauger la qualité d'un mâle à son parfum (comme dans nos discothèques, finalement !). Au cours de la copulation, le mâle transmet à sa femelle des substances alcaloïdes qu'il tire de sa plante hôte. Ces alcaloïdes toxiques pour les prédateurs sont transmis aux œufs. Dans les phéromones qu'il émet, le mâle signale à la femelle, par la concentration d'un composé qu'elle sait détecter, que leur charge en alcaloïdes est plus ou moins élevée.

Chez certaines espèces de papillons, de criquets et de scarabées, le mâle fournit avec les spermatozoïdes un grand volume de liquide séminal qui peut être assimilé à un cadeau nuptial. Chez le coléoptère bruchide *Callosobruchus maculatus*, il représente jusqu'à 10 % du poids du mâle et son transfert à la femelle pendant l'accouplement constitue un investissement paternel conséquent. Cette source d'eau et de nutriments est employée par la femelle dans la synthèse des œufs.

Lors de l'accouplement des criquets et des sauterelles, le mâle attache un sac (appelé spermatophore) à l'orifice génital de la femelle et le transfert du sperme dans les voies génitales se fait lentement par diffusion. Or le spermatophore est composé d'une ampoule de sperme et d'une capsule gélatineuse (dénommée spermatophylax), riche en nutriments et en eau. Au dépôt du spermatophore par le mâle, la femelle réagit en saisissant le spermatophylax pour le consommer. Une fois cette capsule mangée, elle se saisit du reste de l'ampoule de sperme qui n'a pas encore diffusé dans sa spermathèque. Pour les mâles, fournir un spermatophylax volumineux prolonge la durée de l'accouplement et garantit donc le transfert d'un plus grand volume de sperme et une plus forte contribution à la fécondation…

Ça alors !

Les mâles généreux préfèrent choisir leurs femelles

Lorsque le cadeau nuptial représente un coût important pour le mâle, c'est lui qui peut devenir sélectif dans le choix de sa femelle partenaire. Lors de l'accouplement de la sauterelle *Ephippiger diurnus*, le mâle transfère à la femelle un gros spermatophore avec ampoule de sperme et gélule nutritive, pouvant représenter 40 % de son poids. Lorsque les conditions de ressources sont difficiles, ce spermatophore octroyé par le mâle constitue une source de nourriture cruciale pour les femelles, qui entrent alors en concurrence pour s'approprier les mâles.

Les femelles se rapprochent des mâles à l'écoute de leur chant. Puis les mâles sélectionnent leur femelle en écartant les partenaires de moindre qualité, ou ils adaptent le volume de leur spermatophore à la qualité de la partenaire. Ce second comportement permettrait aux mâles de reconstituer un nouveau spermatophore et de pouvoir se réaccoupler plus rapidement.

Hormis l'homme, certaines abeilles forestières sont les seules espèces connues à mélanger des fragrances pour composer des parfums de séduction. En Amérique du Sud, les mâles d'abeilles euglossines collectent les substances odorantes des orchidées qu'elles pollinisent, en y ajoutant les fragrances d'autres fleurs, de fruits, de sève et de résine pour confectionner leur propre parfum original. Pour collecter une odeur, ils enduisent la surface odorante d'une substance grasse qu'ils récoltent dans des poches spéciales sur leurs pattes arrière. Lors des parades nuptiales, ils transfèrent le contenu des « poches à parfum » vers un peigne situé à la base de leurs ailes qui diffusent le parfum en battant. Les fonctions du parfum sont encore mal connues : il semble à la fois attirer la femelle et affirmer la supériorité d'un mâle face à ses rivaux.

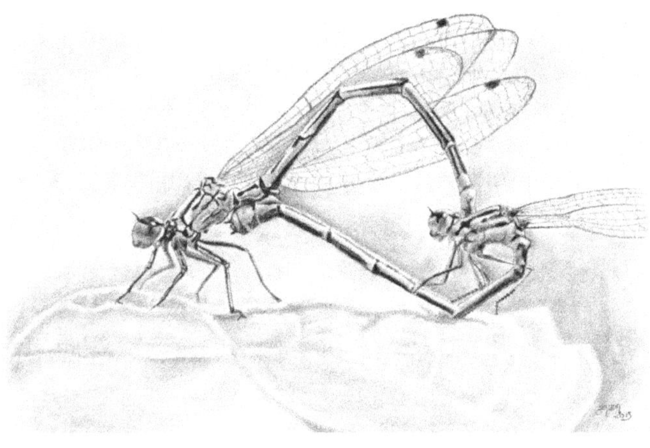

6

Comment ne faire qu'un
pour être plusieurs

« Elle est polyandre, cette femelle terrible. Alors que les autres insectes refusent le mâle,
quand leurs ovaires ont été fécondés, la mante en accepte deux, trois, quatre, jusqu'à
sept : et cette barbe-bleue, l'œuvre accomplie, les croque sans rémission. »

Remy de Gourmont, *Physique de l'amour*

« La copulation des insectes est l'actualisation de nos fantasmes sexuels. »

Tobie Nathan, *La Psychanalyse et son double*

Où l'on découvre que certains mâles ont un pénis en forme de grappin pour
verrouiller leurs étreintes ou des pattes à crampons pour des accouplements-
rodéos. Que la femelle pénètre le mâle chez des psoques du Brésil. Que les femelles
boulimiques de mantes dévorent leur partenaire pendant l'acte sexuel. Que les gerris
mâles violent les femelles non consentantes. Que des punaises mâles pénètrent les
femelles sans passer par les voies génitales et pratiquent de violents accouplements
homosexuels. Que des guêpes essaient de copuler avec des orchidées aguicheuses.

CHEZ LES INSECTES, la reproduction sexuée vise la fécondation interne, c'est à-dire la rencontre des spermatozoïdes du mâle avec les ovules dans le corps de la femelle. Cette fécondation résulte la plupart du temps de l'accouplement entre les deux partenaires, accouplement qui prend des formes variables, parfois extravagantes. Il peut même être sauvage, traumatique, inversé ou… absent.

La fécondation sans accouplement

Les mâles de certains groupes d'insectes primitifs, comme les lépismes (les poissons d'argent qui vivent dans nos maisons) et les collemboles (qui ne sont en réalité plus des insectes au sens strict dans la classification actuelle des arthropodes hexapodes…), se passent d'accouplement pour transférer leurs spermatozoïdes. Comme il n'y a pas introduction du pénis dans les voies génitales, le mâle enveloppe sa semence dans un sac protecteur, le spermatophore, et se comporte de sorte qu'il soit transmis avant la dessiccation de ses spermatozoïdes.

Chez les collemboles, il dépose ses spermatophores sur le sol et la femelle récolte le sperme en appliquant son orifice génital sur le sac. Le spermatophore libère les spermatozoïdes en éclatant dans les voies génitales femelles. Dans les cas les plus simples, les spermatophores sont déposés au hasard et la femelle les retrouve grâce aux molécules volatiles qu'ils émettent. Quand la femelle ne les trouve pas assez vite, le mâle les mange et dépose de nouveaux spermatophores frais. Certaines espèces montrent des comportements plus complexes. Les mâles confient directement le spermatophore à une femelle réceptive, ou déposent leurs spermatophores en cercle autour de la femelle pour l'obliger à se féconder. Chez le poisson d'argent (*Lepisma saccharina*), la façon dont le mâle tend un fil de soie avec un spermatophore près de la femelle ressemble à une parade.

Petit Kama-sutra entomologique

Dans la plupart des cas, lors de l'accouplement, le mâle chevauche la femelle. Nous verrons plus loin que certaines femelles montent sur les mâles (comme chez certains criquets ou chez les grandes blattes souffleuses *Gromphadorhina* de Madagascar). De nombreuses autres positions sont mises en œuvre pour répondre à des contraintes anatomiques. Chez les mâles de libellules, le sperme est produit à l'extrémité de l'abdomen alors que l'organe copulateur est à la base de l'abdomen. Avant l'accouplement, le mâle recourbe son corps pour remplir de semence le réservoir associé à son pénis. Il met ensuite littéralement le grappin sur sa femelle, en la saisissant entre la tête et le thorax, grâce à une sorte de pince située au bout de son abdomen. Comme l'orifice génital de la femelle est situé au bout de son abdomen, elle se courbe en avant pour rentrer en contact avec l'organe copulateur du mâle et récupérer sa semence. Cette roue d'accouplement des libellules demoiselles prend une forme de cœur très symbolique ! Chez les cigales, le pénis du mâle est bien au bout de son abdomen, mais l'ouverture des voies génitales de la femelle se situe au milieu de son corps. Comme le pénis est trop court pour l'atteindre en se plaçant derrière elle, les cigales s'accouplent côte à côte. Chez les punaises, le mâle ne grimpe pas sur le corps de la femelle, et les deux corps accouplés restent accolés cul à cul !

Pour s'accoupler avec une carapace rigide, parfois sous l'eau ou en plein vol, sans décrochages intempestifs, des dispositifs d'arrimage ont été développés. Ainsi, les pénis de drosophiles ont deux épines crochues qui s'accrochent dans les voies génitales de la femelle (peut-être à une structure cuticulaire interne faisant un effet Velcro). Ce grappin stabiliserait le mâle sur une femelle qui rue des pattes postérieures et déploie violemment sa tarière de ponte. 80 % des mâles dont les crochets péniens ont été expérimentalement retirés au laser laissent échapper leur partenaire avant la fin du coït !

Pour mieux agripper la femelle chevauchée pendant l'accouplement, les pattes antérieures des mâles sont parfois modifiées en crampons : tarses élargis des coléoptères carabes et ventouses des coléoptères aquatiques dytiques. Chez les dytiques, la femelle semble systématiquement résistante à l'approche du mâle, qui ne procède d'ailleurs à aucune cour préparatoire. La guerre évolutive des sexes a d'ailleurs des conséquences morphologiques bien réelles : alors que les deux ventouses du mâle seraient plus adhérentes sur des élytres femelles lisses comme les siennes, la femelle a les élytres irréguliers et profondément rainurés. Le mâle doit s'accrocher pour tenir sur une femelle revêche !

Il existe enfin des accouplements de groupe particulièrement spectaculaires. Lorsqu'une jeune reine d'abeille quitte la ruche et s'élance dans le ciel, elle est immédiatement poursuivie par une escouade de mâles de la ruche (on les appelle les drones). Lors de ce vol nuptial, ils luttent pour l'inséminer en plein vol. Chaque reine s'accouplera avec une douzaine de ces kamikazes sexuels, qui mourront peu après des suites des dégâts anatomiques infligés par l'accouplement (cf. chap. 7). La reine récolte suffisamment de sperme pour pondre pendant ses quatre ans de vie, les spermatozoïdes, qui baignent dans un liquide nutritif de la spermathèque, survivant très longtemps (à la différence des quelques heures pour les spermatozoïdes humains).

À l'inverse, d'autres espèces préfèrent convoler dans l'intimité. Les mouches scatophages (autrement dénommées mouches à merde !) se rencontrent sur une bouse. Mais dès le début de l'accouplement, le mâle de *Scatophaga stercoraria* s'envole à l'écart avec sa femelle, pour éviter le harcèlement des rivaux.

Quand la femelle pénètre le mâle

L'inversion des rôles sexuels est documentée en entomologie (cf. chap. 5). Mais certains insectes vont jusqu'à présenter une inversion des organes génitaux ! Un cas de femelles dotées d'un faux pénis (appelé gynosome) existe chez les psoques du genre *Neotrogla*, qui mesurent 3 mm et vivent dans des grottes sèches au Brésil. Durant la copulation, qui dure jusqu'à 70 heures, la femelle chevauche le mâle et enfonce son gynosome dans les organes génitaux du mâle, où il enfle et ancre ses épines. Il est alors impossible de décrocher la femelle sans arracher l'abdomen du mâle. Pendant cette phase, le gynosome prélève des gélules de nutriments et le sperme. Comme si la nature avait conduit une expérimentation dans ces grottes pauvres en ressources, la sélection sexuelle s'est donc inversée : les mâles s'investissent dans la reproduction en fournissant des nutriments aux femelles qui conçoivent les œufs, et les femelles sont tellement en compétition pour cette ressource vitale des mâles qu'elles sont équipées d'un attribut pour la récupérer !

Quand les mâles s'accouplent avec des femelles sauvages

Hormis les mâles d'abeille, d'autres mâles connaissent un sort peu enviable pendant l'accouplement. Le cas fameux du mâle de la mante religieuse dévoré par la femelle a marqué l'imaginaire humain (cf. chap. 30). La séquence des faits est en général la suivante. Le mâle s'approche très lentement de la femelle, pour ne pas être capturé comme une proie, avant de bondir sur son dos pour la chevaucher et commencer l'accouplement. La femelle lui tranche assez rapidement la tête avec sa patte ravisseuse. La copulation n'est pas interrompue pour autant car le ganglion nerveux génital qui commande les mouvements abdominaux est situé à l'extrémité de l'abdomen. Au contraire, chez certaines espèces, la décapitation du mâle libérerait un mécanisme inhibiteur d'expulsion de la semence ! Après la copulation avec ce corps sans tête, la femelle dévore les restes du mâle.
Chez le criquet *Cyphoderris strepitans*, la femelle se contente de grignoter ses ailes charnues pendant l'accouplement (voir ci-après). Mais d'autres cas de dévoration des mâles par les femelles voraces sont connus. Les moustiques Heleidae sont des prédateurs en vol d'autres moustiques. Leur accouplement est extraordinaire : la femelle fonce en piqué sur un mâle dans une nuée, et s'accroche à son abdomen pour le contact génital. Pendant l'accouplement, elle perfore la tête de son partenaire avec ses pinces buccales et lui injecte ses sucs digestifs. L'intérieur du corps du mâle est dissous en quelques instants et absorbé par la femelle, qui rejette alors sa carapace vide. Un morceau d'abdomen contenant les organes génitaux reste accroché à la femelle et la féconde. Chez ces moustiques, le mâle ne féconde une femelle que si elle le dévore !

Femelles harcelées ou violées par des mâles sauvages

Les spécialistes de l'évolution rappellent qu'il existe une « guerre des sexes » entre les mâles et les femelles d'une espèce. Leurs divergences d'intérêt sont souvent manifestes. Ainsi, un mâle peut augmenter le nombre de ses descendants en multipliant les partenaires sexuels, tandis qu'une femelle ne peut pas accroître sa descendance en copulant avec de nombreux mâles. Lorsque l'évolution d'un sexe perturbe le succès reproductif de l'autre, le conflit sexuel peut dégénérer en « course aux armements » et en accouplements sauvages. La résistance des femelles à l'accouplement peut également être un moyen de sélectionner le mâle le plus fort. La fuite, la ruade font partie des comportements adoptés par les femelles pour se débarrasser des mâles qui les harcèlent. Chez une punaise d'eau gerris, les femelles sont même équipées d'épines abdominales dont la fonction sélectionnée par la pression de l'évolution semble être de déloger les mâles pendant l'accouplement ! En réponse, les mâles de plusieurs espèces d'insectes disposent de systèmes pour verrouiller leur étreinte, forcer la copulation et éviter la fuite de la femelle. Chez les criquets *Cyphoderris strepitans*, la femelle grimpe sur un mâle et commence à grignoter ses ailes, pendant que le mâle injecte son spermatophore dans ses voies génitales. Pour éviter que la femelle ne se décroche avant le transfert complet, le mâle sécurise son ancrage avec des appendices spéciaux sur son dernier segment abdominal. Chez les Gerridae, punaises flottant sur l'eau, le mâle reste ancré sur la femelle grâce à des crochets sur ses pattes, ses antennes ou son abdomen et résiste ainsi aux ruades de la femelle. Les mâles de mouches-scorpions panorpes portent également des structures morphologiques de blocage pour ne pas être délogés par les mouvements de la femelle pendant l'accouplement. Les mâles des coléoptères aquatiques *Acilius* ne font pas la cour aux femelles, mais leur imposent plutôt une relation forcée. Ils demeurent sur la femelle sous l'eau jusqu'à six heures d'affilée, ne lui laissant que peu de fois l'occasion de respirer à la surface, pour éviter son accouplement avec d'autres mâles. Chez la bruche *Callosobruchus maculatus*, le harcèlement et les lésions génitales infligées par la pénétration violente du mâle (cf. chap. 7) réduisent la fertilité de la femelle, et donc la descendance du mâle, mais améliorent peut-être son taux de paternité.

Privation sexuelle et alcoolisme

Chez de nombreuses espèces, les systèmes naturels de neurorégulation incluent des circuits de récompense pour les comportements nécessaires à la survie (sexe, alimentation, interactions sociales). Les insectes ne font pas exception. En 2012, des chercheurs ont démontré chez les mouches drosophiles un lien entre l'échec des mâles courtisans et leur consommation d'éthanol, à travers un circuit neurologique de récompense centré sur le neuropeptide NPF. Les drosophiles se nourrissent de sucres fermentés. La privation de relation sexuelle réduit les concentrations de neuropeptide F et augmente les comportements de consommation d'alcool. À l'inverse, l'accouplement augmente les concentrations de neuropeptide F et réduit la consommation d'alcool.

Bombardement de spermatozoïdes hors des voies naturelles

L'insémination extragénitale traumatique est un comportement sexuel extravagant, observé chez plusieurs punaises (dont *Cimex lectularius*, la punaise des lits) et chez le strepsiptère *Xenos vesparum* (cf. chap. 18). Lors de l'accouplement, le mâle, grâce à un pénis muni de pièces vulnérantes, perfore le vagin ou le tégument de la femelle et injecte sa semence dans sa cavité abdominale hors des voies génitales. Chez ces mâles punaises, on trouve des pénis à trocart biseauté ou en forme de canon à sperme pour traverser la paroi du conduit génital. Les spermatozoïdes migrent ensuite dans l'hémolymphe pendant plusieurs jours avant d'aller féconder les ovules.

Les explications évolutives pour justifier l'apparition d'un tel comportement sont variées. L'insémination traumatique extragénitale permettrait aux seconds mâles de contourner le bouchon copulatoire mis en place dans les voies génitales femelles par le premier (cf. chap. 7). Cette pratique directe et brutale éviterait aussi au mâle de faire une longue cour nuptiale, voire d'essuyer un refus de copulation. Enfin, certains mâles ont un long pénis qui traverse les voies génitales femelles et la spermathèque de stockage pour aller déposer la semence au plus près des ovaires et augmenter la fécondation.

Pour la femelle, cette pratique a un coût évident. Les blessures de copulation infligées sur son tégument peuvent s'infecter et augmenter sa mortalité de 25 %, tout en réduisant sa longévité moyenne. Des cas d'insémination traumatique entre individus d'espèces différentes de *Cimex* ont par ailleurs provoqué une réaction immunitaire létale dans le corps de la femelle.

Pour réduire les pertes et dommages, certaines espèces sont dotées d'un deuxième réseau de voies génitales, qui part d'une poche à sperme, épaississement abdominal qui stocke les spermatozoïdes, vers deux cordons débouchant dans les canaux génitaux. Tous les stades évolutifs existent, depuis la poche pseudocicatrice au néovagin connecté !

Ça alors ! Fidélité extrême

Alors que la plupart des mâles et des femelles d'insectes sont volages et s'accouplent avec plusieurs partenaires, certains couples sont d'une fidélité sans faille. Chez la mouche bibionide *Plecia nearctica,* en Amérique du Nord, le mâle et la femelle restent accouplés dans l'étreinte jusqu'à la fin de leur courte vie. En revanche, chez certains termites, le couple fondateur d'une termitière vit ensemble très longtemps. Son histoire commence par le creusement d'une chambre nuptiale dans le bois ou la terre. Le mâle et la femelle se mutilent ensuite les ailes et les antennes, devenues inutiles dans cet espace clos, et s'accouplent. Le développement des organes génitaux gonfle leur abdomen et les transforme en machines à féconder et à pondre. Les premières ouvrières forent des galeries autour de la chambre, trop étroites pour le passage du couple royal, qui se retrouve emprisonné pendant plusieurs dizaines d'années jusqu'à la mort dans ce copularium (cf. chap. 15).

Des comportements homosexuels chez les insectes ?

Certains mâles jouent les travestis pour s'approcher des femelles sans combattre d'autres mâles (cf. chap. 5) ou pour faire diversion et éloigner les concurrents de la femelle qu'ils viennent d'inséminer (cf. chap. 7). À côté de ce comportement destiné à semer la confusion, de réels accouplements homosexuels ont été observés chez les insectes. Dès 1884, l'abbé Maze rapportait à la Sorbonne ses observations de « pédérastie » chez les hannetons. Quelques années plus tard, Gadeau de Kerville distinguait deux sortes de pédérastie : la pédérastie par nécessité lors d'un manque de femelles et la pédérastie par goût en présence de femelles !

Un comportement pseudocopulatoire « lesbien » a parfois été observé chez les femelles. Lorsqu'une femelle parthénogénétique du charançon *Otiorhynchus pupillatus* s'apprête à pondre ses œufs non fécondés, elle s'empresse de simuler un accouplement avec une autre femelle. Mais ce sont surtout les mâles qui s'adonnent à ces relations, en particulier dans les élevages et dans des conditions artificielles de promiscuité. Il s'agit en fait souvent d'une erreur d'identification du partenaire, notamment quand le mâle vient de s'accoupler avec une femelle et qu'il est encore envoûté par ses parfums. Il peut s'agir aussi d'une erreur de jeunesse quand le mâle commence son apprentissage après avoir récemment émergé de sa nymphe.

Ce mode d'accouplement survient également chez les espèces dont l'appariement est frénétique et aléatoire. Chez les punaises aquatiques *Corixidae*, la copulation est simplement liée à la taille des partenaires, le plus petit montant sur le plus gros. Chez les punaises à insémination traumatique (voir supra), les accouplements entre mâles sont fréquents. Les mâles de *Xylocoris maculipennis* pratiquent entre eux l'insémination extragénitale, et la semence injectée dans l'abdomen du receveur migre jusqu'à ses organes génitaux. Même si une partie des spermatozoïdes et le liquide séminal sont digérés par le mâle receveur, une partie du sperme du donneur rejoint la semence du receveur. Lorsque le receveur s'accouplera ensuite avec une femelle, celle-ci recevra du sperme mélangé des deux mâles.

Ce système de copulation étrange réduirait les effets de consanguinité dans un environnement confiné, en mixant les ressources génétiques de plusieurs mâles avant l'accouplement. En revanche, les copulations entre mâles avant la saillie d'une femelle ne favorisent pas toujours le transfert indirect de sperme. Les mâles d'*Afrocimex* présentent souvent des cicatrices copulatoires, mais le sperme injecté par le mâle dans l'abdomen du mâle passif ne rejoint pas les organes génitaux, et ne peut donc être réinséminé dans une femelle par le mâle passif. Le bénéfice reproducteur de cette insémination homosexuelle demeure donc inconnu.

Quand les insectes se font conter fleurette

Les fleurs de nombreuses plantes attirent les insectes grâce aux ressources alimentaires qu'elles proposent. D'autres en revanche, comme les orchidées, attirent les insectes pour être pollinisées, se transformant en véritables prostituées, parfois sans rien offrir en échange. Seules certaines espèces ont des nectaires extrafloraux pour attirer les insectes. De nombreuses orchidées ont des pétales modifiés qui miment la morphologie et la chimie des femelles d'abeilles sauvages ou de guêpes, plus rarement de mouches, pour attirer leurs mâles. 60 % des dizaines de milliers d'espèces d'orchidées sont fécondées par une guêpe ou une abeille. Chez les ophrys européennes, le labelle, un pétale modifié, rappelle la forme, parfois avec de fausses antennes et de fausses ailes, la couleur, parfois avec des motifs de faux yeux et la pilosité veloutée des insectes femelles. Mais le premier facteur d'attraction n'est pas tactile ou visuel : c'est l'odeur sécrétée par la fleur, qui reprend la phéromone femelle. Les senteurs sont parfois si concentrées que les mâles préfèrent la fleur aux vraies femelles. Une fois qu'il a atterri sur le labelle de l'orchidée, le mâle se laisse duper par sa pilosité analogue à celle du corps de sa femelle. Il entame alors une pseudocopulation avec le labelle soyeux de la fleur, se chargeant ainsi en pollen et déchargeant le pollen d'une autre… En fonction du type de fleur, les mâles y plongent la tête la première et emportent les sacs polliniques sur leur front, ou se retournent et les emportent sur leur abdomen. Les mâles copulant avec les ophrys ne vont pas jusqu'à l'éjaculation, mais du sperme de guêpes *Ichneumonides* a été détecté dans les fleurs de l'orchidée australienne *Cryptostylis* sp.

Parfois, ce n'est pas en essayant de s'accoupler avec une fausse femelle que l'insecte participe à la pollinisation de la fleur, mais en croyant combattre des mâles concurrents ! En Amérique du Sud, les mâles d'abeilles *Centris* pollinisent les fleurs d'*Oncidium* en attaquant l'inflorescence, qui mime un autre mâle en vol, tout en recevant sur la tête le pollen qu'ils déposeront à l'attaque de la fleur suivante.

La relation est souvent spécifique entre une espèce d'orchidée et une espèce ou un groupe d'espèces d'insectes. En Europe, *Ophrys muscifera* est pollinisée par deux espèces de guêpes *Gorytes*. De nombreuses associations insectes-orchidées demeurent méconnues. Sur un plan évolutif, l'association de pollinisation d'une fleur par un insecte sans récompense pour lui est très intéressante. On suppose qu'elle a évolué à partir d'un ancêtre végétal pourvoyeur de nectar attractif. Pour toutes les orchidées dépourvues de nectaires, la séduction est la seule chance de reproduction.

Mise en bière

Ça alors !

En Australie occidentale, les canettes de bière provoquent une surmortalité chez un coléoptère bupreste (*Julodimorpha bakewelli*). Les mâles de ce dernier sont en effet trompés par la brillance et la couleur de la bouteille, qui reproduisent fidèlement celles de leurs femelles. Leurs tentatives désespérées de copulation prolongée leur sont souvent fatales, car ils finissent par succomber à la chaleur ambiante du désert ou aux fourmis.

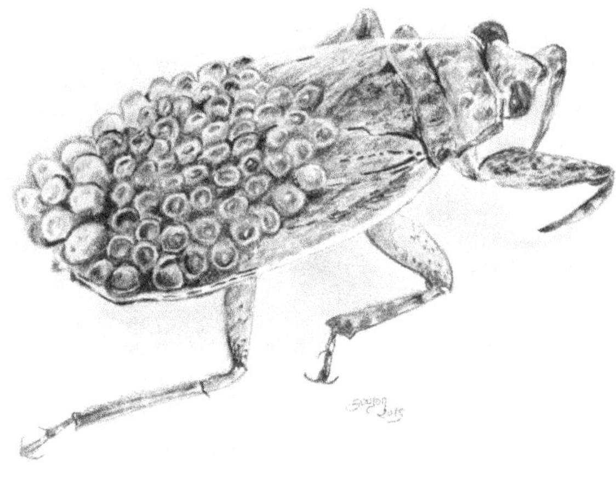

7

Assurance paternité : les cocus contre-attaquent !

« Un cocu ? Un entier qui partage sa moitié avec un tiers. »

Alphonse Allais

« Il n'y a pas de bons pères, c'est la règle.
Qu'on n'en tienne pas rigueur aux hommes,
mais au lien de paternité qui est pourri. »

Jean-Paul Sartre, *Les Mots*

Où l'on découvre des mâles inventifs pour contraindre leur femelle à la monogamie. Une guêpe travestie qui éloigne ses rivaux. Un phasme qui chevauche sa femelle 79 jours. Une mouche qui enduit la sienne d'une phéromone anti-aphrodisiaque. Une fourmi qui lui sacrifie ses organes copulateurs en guise de ceinture de chasteté. Un criquet qui lui mutile le sexe pour le mettre hors service. Une punaise qui n'accepte de garder les œufs que pour les femelles fidèles. Une libellule qui se sert de son pénis comme écouvillon pour expulser le sperme rival.

En accord avec la théorie de la sélection sexuelle (cf. chap. 5 et 6), les mâles cherchent à s'accoupler avec un maximum de femelles, car leur succès reproducteur est proportionnel au nombre d'ovules qu'ils arrivent à féconder. Ils doivent néanmoins éviter de harceler chaque femelle, au risque d'affaiblir leur fécondité.

Toutefois, la sélection sexuelle ne se limite pas à des stratégies qui permettent aux mâles de s'accoupler avec plusieurs femelles. En effet, les insectes femelles s'acoquinent souvent avec deux ou plusieurs mâles. On les dit « polyandres ». Elles possèdent également un organe de stockage des spermatozoïdes, la spermathèque, où ces derniers restent viables pendant longtemps.

Les femelles s'accouplent même lorsque leur réserve de sperme n'est pas épuisée. La compétition entre les spermatozoïdes de plusieurs mâles pour la fécondation des ovules d'une femelle (dite compétition spermatique) est donc très intense.

Cette compétition a entraîné l'évolution de stratégies adaptatives d'assurance de la paternité qui augmentent la probabilité pour les spermatozoïdes d'un mâle de réussir la fécondation sans être supplantés par ceux d'un autre mâle, et donc la garantie pour le mâle d'être le père de la descendance à naître. Ces stratégies permettent au mâle d'éliminer ou de supplanter le sperme rival déjà engrangé par la femelle, d'empêcher que la femelle s'accouple avec un autre mâle, d'assurer un taux maximal d'utilisation de ses spermatozoïdes lors de la fécondation des ovules d'une femelle…

Passons en revue quelques-unes de ces stratégies.

Stratégie n° 1, la surveillance

Chez certaines espèces (le scarabée *Popilio japonica*, la punaise flottante *Gerris lateralis*, par exemple), le mâle reste accroché à la femelle pendant plusieurs heures voire plusieurs jours sans qu'il y ait de contact entre les appareils génitaux. Dans d'autres cas, il reste aux côtés de la femelle et éloigne les rivaux, contraignant la femelle à la monogamie. En cas de forte densité de mâles, les femelles de la punaise *Gerris regimis* gardées par les mâles sont moins harcelées par les autres mâles et sont capables de chasser 50 % de nourriture en plus, ce qui est profitable à leur fécondité.

Après l'accouplement, les mâles de libellules adoptent la position dite « en tandem », accrochés à la femelle pour la guider vers un site de ponte dans l'eau et écarter les importuns. On a calculé que les femelles ainsi « gardées » de *Calopteryx maculata* ne sont pas dérangées pendant 12 à 15 minutes alors que les femelles non gardées ne sont épargnées des assauts que pendant 1 à 2 minutes.

Stratégie n° 2, jouer les prolongations

Afin d'empêcher des copulations ultérieures, notamment lorsque la densité de mâles est importante, les mâles de certaines espèces restent logés dans l'appareil génital de la femelle même après l'éjaculation. Le record de durée du contact génital est de 79 jours chez le phasme *Necroscia sparaxes* ! Chez la punaise *Parastrachia japonensis*, le sperme est transféré après 10 secondes d'accouplement, mais le mâle reste accroché à la femelle pendant une heure... Chez d'autres espèces, comme le doryphore (*Leptinotarsa decemlineata*), le mâle s'accouple plusieurs fois de suite avec la même partenaire. Ce faisant, il assure un meilleur remplissage de la spermathèque et augmente la proportion de la descendance dont il est géniteur. Les mâles d'autres espèces occupent la femelle en lui offrant un cadeau nuptial : des sécrétions, des proies... (cf. chap. 5). En prolongeant l'accouplement, le mâle peut transférer davantage de spermatozoïdes, et accroître le nombre potentiel d'œufs fécondés. De plus, occupée avec lui, la femelle ne peut s'engager dans un autre accouplement !

Stratégie n° 3, le don massif de spermatozoïdes

Comme nous venons de le constater, un des avantages d'un accouplement plus long est d'accroître la quantité de spermatozoïdes transférés. Avec cette stratégie, le mâle ne laisse pas de place pour la semence d'autres mâles. De plus, chez certaines espèces, le remplissage de la spermathèque stimule des mécanorécepteurs, qui induisent la sécrétion d'hormones femelles inhibant sa réceptivité sexuelle. Ainsi, les femelles du papillon *Acrolepia assectella* qui ont la bourse copulatrice distendue ou la spermathèque pleine ne copulent plus. Enfin, le mâle du coléoptère *Callosobruchus maculatus* dépose une quantité de liquide séminal beaucoup plus grande que ce que la femelle peut stocker. Cet excès lui permet de chasser les spermatozoïdes rivaux, déjà stockés dans la spermathèque. La position du sperme dans la spermathèque joue un rôle aussi important que son volume dans sa contribution à la fécondation. Selon l'espèce, lorsque plusieurs mâles s'accouplent avec une femelle, le premier ou le dernier mâle est le géniteur de la majorité de la progéniture de la femelle.

Ça alors ! **La sauterelle aux gros testicules multiplie les partenaires...**

On a récemment découvert une sauterelle aux testicules hypertrophiés, la decticelle côtière (*Platycleis affinis*). Ses testicules remplissent son abdomen et représentent 14 % de sa masse corporelle (ce qui reviendrait à des attributs de 10 kg pour un homme adulte !), soit beaucoup plus que les sauterelles voisines. Pourtant, les mâles produisent moins de sperme à chaque éjaculation. Ces testicules géants rendraient plutôt les mâles capables de féconder un très grand nombre de femelles sans tomber en panne de sperme.

Stratégie n° 4, la « terre brûlée »

En blessant le tractus génital de la femelle lors de l'accouplement, les mâles, comme ceux du criquet *Metaplastes ornatus*, diminuent la probabilité que la femelle s'accouple ensuite avec un rival. Mais cette stratégie n'est pas parfaite, car les dommages physiques peuvent affecter la ponte. Le pénis des mâles de certains petits carabiques *Bembidion*, des mouches des bouses Sepsidae et de la bruche *Callosobruchus* porte des épines qui laissent des lésions génitales dans le canal génital. Il est difficile d'identifier précisément le bénéfice de ces structures pour le mâle : un écouvillon pour éliminer la semence des concurrents ? un harpon pour rendre l'appareil génital de la femelle inopérant pour des accouplements ultérieurs (par stratégie de la « terre brûlée ») ?

D'aucuns y voient un dispositif d'accrochage pour éviter que les mâles accouplés soient désarçonnés (cf. chap. 6). Toujours est-il que les mâles bruches qui possèdent les plus longues épines fécondent le plus grand nombre d'ovules ! Les femelles de certaines bruches ont d'ailleurs évolué pour se protéger des blessures : leur canal génital est renforcé dans les populations où les mâles ont les plus grandes épines. Chez la bruche *Callosobruchus maculatus*, la femelle est dotée de pattes arrière robustes et se débarrasse de son partenaire en ruant violemment mais, une fois fécondée, sa durée de vie n'est plus que de dix jours au lieu d'un mois…

Ça alors !

Le souvenir du premier amour de la mouche

La taille des descendants de la femelle de la mouche *Telostylinus angusticollis* dépend de celle de son premier amour… Des femelles immatures, accouplées avec de gros mâles, puis, une fois matures, avec de petits mâles, ont une progéniture de grande taille. Des substances présentes dans le liquide séminal du premier partenaire influenceraient le développement des ovules immatures de la femelle et donc des futurs petits.

Stratégie n° 5, la castration chimique

Chez de nombreuses espèces de moustiques des genres *Aedes*, *Anopheles*, *Culex*, chez la mouche domestique ou le papillon *Lymantria dispar*, les mâles transfèrent, *via* leur liquide séminal, une substance produite par leurs glandes sexuelles annexes, qui inhibe la réceptivité sexuelle des femelles pour d'autres accouplements. De même, les mâles du coléoptère *Tenebrio molitor* transmettent, lors de l'accouplement, une phéromone anti-aphrodisiaque qui éloigne ensuite les autres mâles. Les mâles des papillons *Heliconius erato* ou de la piéride du chou *Pieris brassicae* transmettent aux femelles une phéromone répulsive afin de les contraindre à la monogamie. Ce mécanisme de castration chimique existe aussi chez les punaises : lors de l'accouplement, le mâle de *Lygus hesperus* transfère à la femelle un composé répulsif, l'acétate de myristyle, avec son spermatophore : la femelle perd alors son pouvoir de séduction.

Stratégie n° 6, poser un bouchon copulatoire

Les bouchons copulatoires, aussi dénommés sphragis, sont des structures cornées, placées par le mâle dans la bourse copulatrice femelle afin de constituer une barrière à l'insémination en cas d'accouplements ultérieurs avec un mâle concurrent. Cette ceinture de chasteté bloque l'accès aux organes génitaux de la femelle. La blatte *Blattella germanica* et le criquet migrateur *Locusta migratoria* injectent ainsi un ciment biologique qui interdira aux spermes rivaux l'accès à la spermathèque. La stratégie du bouchon est loin d'être infaillible. Le temps que le bouchon durcisse, l'intromission du pénis d'un second mâle est parfois possible...

Certains papillons, comme les *Parnassius* ou les nymphalides africains *Acraea*, injectent une substance cornée visqueuse qui se moule en durcissant dans les voies génitales femelles. Cette pièce cornée fixée ventralement à l'extrémité de l'abdomen des femelles sert à la fois à empêcher les accouplements ultérieurs et à distinguer les femelles fécondées.

Chez la fourmi *Dinoponera quadriceps*, le mâle sacrifie ses pièces génitales, qui restent accrochées dans la femelle en bouchon copulatoire. De même, le mâle d'abeille mellifère féconde la reine en plein vol au milieu d'une nuée de concurrents, en abandonnant son énorme pénis gonflé, presque aussi grand que lui (1 cm), au bout du corps de la femelle. Par ce suicide sexuel, le mâle préserve sa paternité jusqu'à ce qu'un autre mâle parvienne à le détacher pour copuler à son tour (cf. chap. 6).

Certaines chrysomèles altises et certaines drosophiles ont des spermatozoïdes énormes qui semblent jouer efficacement un rôle de bouchon ; déroulé, le spermatozoïde de *Drosophila bifurca* peut atteindre 6 centimètres, c'est-à-dire 20 fois la longueur du mâle (je vous laisse imaginer un spermatozoïde de 36 m pour un homme de 1,80 m !).

Stratégie n° 7, détruire ou éjecter les spermes rivaux

Chez de nombreux insectes, la morphologie du pénis est parfaitement adaptée à l'anatomie interne des voies génitales femelles. Certains théoriciens y ont vu un système clé-serrure garantissant les frontières de l'espèce : seuls les partenaires de la même espèce pourraient s'emboîter et se reproduire. En fait, grâce à cette géométrie complémentaire, le mâle peut aussi utiliser son pénis comme un racloir ou un écouvillon pour éjecter le sperme de ses prédécesseurs. Chez certaines libellules, comme *Calopteryx maculata*, l'extrémité du pénis comporte des épines, des soies, des barbillons, qui permettent aux mâles d'enlever jusqu'à 90 % du sperme des mâles précédents de la bourse copulatrice et de la spermathèque, avant de déposer leur propre semence.

D'autres systèmes mécaniques d'élimination du sperme rival ont été sélectionnés. Chez le staphylin *Aleochara curtula*, le mâle transfère son sperme *via* un spermatophore qui joue un rôle de bouchon pour les accouplements ultérieurs. De plus, en grossissant à l'intérieur du tractus génital de la femelle pour atteindre la spermathèque, le spermatophore entraîne le déplacement du sperme rival précédemment stocké dans la spermathèque. Ce mécanisme donne la priorité au dernier sperme déposé. Après l'accouplement, le mâle de la mouche *Dryomyza anilis* « tapote » l'abdomen de la femelle à l'aide de ses pattes, ce qui entraîne la migration de ses spermatozoïdes depuis la bourse copulatrice vers la spermathèque, et l'expulsion par la femelle d'une goutte des spermatozoïdes déjà présents.

Chez le criquet *Metaplastes ornatus*, l'accouplement se déroule en trois phases. À la première pénétration de son pénis dans la chambre génitale de la femelle, le mâle fait relarguer les spermatozoïdes rivaux sur son propre pénis et non pas sur les ovules. Il retire ensuite son pénis ainsi chargé, et provoque la projection vers l'extérieur de la bourse copulatrice que la femelle s'empresse de nettoyer en ingérant le sperme rival. Enfin, par une nouvelle pénétration, il transfère ses spermatozoïdes. De la même façon, en remplissant de son sperme la spermathèque de la femelle, le mâle du grillon *Truljalia hibinonis* chasse le sperme rival vers l'arrière de son propre pénis. En retirant son pénis, il extrait le sperme du mâle précédent, et le consomme une fois l'accouplement terminé !

L'inhibition du sperme rival précédent peut également reposer sur des principes chimiques. Chez le moustique *Aedes aegypti*, les spermatozoïdes déposés par un 2e mâle sont immédiatement expulsés, sous l'effet d'une substance contenue dans le liquide séminal du premier mâle. Chez certaines drosophiles, c'est l'effet opposé : le liquide séminal du second mâle provoque l'expulsion des spermatozoïdes du premier.

Stratégie n° 8, la diversion des travestis

Afin d'assurer leur paternité, d'autres mâles adoptent une tactique de simulation. Pour éloigner les rivaux de sa femelle après l'accouplement, le mâle de la petite guêpe parasitoïde *Cotesia rubecula* fait diversion en jouant les travestis. Après l'accouplement, il imite une femelle de la même espèce pour attirer à lui d'autres prétendants et les éloigner de sa femelle qui reste sexuellement réceptive !

Stratégie n° 9, le chantage aux soins paternels

Certains mâles prennent soin des larves, mais ne galvaudent pas leur investissement paternel auprès des femelles à tendance volage. Les femelles de la punaise aquatique géante *Abedus herberti* pondent sur le dos des mâles, qui s'occupent seuls des œufs (cf. chap. 9). En se plaçant régulièrement à la surface de l'eau pour que les œufs soient en contact avec l'air, le mâle s'expose aux prédateurs et ne peut partir à la rencontre d'autres femelles ! Pour justifier son investissement paternel, le mâle met en fait certaines conditions. En effet, il ne faudrait pas charger la barque ! D'une part, il n'accepte le dépôt des œufs que si la femelle s'est accouplée avec lui. D'autre part, après le dépôt d'un maximum de trois œufs, la femelle doit s'accoupler à nouveau avec lui si elle souhaite continuer à lui pondre sur le dos. De cette manière, les mâles s'assurent la paternité de la progéniture qu'ils transportent.

Ça alors ! Des femelles infanticides

Chez les vertébrés, l'infanticide par un mâle est une stratégie pour récupérer le potentiel reproducteur de la femelle pour lui-même. Ce comportement n'a pas encore été observé chez les insectes mâles, probablement en partie car la reproduction est concentrée sur une seule saison. En revanche, des cas d'infanticides par les femelles ont été enregistrés (chez les coléoptères nécrophores par exemple, cf. chap. 9) pour récupérer les nutriments « stockés » dans la descendance, en cas de raréfaction des ressources.

Un cas particulier d'infanticide par les femelles a été noté chez une espèce où les rôles sexuels sont quelque peu inversés. Chez une punaise aquatique géante, *Lethocerus deyrollei*, les mâles ne portent pas les œufs sur leur dos, mais gardent et mouillent activement les œufs déposés en masse sur une tige, juste au-dessus de la surface de l'eau. Lorsqu'une femelle rencontre un mâle qui « garde » des œufs, elle détruit les œufs et récupère le précieux mâle nurse pour ses propres œufs, fécondés ou non par ce même mâle. Pour limiter ce risque d'infanticide, les mâles se cachent avec leurs œufs nettement au-dessus de la surface.

8

Clonage ou reproduction sexuée ?

> « L'escargot est à la fois mâle et femelle, mais il ne peut pas en profiter. »
> Jean-Charles, *La Foire aux cancres*

> « Le mâle est un accident ; la femelle aurait suffi. »
> Remy de Gourmont, *Physique de l'amour*

Où l'on découvre des phasmes amazones, dont l'espèce n'existe que sous forme de femelles. Des mouches dont l'asticot se reproduit seul et accouche d'autres d'asticots. Des fourmis dont les mâles sont les clones de leur père et les filles des clones de leur mère. Des guêpes parasitoïdes donnant naissance à 3 000 jumeaux quand elles pondent un seul œuf, et des biologistes de l'évolution qui s'arrachent les cheveux pour comprendre la reproduction incestueuse père-fille des cochenilles hermaphrodites.

Avantages comparatifs de la reproduction sexuée et du clonage

La reproduction sexuée implique l'appariement d'un mâle et d'une femelle. Ses coûts sont considérables : les partenaires doivent se trouver, se conquérir et combattre les concurrents, la production des mâles ralentit la reproduction. À l'inverse, la reproduction par clonage sans sexualité (on dit aussi par parthénogenèse) est simple, rapide et productive. Les Shadoks de la fameuse série télévisée des années 1970 avaient ainsi choisi de se reproduire par parthénogenèse. De même, dans la mythologie grecque et romaine, plusieurs déesses ont engendré d'autres dieux sans s'accoupler auparavant.

Un individu parthénogénétique peut produire deux femelles, qui auront toutes deux des descendants, etc., pour le même coût qu'un individu sexué investit à produire une femelle et un mâle, qui devront se regrouper à deux pour avoir des descendants ! C'est le fameux « coût de deux » du sexe. De plus, seuls 50 % des gènes d'un parent sexué sont transmis aux descendants.

La reproduction asexuée a un avantage démographique évident sur la reproduction sexuée. L'effectif important de descendants produits rapidement permet la colonisation rapide d'un milieu. Toutefois, sans le brassage génétique lié à l'appariement mâle-femelle, le génome est relativement constant et peu adaptable. Par conséquent, si l'environnement change et que les descendants ne sont pas adaptés aux nouvelles conditions, la population peut s'éteindre.

Ça alors ! Les bactéries féminisantes

La reproduction sexuée des insectes n'arrange pas leurs parasites. Les *Wolbachia* sont des bactéries parasites se transmettant uniquement par voie maternelle d'une génération à la suivante. *Wolbachia pipientis* est présente chez au moins 20 % des espèces d'insectes. Pour elles, les mâles constituent une voie sans issue, un hôte non contaminable. Chez de nombreux insectes, les *Wolbachia* féminisent leur hôte, en convertissant les mâles en femelles par inhibition des glandes androgènes ou en dupliquant le génome des œufs non fécondés qui se développent habituellement en mâles. Chez certaines espèces, le contrôle du sexe est presque entièrement exercé par la bactérie. Cette manipulation inclut des services, comme la protection contre certains virus, et place l'interaction *Wolbachia*/insecte aux frontières de la symbiose. Les drosophiles infectées par des *Wolbachia* sont ainsi résistantes au virus létal DCV, présent chez 40 % des mouches (cf. chap. 18).

À l'inverse, la reproduction sexuée est avantageuse dans cet environnement changeant : elle brasse les génomes paternel et maternel, élimine les mutations délétères et crée de nouvelles combinaisons parfois favorables. La sexualité augmente le potentiel adaptatif et la capacité à faire face au changement.

Comme la reproduction sexuée est le système dominant chez les insectes, l'avantage de la diversité génétique de la descendance doit compenser sa faiblesse démographique ! Cette diversité permet d'occuper différentes niches écologiques : les membres d'une fratrie ainsi répartis dans des habitats potentiellement variés sont moins en compétition. Cette diversité complique également la vie des parasites. Si l'hôte a des clones comme descendants, les parasites leur sont déjà pré-adaptés. En cas de reproduction sexuée, la différence entre la génération des parents et celle de la descendance oblige les parasites des parents à s'adapter aux nouveaux descendants.

Reproduction par clonage des femelles

Malgré les atouts de la sexualité, quelques espèces d'insectes se reproduisent uniquement par voie asexuée. Chez elles, la parthénogenèse est obligatoire, constante, et toutes les générations ne sont composées que de femelles qui pondent des œufs femelles sans être fécondées. L'analyse génétique des phasmes *Tinema*, habitant les buissons sur la côte ouest américaine, démontre que certaines espèces n'ont pas de reproduction sexuée depuis 2 millions d'années ! Le puceron vert du maïs, *Rhopalosiphum maidis*, n'a aucune forme sexuée connue. La fourmi champignonniste *Mycocepurus smithii* est la seule fourmi à ne jamais pratiquer la reproduction sexuée : elle se reproduit perpétuellement par parthénogenèse, même si on la soumet à un stress important en élevage. On ne lui connaît pas de mâle : les spécimens de mâles brésiliens qui étaient détenus en collection ont été réexaminés récemment et appartiennent en fait à une espèce voisine (*Mycocepurus obsoletus*)... Chez la guêpe *Rhodites rosae*, à l'origine des galles chevelues du rosier, les mâles sont inconnus et la reproduction n'intervient que par parthénogenèse des femelles. Chez toutes ces espèces, les mâles sont donc absents. Ceux qui apparaissent dans les populations du phasme *Carausius morosus*, sont en fait incapables de s'accoupler.

Chez d'autres espèces, comme les pucerons ou les guêpes gallicoles, la parthénogenèse est cyclique et alterne avec une reproduction sexuée d'une saison à l'autre. Les pucerons hivernent sous forme d'œufs de résistance pendant la saison défavorable. Ils n'éclosent qu'au printemps pour donner naissance à des femelles fondatrices. Celles-ci sont aptères et vivipares : elles « pondent » directement des larves femelles, obtenues sans fécondation par parthénogenèse. Pendant toute la belle saison, plusieurs cycles de parthénogenèse permettent aux pucerons de proliférer. La durée minimale d'une génération complète est très courte, jusqu'à moins de cinq jours chez *Rhopalosiphum prunifoliae*. À l'automne, quand les ressources alimentaires décroissent, apparaissent des femelles qui pondent des œufs obtenus sans fécondation mais différents. Certains œufs donneront des mâles ailés, d'autres se développeront en femelles aptères. Ces individus sexués s'accouplent ensuite, et les femelles ovipares engendrent les œufs d'hiver. Beaucoup d'espèces de guêpes cynipides (*Neuroterus*, *Cynips*, *Biorhiza*), qui provoquent des galles sur les végétaux dans lesquelles elles vivent (cf. chap. 14), alternent aussi une génération sexuée et une génération parthénogénétique. La galle produite par chacune de ces deux générations est formée sur la même plante mais sur un organe différent avec une structure variée.

Chez d'autres espèces encore, la parthénogenèse et la reproduction sexuée alternent selon la localisation géographique. Il existe des races géographiques à reproduction sexuée, où les deux sexes sont présents, et d'autres races parthénogénétiques, composées de femelles uniquement.

En France, les populations du phasme *Bacillus rossius* ne comportent jamais de mâle et se reproduisent évidemment par parthénogenèse. En revanche, en Afrique du Nord, mâles et femelles sont présents en proportions égales. De même, le papillon teigne *Dahlica triquetrella* a une race bisexuée en Suisse et parthénogénétique en Europe du Nord. Le tristement célèbre puceron phylloxéra de la vigne (*Viteus vitifolii*) ne se reproduit que par parthénogenèse en Europe, alors que la forme parthénogénétique alterne avec une forme sexuée en Amérique. Cette propriété n'est pas toujours stable au sein d'une population : les femelles du phasme du Vietnam *Medauroidea extradentata* semblent choisir « au hasard » l'un des deux modes de reproduction.

Une autre mode de reproduction sans fécondation des ovules se rencontre chez les Hyménoptères (guêpes, fourmis et abeilles). Dans ce groupe (cf. chap. 22), les ovules non fécondés donnent des mâles, et les ovules fécondés des femelles. La femelle contrôle le sexe lors de la ponte, en ouvrant ou non le conduit qui laisse sortir les spermatozoïdes au passage de l'ovule. Chez de nombreuses espèces de guêpes parasitoïdes ou solitaires, la femelle choisit de féconder ou non son œuf selon la taille de l'insecte hôte ou des réserves accumulées dans le nid. Si la nourriture disponible pour la larve est importante, la femelle pond un œuf fécondé qui donnera une femelle. Si la quantité de nourriture est limitée, elle dépose alors un œuf non fécondé qui donnera un mâle, dont la larve plus petite est moins gourmande que la femelle. Chez les guêpes, la plupart des fourmis et les abeilles, le mâle n'est donc le « fils qu'à sa maman »… sauf chez la petite fourmi de feu *Wasmannia auropunctata*, une espèce envahissante dans l'hémisphère sud au mode de reproduction très original.

Chez *Wasmannia*, seules les ouvrières stériles proviennent d'ovules fécondés. Les futures reines sont donc des clones de la reine mère. Les mâles de *Wasmannia* sont eux des clones de leur père ! Contrairement aux autres espèces de fourmis, ces mâles proviennent d'œufs fécondés, dont ils éliminent les chromosomes femelles. Les gènes paternels et maternels sont donc séparés et ne se combinent lors de la fécondation que pour créer des ouvrières… qui ne se reproduisent pas. Cette reproduction clonale des mâles et des reines permet apparemment de stabiliser des combinaisons de gènes bien adaptées à l'environnement très modifié par l'homme dans lequel l'espèce évolue avec une certaine réussite.

Reproduction dès le stade larvaire

Les femelles de quelques rares espèces se reproduisent sans être fécondées, mais dès le stade larvaire, avant même d'atteindre le stade adulte. On a donné le nom de pédogenèse à cette forme de reproduction décrite dès 1861 chez les petites mouches *Miastor*, dont les asticots se développent sous l'écorce pourrissante des arbres morts. Les asticots de *Miastor* ont des ovaires à développement accéléré, qui contiennent jusqu'à 35 œufs parthénogénétiques, qui renferment eux-mêmes des larves semblables à la larve mère. Ces larves éclosent dans le corps de leur mère (encore larve) et la dévorent de l'intérieur. Quand il ne reste plus que l'enveloppe externe, les larves sortent et, à leur tour, se reproduisent de la même façon, sans mâles, sans se métamorphoser, pendant plusieurs générations, les larves devenant de plus en plus petites. Lorsque les conditions extérieures sont difficiles (surpopulation d'asticots, baisse de la qualité et de la quantité de nourriture), des larves se développent en pupes qui se métamorphosent en adultes ailés aptes à s'accoupler pour une reproduction sexuée. Ce mode de reproduction a été retrouvé chez d'autres espèces, comme *Micromalthus debilis*. Véritable « fossile vivant », ce coléoptère de l'est des États-Unis est le seul survivant d'une famille autrement éteinte. Rongeur de bois, il s'attaque aux poteaux téléphoniques.

Notons que d'autres espèces, plus nombreuses, des scarabées et des termites notamment, se reproduisent aussi dès l'état larvaire, mais en s'accouplant entre larves mâles et larves femelles. Ces animaux sont dits néoténiques.

Polyembryonie : jumeaux à volonté

En 1898, l'entomologiste et agronome Paul Marchal (cf. chap. 25) fit une sensationnelle découverte embryologique. Alors que la guêpe femelle parasitoïde *Ageniaspis fuscicollis* n'avait pondu qu'un seul œuf dans une chenille de l'hyponomeute du fusain, plusieurs centaines de petites guêpes émergèrent. Marchal découvrit que l'œuf de ces guêpes parasites pouvait subir une segmentation totale en donnant une grande quantité d'embryons. Au lieu de se différencier aussitôt, l'œuf se morcelle dès le départ en 2 à 1 000 cellules (souvent une centaine), chacune capable de devenir un insecte, du même sexe femelle ou mâle, selon que l'œuf a été fécondé ou non. On retrouve ce phénomène, baptisé polyembryonie, dans quatre familles de guêpes (Encyrtidae, Platygastridae, Braconidae et Dryinidae), mais aussi chez quelques vertébrés comme les tatous. Nos vrais jumeaux sont un exemple modeste de polyembryonie, les deux cellules de la première segmentation évoluant séparément pour fournir un embryon chacune.

Les femelles de la famille des Encyrtidae détiennent le record de fécondité d'une ponte d'insectes : *Copidosoma floridanum*, petite guêpe de 1 mm, peut produire une portée clonale de plus de 3 000 individus à partir d'un seul œuf. Chez cette guêpe, la polyembryonie clonale donne d'ailleurs naissance à deux castes d'adultes. Certains clones d'embryons grandissent plus rapidement et donnent des soldats stériles qui défendent la chenille contre d'éventuelles autres guêpes parasitoïdes. Les clones d'embryons consomment paisiblement le contenu de la chenille hôte, et finissent par émerger en adultes reproducteurs, alors que leurs frères ou sœurs soldats meurent sans se reproduire. Quand une guêpe femelle dépose deux œufs dans la même chenille, elle féconde un œuf et pas l'autre, si bien que les deux clones qui en émergent seront de sexe opposé.

Ça alors !

Les insectes gynandromorphes

Moitié mâle, moitié femelle, l'insecte gynandromorphe est une pépite recherchée par les collectionneurs. Il s'agit en fait d'une anomalie génétique propre aux insectes, indépendante de l'hermaphrodisme. Cette chimère est créée lorsque les chromosomes sexuels ne se séparent pas correctement à la division de l'embryon. Le gynandromorphisme bilatéral est assez frappant lorsque le mâle et la femelle de l'espèce en question sont très contrastés. On trouve ainsi des papillons, mâles à gauche avec une antenne longue et des ailes aux couleurs et motifs caractéristiques de la livrée masculine, et femelles à droite, avec une antenne plus courte et des ailes féminines. Comme les organes sexuels ont fusionné au milieu de l'insecte, l'adulte est stérile.

Des hermaphrodites incestueux

Il faut faire mention ici d'un autre mode de reproduction bizarre, celui des rares insectes hermaphrodites. Leur reproduction n'est pas clonale, puisqu'il y a fécondation, mais cette fécondation n'est pas croisée entre deux individus puisque l'individu est capable de s'autoféconder. Cette présence des deux sexes chez le même individu a été observée dans deux groupes, les cochenilles *Icerya*, dont la cochenille australienne des agrumes *Icerya purchasi*, et les mouches des termitières *Termitoxenia*.

Dans les populations d'*Icerya*, les vrais mâles existent mais ils sont rares. D'autre part, les individus exclusivement femelles sont inconnus. On trouve en revanche différents types d'hermaphrodites : les hermaphrodites stricts, les masculinisés (qui pondent très peu) ou les féminisés. Un hermaphrodite qui s'autoféconde ne produit que des individus hermaphrodites de son propre type. Comme la descendance des hermaphrodites masculinisés est numériquement faible en raison de ses maigres pontes, leur proportion reste mineure dans les populations. Les œufs sont « femelles » s'ils proviennent d'ovules fécondés, et mâles si les ovules ne sont pas fécondés. En fait, l'analyse fine du développement anatomique a montré que les hermaphrodites sont des « femelles » qui ont incorporé des tissus génitaux de leur père dans leur propre appareil reproducteur pour pouvoir s'autoféconder ! Détaillons ce que l'on connaît du mécanisme. En fait, la fécondation est assurée par des spermatozoïdes produits par un tissu parasite de la « femelle », installé dans ses voies génitales, et issu des spermatozoïdes surnuméraires hérités de son père. Les spermatozoïdes avec lesquels la « femelle hermaphrodite » s'autoféconde ne sont donc pas produits par elle, mais hérités de son père dont les cellules sexuelles survivent dans sa fille. Sur un plan généalogique, son père est donc le grand-père et le père de ses filles ! Difficile à suivre… La contribution des rares mâles vrais dans cette généalogie est encore mal comprise…

On a décrit un autre insecte, la mouche *Termitoxenia* sp., commensale des termitières en Afrique australe, comme un hermaphrodite alterné, avec alternance des sexes. Ses adultes seraient successivement mâles puis femelles. Ces observations ont toutefois été remises en question : d'aucuns estiment que les testicules décrits chez la femelle sont plutôt des réceptacles stockant le sperme, et que les mâles vrais doivent exister, mais qu'ils sont rares, ailés et moins faciles à observer. À vos filets, donc…

Ça alors !

Incestes frères-sœurs derrière les fagots

Parmi les insectes à sexes séparés, il existe aussi quelques espèces incestueuses. Certains coléoptères scolytes, qui grignotent du bois, comme le dendroctone de l'épicéa (*Dendroctonus micans*) ou *Xylosandrus crassiusculus*, ont des mœurs sexuelles incestueuses entre frères et sœurs. À l'issue de leur développement et avant leur émergence de l'arbre, les femelles sont fécondées par un de leurs frères dans leur chambre larvaire natale commune. Elles vont ensuite quitter l'arbre pour un autre, y creuser seules une galerie de ponte où déposer leurs propres œufs. Pour les entomologistes, trouver des mâles de ces espèces est fort rare…

9

____

Comment protéger sa descendance ?

« Une poule est l'artifice qu'utilise un œuf pour produire un autre œuf. »
Umberto Eco, *De Superman au surhomme*

« Le passé est un œuf cassé, l'avenir est un œuf couvé. »
Paul Éluard, *Le Phénix*

Où l'on découvre que la mouche tsé-tsé allaite ses larves avant d'accoucher. Que des scarabées bruches pondent leurs œufs en poupées russes emboîtées pour tromper les guêpes parasites. Que de nombreux pères punaises jouent les nurses auprès de leurs œufs et de leurs larves. Que des fourmis cultivent des champignons sources d'antibiotiques dans leurs terriers pour protéger leurs larves. Qu'en pharmaciens avisés, les papillons monarques pondent dans des plantes aux sucs antiparasitaires. Que les scarabées nécrophores s'occupent de leur descendance en couple.

Quelques singularités des œufs d'insectes

La plupart des insectes pondent des œufs et sont donc ovipares. Chaque femelle d'insecte produit en moyenne de quelques dizaines à quelques centaines d'œufs. Mais certaines espèces sont beaucoup plus fécondes. La reine des fourmis *Atta* stocke 200 à 300 millions de spermatozoïdes, pour pondre pendant dix ans. À raison d'un œuf toutes les trois secondes, soit 28 800 œufs par jour, elle donne naissance à près de 200 millions de descendants durant sa vie ! Une reine de termites est aussi la mère de plusieurs centaines de millions de rejetons. Un autre record est détenu par les mouches acrocérides, qui pondent jusqu'à 4 000 œufs en une ponte. En six mois, leur descendance pourrait atteindre 4 000 milliards d'individus, si 95 % des individus ne mouraient pas avant l'âge adulte… Les plus gros œufs d'insectes se trouvent chez les abeilles charpentières (*Xylocopa auripennis* et *X. latipes*) : ils atteignent 16,5 mm de long pour 3 mm de large. En volume, le record est observé chez le phasme gigantesque des jungles de Malaisie (*Heteropteryx dilatata*), avec des œufs bruns atteignant 9 mm de long pour 5,5 mm de large, comme de petits œufs d'oiseau !

Les œufs ovoïdes des insectes sont dotés de caractéristiques optimisant leur protection voire leur dispersion. Les œufs du phasme *Phobaeticus chani* possèdent des ailettes miniatures externes, comme certaines graines dispersées par les courants aériens, pour que les phasmes colonisent d'autres arbres.

Ça alors !

Des œufs en poupées russes

Chez le scarabée bruche *Mimosetes amicus*, aux États-Unis, lorsque la pression de parasitisme par la guêpe *Uscana semifumipennis* est forte, la femelle use d'un subterfuge : elle emballe son œuf dans un second, voire un troisième œuf non viable. Ces œufs détournent la ponte du parasitoïde, qui se développe, mais sans affecter l'œuf viable. Grâce à ce coûteux procédé d'œufs supplémentaires, la mortalité des œufs est réduite de 60 % à 5 %.

Pour faire des économies de place et de composants, les femelles des guêpes tenthrèdes *Hoplocampa testudinea* pondent de petits œufs. Avec leur tarière qui ressemble à une scie égoïne, elles font une fente étroite dans les bourgeons floraux des pommiers et y déposent une trentaine d'œufs. Ces œufs se gonflent ensuite par flux osmotique depuis les tissus de la fleur pour atteindre 8 fois leur volume initial.

Insectes non sociaux prenant soin des œufs

Chez les insectes, qui n'ont souvent qu'un seul cycle de reproduction par vie adulte, l'investissement parental dans la progéniture est faible, en règle générale. Certaines femelles phasmes propulsent leurs œufs à 1 ou 2 m de leur site de vie, et abandonnent donc purement et simplement leurs œufs au hasard du point de chute. En revanche, chez les insectes, il existe une large palette de comportements qui optimisent les chances de survie de leur descendance. Les soins parentaux aux œufs et aux larves constituent d'ailleurs l'un des critères de la socialité (cf. chap. 22). Voyons toutefois quelques cas de soins aux œufs chez des espèces non sociales.

La plupart des espèces effectuent leur ponte de manière ciblée, dans un endroit abrité et propice où la future larve trouvera des ressources alimentaires (le corps d'un hôte pour les parasitoïdes, un morceau de bois pour les rongeurs xylophages…), en associant parfois aux œufs les symbiontes digestifs qui faciliteront la vie de la larve. D'autres, comme les femelles de nombreuses guêpes et abeilles solitaires, pondent dans un terrier qu'elles approvisionnent à l'avance en réserves pour la ou les larves, avant d'en obstruer l'accès.

Pour réduire les risques de cannibalisme et de compétition entre larves pour la nourriture, les femelles de certaines espèces de coccinelles communes en Europe détectent des phéromones anti-ponte, présentes dans les traces larvaires des coccinelles et stables pendant plus d'un mois. Elles évitent ainsi de pondre aux endroits où des larves de leur espèce sont déjà présentes. Certaines coccinelles sont capables de détecter aussi des coccinelles concurrentes, voire d'autres compétiteurs comme les chrysopes, et déposent moins d'œufs sur les sites déjà occupés.

Plusieurs espèces dispersent leur ponte au lieu de l'agréger sur un même site. Aux États-Unis, la punaise *Corythucha ciliata* du sycomore pond une trentaine de petits amas d'œufs sur différentes feuilles au lieu d'un seul gros, et ne déplore que 16 % de pertes par prédation des œufs. À l'inverse, la punaise *Gargaphia solani* pond un seul amas d'une centaine d'œufs, dans lequel 56 % des œufs peuvent être prélevés par des prédateurs… quand la femelle ne monte pas la garde (voir ci-après).

La protection est en effet un premier exemple du soin apporté aux œufs après la ponte. Cette protection peut consister en un bouclier couvrant les œufs et contrariant l'ennemi : la substance écumeuse des oothèques enfermant les œufs des criquets et des mantes, le tamis de fils de soie sur le paquet des œufs de psoques. Mais la protection implique aussi la défense active par les adultes. La femelle du papillon tropical *Hypolimnas anomala* recouvre ses œufs déposés sur une feuille avec ses ailes déployées et bat des ailes pour intimider les intrus. Même si cette méthode reste inefficace contre les guêpes parasitoïdes, le taux de survie des œufs passe de 30 à 60 %. En cas de menace sur ses œufs, la femelle de la punaise *Physomerus grossipes* projette sur ses assaillants un liquide anal nauséabond. La femelle de la punaise américaine *Gargaphia solani* fait face aux prédateurs, mais ne parvient pas toujours à contrecarrer leurs plans, faute d'armes convaincantes !

Ça alors !

À bon père, femelle consentante !

Chez les punaises réduves *Rhinocoris*, c'est le père qui défend les œufs. Pendant l'accouplement, la femelle pond immédiatement quelques œufs. Elle contrôle alors que le père prend ses fonctions de garde et prolonge ensuite l'accouplement. Si le père est négligent, la femelle interrompt les ébats !

Pour protéger leurs œufs, certaines espèces les transportent quelque temps : des blattes femelles transportent leur oothèque au bout de leur abdomen, des punaises aradides (et parfois les mâles) transportent leurs œufs. Chez les bélostomes, punaises aquatiques géantes d'Asie, la femelle colle ses rangées d'œufs sur le dos du mâle, un peu comme chez le crapaud accoucheur, avec un « ciment » insoluble dans l'eau. Comme ces œufs sont plus grands que ceux des autres insectes aquatiques, ils s'oxygènent mal dans l'eau. Le mâle les dispose à l'interface air-eau, et veille à leur hydratation en les baignant régulièrement tout en les protégeant des assaillants.

Les soins parentaux aux œufs incluent parfois la protection contre les pathogènes. Certaines guêpes et fourmis ont domestiqué des champignons *Streptomyces* dans le but de traiter le milieu de vie de leurs larves aux antibiotiques (et apparemment sans entraîner de résistances après des millions d'années…). La guêpe fouisseuse solitaire *Philanthus triangulum* enterre ses œufs dans un terrier avec des abeilles paralysées comme provisions pour la future larve. La femelle, avant de sceller le terrier, contracte ses antennes pour projeter sur les parois un badigeon de *Streptomyces* qui produira les antibiotiques empêchant la contamination par les bactéries du sol. Chez les perce-oreilles *Labidura*, la femelle prodigue des soins aux œufs. En l'absence de ces soins, les œufs se couvrent de moisissures et les embryons périssent. Les papillons monarques (*Danaus plexippus*) pondent leurs œufs en pharmaciens avisés. En effet, ils sont régulièrement infectés par un protozoaire fréquent (*Oprhyocystis elektroscirrha*). Leurs larves se développent donc sur trois espèces de plantes *Asclepias* (*Asclepias incarnata*, *A. curassavica* et *A. syriaca*) qui contiennent chacune une concentration variable de composés toxiques pour le parasite. Quand une femelle est parasitée, elle recherche un plant de *A. curassavica*, la plus toxique des trois espèces, pour y pondre, et semble donc anticiper la survie de ses larves par automédication !

Tous les insectes ne pondent pas des œufs

Chez les insectes qui ne pondent pas d'œufs, pour protéger leur descendance des prédateurs, du froid, de la déshydratation, etc., le développement des embryons se produit dans les voies génitales femelles de certaines espèces, avec ou sans sa contribution directe.

Chez les espèces ovovivipares, la femelle pond un œuf déjà prêt à éclore. Certains bourdons habitant des régions froides (*Bombus polaris*) retardent la ponte des œufs dans le milieu extérieur : leur reine incube assez longtemps ses œufs dans son abdomen réchauffé, ce qui permet d'accélérer le développement embryonnaire.

Chez les espèces vivipares, comme les blattes *Leucophae maderae* et *Diploptera dytiscoides*, ou l'éphémère *Chloeon dipterum*, la femelle accouche directement d'une jeune larve. Chez plusieurs mouches, les œufs réalisent leur développement embryonnaire dans le vagin dilaté de la femelle. L'œstre du mouton injecte directement ses larves dans les narines du mouton, où elles finissent leur développement. Dans ce cas, l'embryon s'est développé à l'abri, aux dépens des réserves nutritives initiales de l'œuf (le vitellus) sans contribution de la femelle. En revanche, chez la mouche tsé-tsé, le vagin est particulièrement vaste et modifié et a été baptisé « utérus ». La larve s'y nourrit en tétant sur une papille un « lait utérin » produit par des glandes accessoires. La larve mue et réalise la totalité de sa croissance *in utero*. L'accouchement de la larve s'accompagne de contractions musculaires de la mère alors que l'asticot s'allonge afin de s'engager vers la sortie. Ce mécanisme est sous le contrôle du cerveau : une femelle expérimentalement privée de sa tête survit six jours mais est incapable d'accoucher ! Chez les pucerons vivipares, les parois du canal génital laissent diffuser des substances nutritives vers l'enveloppe très fine de l'œuf. Le développement est tellement rapide que les embryons qui se développent dans l'appareil génital maternel hébergent eux-mêmes une autre génération de petits embryons parthénogénétiques. La femelle parthénogénétique du puceron est donc une grand-mère enceinte de ses petits-enfants ! Chez le perce-oreille *Hemimerus talpoides*, parasite dans le pelage du rat de Gambie, en Afrique tropicale, les œufs sont pauvres en vitellus nutritif et grandissent grâce aux apports d'une formation « placentaire » dans l'ovaire.

Parents s'occupant de leurs larves en famille

Les adultes de plusieurs espèces ne se contentent pas de soigner les œufs, ils veillent aussi sur le développement des larves. La femelle de la courtilière des jardins construit ainsi un véritable nid souterrain pour ses œufs et ses larves, avec une cavité centrale où elle dispense des soins à 500 œufs durant trois semaines puis aux larves pendant près d'un mois.

D'autres insectes parents, mâles ou femelles, défendent virulemment leur progéniture. En Asie, les mêmes mâles de punaises géantes aquatiques qui portent leurs œufs montent aussi la garde auprès des larves agrégées autour du site de naissance. Ces pères bélostomes se montrent agressifs envers les intrus et les menacent avec leurs pattes antérieures. Les coléoptères *Erotylides pselaphacup* ont des larves grégaires qui vivent sur les champignons polypores du bois. Quand le champignon sur lequel elles vivent est dérangé, les larves se regroupent et la femelle vient se positionner auprès d'elles. Si on isole expérimentalement une des larves, elle rejoint précipitamment son troupeau. Si on enlève la mère, les larves s'éparpillent et vont se réfugier sous un autre champignon.

Dans quelques rares cas, le soin aux larves est exercé en coopération par les deux parents. Cette stratégie de couple a été observée chez des blattes et des coléoptères. Chez les blattes *Cryptocercus*, le mâle et la femelle établissent des chambres d'élevage dans des morceaux de bois en décomposition. Leurs nymphes y grandissent lentement pendant cinq ans. Durant leurs premiers stades, leur menu comporte des fluides régurgités par leurs parents, et des crottes de leurs aînés, leur apportant notamment les organismes symbiotiques facilitant la digestion du bois.

La coopération parentale existe chez deux groupes de coléoptères dont les larves, peu mobiles, dépendent d'une ressource éphémère et difficile à trouver. Les scarabées nécrophores s'alimentent sur un morceau de cadavre, et les scarabées coprophages sur des excréments de vertébrés, ces deux ressources étant roulées en boules, et enfouies dans des galeries creusées dans le sol. Les femelles pondent leurs œufs sur ou au voisinage de ces stocks de nourriture, et mâles et femelles restent dans la galerie pendant le développement de leurs larves pour partager les responsabilités. Chez les scarabées bousiers, les soins apportés à la descendance impliquent une répartition du travail au sein du couple. En Europe, mâles et femelles de *Copris* et d'*Onthophagus* collaborent pour creuser la galerie. Une fois cette tâche accomplie, le mâle transmet de la bouse à la femelle dans le tunnel. C'est la femelle qui prépare la boule d'excréments pour y pondre. Le mâle la quitte en général dès que les œufs sont pondus. Chez les *Cephalodesmius* d'Australie, la femelle creuse la chambre d'élevage seule pendant que le mâle monte la garde. Il lui fait ensuite parvenir des excréments de vertébrés et différents détritus, dont la femelle fait une boule qu'elle laisse fermenter pendant une semaine. Elle divise ensuite cette boule en fragments qu'elle attribue à chaque larve. Pendant les semaines de croissance des larves, le mâle continue à approvisionner le nid. À l'approche de la nymphose des larves, les deux parents s'enferment dans la galerie et la scellent.

Mais le premier prix de la collaboration parentale revient aux scarabées nécrophores, les fossoyeurs de la nature. Ces croque-morts enfouissent et nettoient un fragment de carcasse de ses poils ou plumes, puis l'enduisent de sécrétions anales et orales. Cet onguent, riche en lysozyme, un antibactérien présent aussi dans le lait et les larmes des mammifères, empêche la putréfaction prématurée du repas. Sans ce traitement, la larve grossit moins vite et risque de mourir avant la nymphose. Les larves fraîchement écloses ne sont pas capables de se nourrir ; la femelle prédigère la chair pour la régurgiter aux larves. Même si elles acquièrent la capacité de se nourrir, les larves continueront d'être alimentées par leurs parents. Elles touchent la bouche de leurs parents avec leurs pattes pour quémander la régurgitation de nourriture lorsqu'elles sont affamées. Les femelles de *Nicrophorus vespilloides* choisissent de nourrir les larves plus âgées lorsque les ressources diminuent, sans doute parce que la réussite finale de leur développement est plus probable (cf. chap. 13). On a observé chez *Nicrophorus orbicollis* que le mâle, même s'il passe davantage de temps à monter la garde, participe à toutes les activités. Il peut d'ailleurs les assumer seul si la femelle disparaît.

Les insectes grégaires qui vivent en colonies (embioptères, scarabées passalides…), avec soin aux larves et division du travail, constituent un maillon transitoire vers les insectes sociaux (cf. chap. 22).

Qu'est-ce qu'on mange ?

10

Des menus originaux

> « Ce qui est une nourriture pour l'un est un poison pour l'autre. »
> Paracelse

> « Il n'y a rien qui permette de condamner un gastronome
> tant qu'il ne va pas jusqu'à l'indigestion. »
> Tristan Bernard, *Souvenirs et anecdotes*

Où l'on voit des papillons faire pleurer les chevaux pour s'abreuver de larmes. Des mouches nager dans le pétrole. Des asticots baignant dans les plaies béantes des ongulés, des scarabées qui vont au charbon, des bousiers tomber du ciel avec les crottes de singe. Des scarabées et des pucerons pactiser avec des champignons ou des bactéries pour améliorer leur transit intestinal !

Les insectes mangent de tout ! C'est d'ailleurs une des clés de leur réussite évolutive (cf. chap. 1). L'appareil buccal des insectes est extraordinairement diversifié et adapté à leur régime alimentaire. Les suceurs de sang de vertébrés ou de sève disposent d'un rostre piqueur, les prédateurs ont des mandibules longues, musclées, dentées et acérées, les nectarivores exploitent les ressources profondément enfouies au moyen de trompes déroulantes, etc.

Certaines espèces dévorent leurs congénères (cf. chap. 13) ou leur progéniture (cf. chap. 23). Des espèces morfales sont particulièrement gourmandes. Pendant ses 56 jours de développement, la chenille nord-américaine d'*Antheraea polyphemus* consomme 86 000 fois son poids de naissance en feuilles de chêne, d'érable et de bouleau.

Voyons quelques exemples de régimes parmi les plus originaux… Au menu, entre autres : asphalte, charbon, fourrure de paresseux, sabots de chameaux, urine de crabe, crottes de singe et larmes de chevaux !

Gastronomes créatifs ou voraces peu difficiles…

Les mangeurs de charbon

Les larves des coléoptères buprestes *Melanophila* ne peuvent se développer que dans le bois des troncs calcinés et fumants. Dans les forêts boréales, le feu est une perturbation naturelle qui crée des substrats pour une faune originale, dite pyrophile. Pour repérer un incendie, les adultes, notamment les femelles pondeuses, sont dotés de détecteurs infaillibles. Ce sont de petites fossettes situées sur les côtés du pronotum et contenant 70 à 100 organes sensibles aux infrarouges à plus de 130 km ! Un second système complète le dispositif. Des récepteurs situés sur les antennes de *Melanophila* sentent les fumées de bois, en étant notamment sensibles à de très basses concentrations de molécules rejetées par la combustion de la lignine. Les *Melanophila* détectent les sources de chaleur des incendies de forêt, et atteignent ainsi un arbre fraîchement brûlé avant tout autre compétiteur. D'autres insectes, comme les mouches *Platypezidae microsania* et leurs prédateurs, les *Empididae hormopeza*, sont attirés par l'odeur de la fumée dans les forêts de conifères brûlés.

La mouche du pétrole

Une autre mouche occupe un habitat très original, les fosses de goudron naturel suintant naturellement en Californie. Les asticots de la mouche du pétrole *Helaeomyia petrolei* (Ephydridae) nagent dans le liquide visqueux, et subsistent grâce aux débris organiques et à des bactéries symbiotiques, présentes dans leur intestin rempli d'asphalte et digérant les hydrocarbures. Adulte, la mouche se nourrit d'insectes prisonniers de la surface gluante.

Les amateurs de kératine

Les papillons du groupe des teignes et des mites se sont spécialisés dans la consommation de matière organique inerte. La chenille de la teigne des abeilles (*Galleria mellonella*) se nourrit de la cire des rayons des ruches, qu'elle digère grâce à une bactérie symbiotique. La corne des pieds de chameau abrite une autre chenille. Comme les mites des vêtements (*Tineola*), elle produit un enzyme qui rompt les ponts « sulfure » de la kératine et expose alors les protéines à l'action des enzymes ordinaires. Un papillon adulte, *Cryptoses cholepi* (Pyralidae), vit camouflé dans la fourrure dense des paresseux sud-américains, et se nourrit de poils, de peau desquamée et des algues vertes spécifiques qui vivent dans le pelage. Les papillons femelles quittent la fourrure pour pondre lorsque le paresseux descend au sol pour déféquer. Les chenilles se développent sur ces excréments et les lépidoptères éclos s'envolent dans la forêt à la recherche d'un nouveau paresseux.

Les lécheurs de larmes

D'autres papillons, comme les *Arcyophora*, se nourrissent de larmes de vertébrés, notamment des ongulés et des éléphants, et sont bien connus des éleveurs de chevaux en Argentine et des éleveurs de buffles en Asie. Le spécialiste *Lobocraspis griseifusa* ne se contente pas des moiteurs naturelles de son hôte. Le papillon balaye le globe oculaire avec sa trompe pour l'irriter et provoquer la sécrétion de larmes. Sa trompe est suffisamment longue pour glisser entre les paupières d'un animal ensommeillé. À l'inverse, les papillons *Poncetia* ont une trompe courte et doivent s'alimenter sur l'œil entre deux clignements, au risque d'être écrasés lors de la fermeture des paupières. Les *Lobocraspis* s'en prennent parfois aux yeux humains et causent alors des infections.

Ces papillons adultes sont attirés par les larmes car elles contiennent du sel, donc du sodium, indispensable à leur développement, mais peu présent dans les plantes croquées par la chenille. Dans l'ouest de l'Amazonie, où la concentration de sel est parmi les plus basses de la planète, de nombreux papillons puisent le sel dans les flaques d'urine, la sueur perlant sur les animaux ou dans les larmes de tortues. Les papillons présentent bien d'autres singularités alimentaires ! La plupart des chenilles se nourrissent de végétaux. Mais dans les écosystèmes insulaires d'Hawaï, l'isolement a eu un effet curieux sur l'évolution et la diversification : 18 espèces de papillons *Eupithecia* sur les 20 présentes sur l'archipel ont des chenilles exclusivement insectivores ! Elles se cachent sous une feuille ou miment une brindille, et sautent sur l'insecte qui s'approche pour le dévorer vivant.

Les rongeurs de plaies béantes

Plus de 3 000 espèces de mouches, principalement dans les familles des Calliphoridae et des Sarcophagidae, pondent leurs œufs sur le corps vivant des grands mammifères, surtout sur les ongulés (et accidentellement sur l'homme ; cf. chap. 24). Leur asticot se développe dans l'épaisseur de la peau, en entretenant une plaie (on appelle cette affection une myiase). La mouche *Cochliomyia hominivorax* a construit une relation symbiotique avec une bactérie, *Providencia rettgeri*, qui est abondante dans l'asticot et se répand dans la plaie. Cette bactérie émet une substance qui incite d'autres femelles de *Cochliomyia* à venir pondre leurs œufs dans la même plaie, histoire de l'entretenir plus facilement à plusieurs.

Les suceurs de sang

Certains papillons sont des vampires rudimentaires. Les *Calyptra* percent la peau et lèchent le sang s'écoulant de la plaie. D'autres insectes mangeurs de sang (dits hématophages), comme les moustiques ou les punaises, sont équipés d'un rostre piqueur qu'ils plongent dans les vaisseaux sanguins sous la peau de leur victime, pour en pomper le sang. Chez les moustiques, le mâle se contente de butiner, seule la femelle pique à la recherche de protéines nécessaires à la fabrication de ses œufs. Elle est attirée principalement par deux types d'effluves dégagés par ses victimes : le gaz carbonique et les acides gras. Ainsi, une personne expirant plus de gaz carbonique et dont la transpiration est riche en acides gras attirera plus de piqueuses (cf. chap. 24). Pour piquer au bon endroit, les insectes hématophages utilisent les poils thermosensibles de leurs antennes pour déceler précisément les vaisseaux sanguins qui rendent la peau localement plus chaude de quelques dixièmes de degrés. Lorsque la température corporelle des moustiques augmente à cause de l'ingestion de sang chaud, les moustiques anophèles adoptent un comportement de thermorégulation pour éviter un choc thermique. Ils excrètent par l'anus une gouttelette d'urine mêlée à du sang qu'ils retiennent à l'extrémité de l'abdomen afin de le refroidir. En contact avec l'air, la goutte s'évapore et absorbe de la chaleur, ce qui baisse la température de l'abdomen (cf. chap. 2 pour d'autres exemples de rafraîchissement par évaporation).

Les amateurs de crottes volantes

Dans les forêts tropicales, les crottes de mammifères, sur lesquelles vivent les larves de bousiers, sont rares et dispersées. Cette ressource limitée entraîne une forte compétition et a suscité l'émergence de comportements spécialisés de localisation des crottes par les bousiers. En Australie, des scarabées *Onthophagus* possèdent des ongles modifiés pour s'accrocher au pelage des marsupiaux arboricoles, et se laissent tomber avec les fèces des mammifères, sur lesquelles ils pondent leurs œufs. Les scarabées *Uroxys* et *Pedaridium* font de même sur les paresseux en Amérique du Sud. En Amazonie, des scarabées *Canthidium* et *Canthon* restent suspendus aux poils autour de l'anus des singes sakis ou callicèbes, et s'attachent à la crotte dès qu'elle est sur le point de tomber au sol ! D'autres insectes se sont spécialisés dans l'exploitation des déchets excrétés par les animaux. Dans les îles Caïman et dans les Bahamas, trois espèces de mouches drosophiles, dont *Lissocephala powelli*, ont évolué indépendamment pour acquérir un mode de vie original. Leurs asticots vivent sur des crabes terrestres, parmi les soies dans le liquide produit par la glande verte chargée de l'excrétion – autrement dit, ils baignent dans l'urine, milieu riche en microbes, dont ils se repaissent.

Ça alors !

L'apprentissage dans la recherche de nourriture

La force de l'apprentissage joue chez les insectes. Chez le papillon sphinx *Manduca sexta*, une récompense obtenue une seule fois durant le vol exploratoire pour se nourrir sur une fleur d'une couleur non préférée et non innée persiste pour quelques jours, même si ce n'est plus récompensé, et même si cela conduit à l'inanition. Par exemple, il essaie de se nourrir sur une fleur artificielle d'une couleur non appréciée, le vert, quand il y a une gratification alimentaire, même si une autre fleur de sa couleur préférée est disponible à côté.

Des chercheurs anglais ont montré que les abeilles pouvaient être dressées à la caféine ! Celles qui avaient léché un nectar caféiné se souvenaient mieux, un jour plus tard, et visitaient et déroulaient davantage leur langue pour ces fleurs que pour des fleurs « décas ». Le génome des abeilles est riche en gènes de comportement et d'apprentissage par rapport à celui d'autres insectes.

Mais l'investissement dans l'accroissement des capacités intellectuelles a un coût et peut avoir des incidences négatives sur les autres performances. Chez l'homme, le cerveau, qui représente seulement 2 % de la masse corporelle, consomme près de 20 % de l'énergie. Des chercheurs ont comparé deux groupes de drosophiles pendant 30 à 40 générations, le premier resté à l'état naturel, le second entraîné à l'apprentissage en associant une odeur de nourriture à un goût. Les drosophiles « dressées » avaient une vie plus courte de 15 %, leur capacité de reproduction était réduite et le taux de mortalité de leurs larves 50 % plus élevé que celui de mouches à l'état naturel. En bref, les mouches plus bêtes et plus instinctives vivent plus longtemps !

Comment louer des enzymes

Les insectes mangent de tout... mais ils ne digèrent pas tout seuls et nombre d'entre eux sollicitent des organismes symbiotiques pour les aider activement dans cette mission ! Le rôle des symbiontes a déjà été évoqué. La symbiose décrit l'association intime entre deux espèces, dont l'une, le symbionte, occupe l'habitat fourni par son hôte, dans une relation de bénéfice mutuel (cf. chap. 16). Chez les insectes, on estime qu'au moins 10 % des espèces nécessitent des bactéries mutualistes pour leur survie.

Cette symbiose prend deux formes principales. Certains insectes exploitent l'activité de partenaires symbiontes externes. Ces stratégies se rapprochent du jardinage des insectes agronomes (cf. chap. 13). D'autres insectes recourent à des symbiontes internes pour digérer leurs aliments. Pour digérer le bois, les termites font appel à deux organismes symbiotiques emboîtés l'un dans l'autre et hébergés dans le corps du termite. Les termites malaxent le bois ingéré dans leur tube digestif antérieur, tandis que des animaux unicellulaires, des protozoaires flagellés, complètent le travail dans leur intestin postérieur pour digérer la cellulose. Ces protozoaires hébergent eux-mêmes des bactéries symbiotiques puisque leurs flagelles sont en réalité des bactéries spirochètes. D'autres bactéries vivant dans le protozoaire fixent l'azote atmosphérique pour leur apporter un complément alimentaire azoté et participent également à la digestion de la cellulose.

D'autres insectes exploitent des ressources alimentaires pauvres en azote et dépendent de l'approvisionnement en azote par leurs symbiontes internes. De nombreux pucerons, psylles, cochenilles et autres cicadelles suceurs de sève, ainsi que les mouches tsé-tsé, suceuses de sang, compensent leurs carences alimentaires grâce à leurs bactéries symbiotiques. Grâce à des bactéries hébergées dans leur tube digestif, les fourmis *Camponotines* peuvent digérer des miellats de pucerons normalement indigestes. Ces bactéries symbiotiques, logées dans des cellules spécialisées, prolifèrent dans les ovaires lors du développement reproducteur et sont transmises de la mère à sa descendance *via* l'œuf.

Certains insectes savent par ailleurs cultiver leurs bactéries symbiotiques, ajuster leur densité à leurs besoins physiologiques, et les recycler quand leur bénéfice s'estompe. Des chercheurs lyonnais l'ont récemment démontré chez le charançon *Sitophilus oryzae*, dont la larve passe tous ses stades à se nourrir dans un grain de céréale, et qui se métamorphose en adulte juste avant de sortir du grain. Pour fabriquer sa cuticule rigide d'adulte, il a besoin de grandes quantités de tyrosine, un acide aminé fourni par ses bactéries symbiotiques. Lors de la mue adulte, les bactéries symbiotiques du charançon se multiplient énormément. Une fois la mue terminée et leur mission accomplie, les bactéries devenues inutiles sont recyclées proprement par autodigestion.

Les insectes traquent leur gibier

« La frissonnante libellule
Mire les globes de ses yeux
Dans l'étang splendide où pullule
Tout un monde mystérieux. »

Victor Hugo, *Les Rayons et les Ombres*

« Tout l'art de la guerre est fondé sur la tromperie. »
Sun Tzu, *L'Art de la guerre*

Où l'on rencontre des lucioles qui jouent les femmes fatales pour capturer leurs cousins. Des mouches qui piègent à la raquette collante et d'autres qui volent les proies des araignées ou coupent la tête des fourmis blessées. Des fourmilions braconniers qui attendent le marchand de sable, des chasseurs au sprint fulgurant et des fourmis nomades qui font des raids barbares…

Comment repérer sa proie

Les insectes prédateurs font appel à un arsenal d'appareils sensoriels pour localiser leurs proies.

La libellule a des yeux très perçants : elle voit à 360° horizontalement et verticalement et voit net jusqu'à 12 mètres. Elle possède deux énormes yeux composés chacun d'environ 30 000 petits yeux simples qu'on appelle les ommatidies. Chacune d'elles est, en fait, un œil indépendant de forme hexagonale, ce qui permet une juxtaposition pour composer un œil rond. La libellule voit des images formées par apposition des images partielles fournies par les ommatidies. Les ommatidies du haut de l'œil de la libellule sont sensibles aux mouvements, alors que celles du bas de l'œil identifient les formes et les couleurs. Grâce à ses ommatidies supérieures, la libellule perçoit les mouvements à près de 175 images par seconde, soit 7 fois mieux que l'homme.

Les coléoptères gyrins qui nagent et chassent à la surface des eaux douces ont une vision adaptée à leur mode de vie. Leurs yeux composés sont scindés horizontalement en deux, comme des verres bifocaux. La paire supérieure, au-dessus de l'eau, leur permet de voir dans l'air au-dessus de l'eau ; la paire inférieure, placée juste sous la ligne de flottaison, leur permet de voir dans l'eau. Leur champ de vision vertical couvre 360°.

D'autres insectes flotteurs utilisent non pas la vue mais un procédé analogue à celui de l'araignée avec sa toile. Grâce à trois grands poils sensoriels sur les tarses de leurs pattes médianes et postérieures, les gerris, punaises patineuses, captent les vibrations transmises par la surface de l'eau pour localiser leurs proies mobiles. Certains prédateurs suivent les traces chimiques laissées par leurs proies : les lucioles lampyrides sont capables de remonter un chemin de mucus pour retrouver un escargot ou une limace. D'autres distinguent les molécules volatiles émises par leurs proies, notamment leurs signaux de communication. Les coccinelles sont ainsi attirées par les phéromones d'alarme qu'un puceron sécrète, *via* deux appendices abdominaux (baptisés cornicules), lorsqu'il est perturbé, pour encourager la fuite de ses congénères. Les clairons *Thanasimus*, coléoptères prédateurs de scolytes, sont attirés par les phéromones d'agrégation relâchées par leurs proies. De même, le taupin *Elater ferrugineus* repère les cavités d'arbres où se nourrit sa proie (*Osmoderma eremita*, le pique-prune) grâce à la phéromone qu'elle émet.

Des chasseurs aux dents longues

Une fois qu'ils ont localisé et approché leur proie, les prédateurs s'en saisissent au moyen de leurs pattes antérieures ravisseuses pourvues d'épines rigides, comme les mantes et les *Mantispes*, ou par leurs puissantes mandibules en forme de crochets. D'autres organes peuvent former des pinces ou des harpons. Les larves de libellules et les staphylins *Stenus* ont un labium (une des pièces buccales) allongé et projetable en avant, couvert de protéines collantes pour capturer la proie.

En vue de consommer leur proie, la plupart des prédateurs utilisent leurs mandibules tranchantes pour découper les chairs, mais d'autres, comme les lucioles, pratiquent une digestion extra-orale : ils injectent un jus digestif qui paralyse et liquéfie les chairs de leur proie avant de l'aspirer.

Les braconniers et les piégeurs

La créativité des insectes prédateurs pour piéger leurs proies est sans bornes ! Plusieurs larves d'insectes chassent à l'affût au fond de petits puits coniques creusés dans les sols très meubles. C'est le cas des coléoptères cicindèles et des fourmilions *Myrmeleo*. Ces derniers creusent un entonnoir dans le sable et se tapissent au fond, mandibules dressées vers le haut. Quand une fourmi circule sur les parois du piège, le fourmilion lui jette du sable pour la déséquilibrer, la faire dégringoler et la croquer. La stratégie des pièges à fosse de l'homme préhistorique était très semblable !

Ça alors !

Les chasseurs rusés piègent les piégeurs

La guêpe pompile *Arachnospila conjungens* procède tout en finesse pour capturer sa proie, l'araignée *Amaurobius erberi*. Cette araignée vit sur une petite toile étalée parmi les feuilles mortes, autour de son nid en tube de toile. La guêpe s'approche de la lisière de la toile sans s'engager dessus et tiraille par à-coups quelques fils de la toile entre ses mandibules, pour alerter et faire sortir l'araignée de son nid. L'araignée croit se précipiter vers sa proie, qui en fait la pique rapidement, la paralyse et l'emporte dans son propre terrier pour alimenter ses larves !

Les pièges collectifs

Des fourmis *Azteca andreae* de la forêt guyanaise capturent de grosses proies avec un piège collectif. Les ouvrières se postent sur le bord des feuilles, formant un rang serré, et s'accrochent avec leurs pattes aux longs poils du revers de la feuille. Profitant d'un véritable effet Velcro, elles attrapent de plus gros insectes et peuvent ainsi maintenir bloqués des insectes qui pèsent plusieurs milliers de fois leur propre poids !

D'autres fourmis guyanaises *Allomerus* construisent de fausses galeries percées de trous sur les branches d'un arbre vivant. Pour renforcer ces tunnels, elles fabriquent des piliers à base de poils coupés sur la plante, de matière organique et de leurs propres sécrétions. Le ciment qui consolide l'édifice provient lui d'un champignon qu'elles entretiennent. Les ouvrières, qui mesurent 2 mm, se cachent dans la galerie, ne laissant dépasser que leurs mandibules. Quand une proie, même grosse, se pose au-dessus d'un trou, les ouvrières attrapent un appendice et tirent en arrière, immobilisant ainsi l'insecte. Ensuite une armée d'ouvrières vient mordre et piquer la proie qui, une fois paralysée, est tranquillement découpée en morceaux.

Les pièges collants

Les larves de certains diptères, mycétophilides kéroplatines, qui vivent sous l'écorce des bois pourrissants, tissent des toiles de soie dont les fils portent des gouttelettes d'acide oxalique au pH très acide (1,8) qui tuent rapidement les petits insectes pris à leur contact, tandis que les larves prédatrices sont elles-mêmes tout à fait insensibles au poison. Dans les grottes de Nouvelle-Zélande, les larves du mycétophilide *Arachnocampa luminosa* fabriquent et laissent pendre jusqu'à 70 filaments parsemés de gouttelettes collantes. Ces larves émettent de la lumière grâce à la modification d'un de leurs organes, les tubes de Malpighi. On suppose que la lumière émise et réfléchie attire les proies volantes croyant à une porte de sortie de la grotte…

Une espèce de mouche Asilidae a inventé le piège de la raquette collante. Elle dispose de pattes antérieures articulées, comme les mantes, et enduites de résine sucrée attractive. Elle les maintient en avant pour attirer de petits insectes, qu'elle capture en projetant ses pattes. Elle leur injecte alors une neurotoxine avec sa trompe perforante avant de les aspirer.

Les appâts des femmes fatales

Le mimétisme peckhamien, c'est imiter une proie pour l'attirer et la manger. Les lucioles nord-américaines offrent un cas complexe de ce mimétisme agressif découvert par l'entomologiste américain James Lloyd dans les années 1960. Les lucioles communiquent entre elles par des signaux lumineux (cf. chap. 4). Chaque espèce a une séquence lumineuse propre émise par le mâle, à laquelle la femelle envoie une réponse. Ce message permet à ces insectes de se reconnaître et d'éviter les erreurs interspécifiques. Les lucioles *Photuris* sont prédatrices des lucioles *Photinus*. Leurs femelles mimétiques sont de véritables femmes fatales. Elles copient à la perfection, parfois même en plus forte intensité, les réponses des femelles de lucioles *Photinus*. L'imitation tient au nombre de flashs, à leur intensité et au temps de réponse. Elles attirent alors le mâle qui, croyant trouver une partenaire, se fait dévorer avant d'avoir fleuré la supercherie.

La prédatrice *Photuris versicolor* dispose d'un répertoire de près de 11 codes lumineux ; elle est donc capable d'imiter plusieurs espèces de *Photinus*. Elle se sert du code de l'espèce de *Photinus* qu'elle rencontre, se calant sur les réponses déclenchées. Si les proies mâles *Photinus* tardent à se rapprocher, la *Photuris* insère dans son message un bout du code d'un mâle, faisant croire à la présence d'un couple en action, ce qui attire les autres mâles. Le mâle de la femelle prédatrice *Photuris* sait aussi singer pour son propre intérêt. Il imite le signal d'appel des mâles des *Photinus* convoités par sa femelle occupée à chasser. Celle-ci répond, il se pose et alors envoie son propre signal, vérifie son identité et tente de s'accoupler.

L'équivalent acoustique de ce mimétisme lumineux existe ! De grandes sauterelles katydides australiennes, *Chlorobalius leucoviridis*, attirent les mâles de la petite cigale *Kobonga oxleyi*, en imitant le chant de réponse des femelles.

Chasseurs à l'affût

D'autres insectes, comme les mantes-fleurs, chassent en tenue de camouflage pour se dissimuler dans l'environnement de leur territoire de chasse. Le corps d'*Hymenopus coronatus* imite parfaitement les pétales satinés des orchidées autour desquelles elle campe ses affûts. Elle possède même, à l'arrière de l'abdomen, une tache qui ressemble à un moucheron : les insectes ainsi confiants vont jusqu'à se poser sur la mante comme dans une fleur !

Enfin, les larves du chrysope *Chrysopa prasina*, prédatrices invétérées de pucerons, sont des loups déguisés en moutons ! Elles arrachent des poils aux pucerons laineux dont elles se repaissent, et s'en font une toison. Grâce à ce déguisement, les pucerons ne les distinguent pas de leurs congénères et ne s'enfuient pas, et les fourmis protectrices des pucerons les protègent conjointement...

Des prédateurs sans fair-play : vol de proies et attaque des blessés

Certains prédateurs ne se donnent pas la peine de capturer une proie, ils la volent ! C'est le cas de guêpes pompiles, incapables de paralyser les araignées qu'elles convoitent. Elles guettent le retour d'une autre espèce de pompile à l'entrée de son nid et lui subtilisent son araignée paralysée, pour aller la déposer dans leur propre nid pour leurs propres larves.

Trois familles de petites mouches de quelques millimètres (Cecidomyidae, Chloropidae, Milichiidae) sont aussi connues comme des parasites-voleurs (on dit cleptoparasites) d'autres prédateurs, en particulier d'araignées. Attirées par les produits volatils de la digestion externe de l'araignée, elles se posent à côté de la proie immobilisée et la sucent alors même que l'araignée est en train de se nourrir. Certaines araignées tentent de repousser ces petites mouches en donnant des coups de pattes et en oscillant pour essayer de déloger celles qui sont déjà sur sa proie. En Floride, certaines mouches accompagnent les prédateurs dans leur chasse pour leur voler leurs proies : *Dermometopa florida* chevauche le dos de punaises réduves prédatrices, *Conioscinella* celui des scolopendres.

Les fourmis sont parfois des chasseurs chassés. Comme elles représentent une portion importante de la biomasse animale dans les forêts tropicales, il n'est pas surprenant qu'elles fassent l'objet d'une exploitation en règle par des prédateurs spécialisés. Au Brésil, à côté du fameux tamanoir, se trouvent ainsi près d'une centaine d'espèces de mouches qui s'attaquent aux fourmis... blessées ! Les minuscules *Dohrniphora* (entre 1 et 3 mm) sont très spécialisées et ne s'attaquent pas à d'autres insectes blessés hormis les fourmis carnivores *Odontomachus*. Lorsqu'elle détecte un individu blessé ou malade, la petite mouche s'accroche derrière sa tête et la décapite au moyen de sa trompe en forme de scie. Elle repart alors avec la tête pour en sucer la substance...

Les fourmis légionnaires, nomades barbares

Les *Eciton* (*marabountas*) d'Amérique du Sud et les *Dorylus* (*Magnan*) d'Afrique sont des fourmis légionnaires des forêts équatoriales. Pratiquement aveugles et communiquant par phéromones, elles ont la particularité d'être nomades et voraces. La reine de *Dorylus*, avec ses 6 cm de long, est la plus grosse fourmi du monde ; elle pèse le poids de 100 ouvrières soldats.

Une colonie de *Magnan* peut accueillir une vingtaine de millions d'individus. La reine pond par cycles, et la colonie voyage pendant ses pauses de ponte. Quand la reine reprend les pontes, les colonies forment un bivouac, un nid vivant formé d'ouvrières accrochées les unes aux autres. La reine et le couvain sont au centre. Les ouvrières font des raids tous les jours pour nourrir le couvain. Elles n'hésitent pas à s'attaquer à de grosses proies, comme des reptiles, des rats, des mygales, trop lents pour s'échapper. Les proies ainsi tuées sont découpées pour être rapportées au bivouac.

Ça alors ! Les barbares nomades voyagent accompagnés

Plusieurs espèces de coléoptères staphylins accompagnent les processions meurtrières des fourmis légionnaires. Protégés par des sécrétions qui font fuir les fourmis ou par une odeur proche de celle de la colonie, ils se nourrissent de proies volées aux fourmis, ou de leurs larves (cf. chap. 23). Les chercheurs ont compté au plus 1 coléoptère pour 1 000 fourmis nomades.

Quand la nourriture dans le territoire autour du nid est épuisée, la reine arrête de pondre et la colonie déménage plus loin. Ces fourmis se déplacent en créant de véritables voies dans la forêt. Elles traversent les cours d'eau en se faisant la courte échelle et en construisant des ponts vivants avec leurs corps. Elles inspirent la terreur : ce sont elles qui s'en prennent aux héros du film *Indiana Jones et le*

Royaume du crâne de cristal. En Afrique, on raconte qu'elles attaquent l'éléphant quand il dort, par l'intérieur de la trompe, et le rendent fou (cf. chap. 27 sur les supplices humains).

Ça alors !

La chasse au sprint

Certains prédateurs féroces sont très rapides et dotés de puissantes mandibules. Une fois leur proie repérée, ils foncent sur elle et l'attrapent promptement. Leurs mouvements de chasse paraissent souvent saccadés, car la mise au point de leur vision n'a pas la vitesse de leur course, d'où la nécessité des temps d'arrêt. Parmi ces chasseurs rapides figurent les cicindèles. Qui a poursuivi la cicindèle sur un banc de sable chaud l'admettra ! En Australie, ces coléoptères tigres signent des performances extraordinaires. *Cicindela hudsoni*, longue de 15 millimètres, fonce à 2,5 m/s, soit 9 km/h, pour un rapport vitesse/taille d'environ 120. Le rapport de l'espèce plus petite *Cicindela eburneola* atteint 177. Par comparaison, le sprinteur Usain Bolt a un rapport vitesse/taille de 6…
Sur le sable brûlant du Sahara, la petite fourmi argentée du désert (*Cataglyphis bombycina*) atteint un rapport vitesse/taille de 200 (cf. chap. 2). Mise à l'échelle humaine, elle atteint mach 1 ! Le taon américain *Hybomitra hinei* vole à 145 km/h ; un entomologiste de Floride aurait vu l'un d'eux chasser un projectile lancé à partir d'une carabine à air comprimé !

12

Des cultivateurs et des éleveurs

Où l'on découvre que des fourmis moissonnent les graines pour les ensiler dans leurs greniers. Que d'autres élèvent des pucerons pour traire leur miellat sucré. Que des termites et des fourmis ont la main verte et entretiennent des jardins de champignons souterrains en utilisant un terreau fertile et des fongicides sélectifs.

CHEZ LES INSECTES, un savoir-faire agronomique d'éleveur, de cultivateur ou de moissonneur a été développé, en particulier parmi les espèces sociales, où le travail agricole est bien réparti.

Les fourmis moissonneuses veillent au grain

Les fourmis *Messor,* des espèces granivores, récoltent et stockent les graines dans un grenier souterrain, creusé dans les sols arides des régions méditerranéennes, au sec pour empêcher la germination. Comme elles ne sont pas capables de consommer les graines solides, elles les broient et les enduisent des sécrétions de leurs glandes salivaires qui vont dissoudre l'amidon. Elles sucent alors cette pâte spongieuse appelée « pain de fourmi ».

Des fourmis bergères de pucerons

Les pucerons, quant à eux, sucent la sève des plantes. Comme cette ressource est pauvre en protéines, les pucerons en ingèrent beaucoup pour obtenir la quantité dont ils ont besoin. En revanche, comme la sève est très riche en sucres, l'eau et les sucres en excès sont éliminés par les pucerons sous forme d'un « sirop » collant, le miellat. Différents insectes, dont les abeilles, sont friands de miellat, d'où provient le miel de sapin (cf. chap. 26). Les fourmis l'apprécient également et ont littéralement mis en place l'élevage de pucerons pour s'approvisionner.
Elles transportent les pucerons de plante en plante, les agglutinent aux endroits où circulent les plus gros flux de sève, les surveillent, les défendent contre les prédateurs et prélèvent les gouttes de miellat qui perlent à l'extrémité de l'abdomen des pucerons. Lorsque la densité de ceux-ci augmente trop, elles mangent quelques individus, un peu comme nous mangeons les vaches laitières pour leur viande. Cette association n'est toutefois pas obligatoire, chacun des partenaires ne dépendant pas strictement de l'autre. La plupart de ces colonies encadrées se trouvent sur les tiges aériennes des plantes, mais certaines fourmis, comme *Lasius flavus,* récoltent le miellat des pucerons de racines, ces derniers vivant fixés sur les racines des herbes, sous les pierres ou dans les galeries des fourmis.

Les fourmis coupe-feuilles ont la main verte

Dans toute l'Amérique tropicale vivent les fourmis *Atta,* mieux connues sous le nom de « fourmis coupe-feuilles », « fourmis parasols » ou « fourmis champignonnistes ». Elles cultivent en effet dans des jardins souterrains un champignon spécifique, *Rozites gongylophoma*, sur une structure spéciale composée de feuilles, appelée meule.

Les grandes ouvrières passent leurs journées à découper des feuilles d'arbre, qu'elles rapportent au nid, en les portant verticalement, en longues processions le long de chemins marqués d'une phéromone de piste. La consommation végétale quotidienne d'une seule fourmilière est équivalente à celle d'une vache adulte ! On estime que les fourmis coupe-feuilles consomment 15 % de la production foliaire des forêts tropicales américaines. La défoliation des arbres et des cultures environnantes fait de ces fourmis de redoutables ravageurs. D'autres ouvrières, plus petites que les coupeuses-convoyeuses, prennent en charge les fragments de feuille empilés dans une chambre spécifique, et les découpent en fragments d'un millimètre environ, fragmentés derechef par des ouvrières encore plus petites. Ces dernières mélangent le hachis végétal à de petites quantités d'excrément, et inoculent ce substrat avec un champignon spécifique à la colonie.

Les ouvrières transportent dans les galeries des boulettes de broyat et l'appliquent sur les parois, pour fournir un substrat favorable à la croissance du mycélium de *Rozites*. Des puits de ventilation maintiennent la température et l'hygrométrie idéales pour le développement du champignon. Les jardins souterrains de champignons s'étalent sur plusieurs dizaines de mètres carrés. Les jardiniers fourmis sont capables d'apprentissage. Si une plante toxique pour le champignon est incorporée par les fourmis à la meule végétale, elles perçoivent un signal d'alerte du champignon et évitent ensuite de récolter cette plante poison.

Ça alors !

De gigantesques champignonnières souterraines

En 2012, une équipe de scientifiques a mesuré le volume d'une mégapole abandonnée de fourmis coupe-feuilles en déversant du béton à l'entrée de la galerie principale. 10 tonnes de béton ont été nécessaires pour remplir le réseau de chambres, de dépotoirs et galeries ! Sa construction par les fourmis aura requis le déplacement d'environ 40 tonnes de terre !

Les fourmis obligent le champignon à se reproduire de manière asexuée et l'empêchent de fructifier pour ne faire qu'une sorte de mycélium. Des ouvrières jardinières entretiennent assidûment à la fois la meule et les tapis, qu'elles désherbent consciencieusement et débarrassent des champignons indésirables en léchant sans cesse leur culture. Une de leurs glandes thoraciques produit en effet trois molécules : l'acide phénylacétique, qui empêche le développement des bactéries, l'acide indolacétique, qui stimule la croissance des champignons, et la myrmicacine, un fongicide sélectif qui inhibe la croissance d'autres champignons que le *Rozites*. Malgré toutes les mesures de prophylaxie, il arrive que le champignon *Escovopsis*, parasite spécialiste des meules de fourmis champignonnistes, s'implante dans les champignonnières. Si les *Atta* ne parviennent pas à expulser l'intrus, elles prennent la décision de déménager. Lors de la fondation d'une nouvelle colonie, la reine crée la première champignonnière à partir de germes du champignon transportés depuis la fourmilière d'origine dans une cavité buccale. Comme les *Atta* ont besoin du *Rozites* pour s'alimenter et que le champignon ne survit pas hors des fourmilières, ce couple agricole forme une vraie symbiose.

Les meules de champignons des termites

Les termites, qui sont de stricts consommateurs de bois, ne peuvent digérer la cellulose et la lignine des végétaux : ils font donc appel à une symbiose avec des micro-organismes pourvoyeurs d'enzymes. Chez la plupart des termites inférieurs, l'association se traduit par l'hébergement de symbiontes internes dans le tube digestif (cf. chap. 10). Les termites supérieurs du groupe des Macrotermitinae ont, quant à eux, développé une symbiose externe avec un champignon dont ils sont devenus des jardiniers performants. Ils cultivent des champignons *Termitomyces* sur des meules composées d'un substrat à base de bois semi-digéré et de matériel végétal grossièrement mâché. En fait, les ouvriers adultes rapportent des débris végétaux de l'extérieur – ils sont à ce titre responsables de nombreux dégâts dans les cultures agricoles en Afrique –, puis de jeunes ouvriers les mastiquent, les ingèrent et malaxent des boulettes d'excréments pour constituer la meule. Les termites se nourrissent de la partie inférieure des meules déjà transformées par les champignons. *Macrotermes natalensis* ne cultive qu'une seule espèce de champignon, quelle que soit la colonie. En revanche, chaque espèce d'*Odontotermes* est capable de cultiver plusieurs espèces de *Termitomyces*, et chez les *Microtermes*, plusieurs champignons peuvent pousser chez plusieurs espèces de termites.

La transmission du champignon est assurée de parents à descendants (les ailés reproducteurs quittant le nid avec des spores du symbionte), comme chez les fourmis champignonnistes, ou entre colonies de termites appartenant ou non à la même espèce. Les fructifications de *Termitomyces* qui remontent à la surface des termitières peuvent ainsi être récupérées par des termites d'une autre colonie et cultivées dans un autre nid. Dans la termitière, la culture est entretenue dans des alvéoles qui contribuent également à climatiser cette dernière.

D'autres insectes cultivateurs de champignons

Plusieurs autres insectes mangeurs de bois recourent à des cultures de champignons pour prédigérer leur ressource. Par exemple, les femelles de la guêpe sirex et du coléoptère *Elateroides demestoides* insèrent leurs œufs dans le bois mort et expulsent en même temps les spores d'un champignon destructeur du bois, qu'elles stockent dans des poches proches de l'organe de ponte. Leurs larves se nourriront du mélange de bois rongé par le champignon lignivore et de mycélium. Les adultes des coléoptères scolytes *Xyleborus* et *Platypus* transportent également les spores d'un champignon symbiotique *Ambrosia* dans des cryptes spéciales de leur cuticule, appelées mycanges.

Ces mycanges sont souvent associées à des glandes qui sécrètent des substances favorables aux spores fongiques. Les adultes ensemencent les tunnels creusés dans le bois avec ce champignon et se nourrissent, comme les larves, du mycélium qui tapisse les galeries. Chez le coléoptère *Doubledaya bucculenta* (Languridae), la femelle pond un seul œuf aux inter-nœuds d'un tronc de bambou mort et inocule en même temps un champignon spécifique dont se nourrira la larve.

Ça alors !

Le déjeuner sur l'herbe (à champignons)

Certains insectes ensemencent des herbes avec leurs cultures de champignons. La femelle de la mouche *Botanophila dissecta* fertilise ainsi la surface des graminées avec ses excréments, créant un milieu propice à la croissance du champignon *Epichloe typhina*, qu'elle inocule à la plante lorsqu'elle pond. Ses asticots se nourriront du champignon. En Australie, dans les années 1930, une espèce de mouche proche, *Botanophila seneciella*, a été expérimentée comme auxiliaire de lutte biologique contre une mauvaise herbe envahissante (*Jacobaea vulgaris*), puis l'expérience fut abandonnée.

13

Manger son semblable : les cannibales

« La tyrannie du ventre fait du monde une caverne de brigands. Manger, c'est tuer. [...]
Ainsi de tous, tant qu'il y en a, grands et petits, d'un bout à l'autre de la série animale.
Un perpétuel massacre perpétue le flot de la vie. »

Jean-Henri Fabre, *Souvenirs entomologiques*

Où l'on découvre que des scarabées herbivores dévorent leurs congénères quand la compétition pour la nourriture fait rage. Que d'autres scarabées infanticides mangent leurs larves qui quémandent trop. Que le cannibalisme de son prochain permet de s'équiper en toxines protectrices... ou de se faire parasiter. Et que sa propre ponte est parfois une précieuse ressource alimentaire.

L E CANNIBALISME EST UNE PRÉDATION entre individus d'une même espèce, y compris d'espèces habituellement herbivores. Il est largement répandu chez les insectes, notamment chez les mouches, les scarabées, les guêpes et fourmis et les mantes. C'est un événement auquel sont confrontés les éleveurs amateurs d'insectes, qui observent la chute des populations dans leurs terrariums après avoir oublié de renouveler suffisamment les ressources alimentaires.

Le déterminant le plus courant du cannibalisme est en effet la raréfaction de la nourriture et la surdensité de la population. En termes darwiniens, un animal efficace adapte son comportement aux ressources disponibles et aux contraintes de l'environnement. Dans des conditions difficiles, un individu peut être amené à consommer un autre individu de la même espèce pour :

• satisfaire ses exigences énergétiques et nutritionnelles en limitant les dépenses d'énergie lors de la recherche de nourriture ;

• ou pour réduire le nombre de compétiteurs et éliminer des rivaux.

Le cannibalisme entre individus apparentés, génétiquement proches, est voué à récupérer l'investissement de la reproduction si les conditions sont tellement défavorables qu'une partie des apparentés ne survivra probablement pas.

Se développant dans divers contextes dont l'accouplement et la compétition, le cannibalisme peut prendre la forme de l'infanticide ou encore de la consommation des œufs.

Cannibales quand la compétition dépasse les bornes

Le cannibalisme entre larves d'une même espèce concentrées sur une ressource limitée est fréquent dans la nature.

Ce cannibalisme se rencontre chez les larves d'insectes ovovivipares qui s'entre-dévorent dans l'utérus de leur mère. Une trentaine d'œufs éclôt dans l'utérus de la femelle de la mouche parasitoïde *Emblemasoma auditrix* (Sarcophagidae). Avant que celle-ci trouve des hôtes cigales (*Okanagana rimosa*) pour y déposer individuellement chaque larve, les larves séjournent dans l'utérus. Cette phase peut durer plusieurs semaines, pendant lesquelles le poids des larves survivantes augmente pendant que leur nombre diminue...

Ce cannibalisme s'observe aussi chez des larves libres lorsque les conditions environnementales sont défavorables. Les larves de la mouche carnivore *Chrysomyia rufifacies* sont prédatrices d'autres asticots se nourrissant sur les chairs en début de décomposition (elles sont utilisées comme marqueurs de la durée *post mortem* en entomologie légale, cf. chap. 28). Si leur densité de population est trop élevée ou si les autres asticots proies deviennent rares, elles se dévorent entre elles. De même, les larves aquatiques des moustiques *Anopheles,* qui se développent dans de petits volumes d'eau stagnante où elles s'alimentent de phytoplancton, se dévorent entre elles dès qu'une compétition s'instaure pour les ressources disponibles. Les ouvrières de certains insectes sociaux, comme les fourmis *Hypoponera opacior*, procèdent d'ailleurs à l'isolement de chaque larve pour réduire le cannibalisme entre elles.

Le cannibalisme joue un rôle crucial dans la régulation de la croissance des populations de ténébrions de farine *Tribolium*. Au laboratoire, même en présence de nourriture riche et abondante, les adultes et les larves mobiles s'attaquent aux œufs et aux nymphes immobiles. Chez ces coléoptères ténébrions, le cannibalisme pourrait représenter un atout dans la colonisation d'un nouvel environnement aux ressources alimentaires incertaines, voire pauvres. Les coléoptères adultes, aux élytres sclérifiés qui les rendent moins vulnérables, sont moins sujets au cannibalisme. Les coléoptères *Scarites*, prédateurs des sables, n'hésitent toutefois pas à s'en prendre à leurs congénères. Avec leurs mandibules longues et solides, ils attaquent la zone membraneuse à la jonction du thorax et de l'abdomen. Une fois détaché, l'abdomen est éventré et dévoré.

Le cannibalisme règle les conflits entre générations

Le recyclage de la matière entre les générations est une stratégie de réallocation des ressources. L'infanticide cannibale ou la consommation des œufs livrent des exemples marquants.

L'infanticide, un procédé régulateur

Manger une partie de sa descendance peut être perçu comme un cannibalisme de régulation.

Chez les nécrophores, des coléoptères qui enterrent la matière organique des cadavres animaux pour y pondre leurs œufs, les adultes s'occupent de leurs larves (cf. chap. 9 sur les soins parentaux). Pour demander la régurgitation de nourriture lorsqu'elles sont affamées, les larves adoptent un comportement de quémande analogue à celui des oisillons au nid : elles touchent la bouche de leurs parents avec leurs pattes. Des biologistes écossais ont cependant observé que cette communication entre ascendants et progéniture pouvait conduire à une issue cruelle chez *Nicrophorus vespilloides*. En période de régression de la nourriture, les larves qui réclament davantage ont 13 fois plus de chances d'être dévorées par leur mère, probablement parce qu'elles résistent moins bien à la faim…

Beaucoup de larves d'insectes contiennent des paralysines (elles ont été caractérisées chez la mouche à viande et le ver de farine du pêcheur, par exemple), qui les rendent toxiques pour les adultes afin de les « dégoûter » de ce cannibalisme.

Gobeurs d'œufs

Quand les larves, les premières écloses par exemple, mangent une partie des œufs de la ponte dont elles proviennent, cela relève d'un cannibalisme adaptatif. Chez les coccinelles, les femelles pondent des œufs groupés sur des feuilles non infestées par des pucerons. Les larves émergent de manière étalée dans le temps et restent sur la feuille pendant quelques jours avant de se disperser. Durant cette phase après l'émergence, la survie des larves est assurée par le cannibalisme des œufs. Ce cannibalisme au détriment d'une fraction de la ponte permet d'accroître le succès reproducteur global. De même, les jeunes larves de doryphore pourtant phytophages (sur les feuilles des plants de pomme de terre) mangent quelques-uns des œufs frais dans leur voisinage.

Dans les colonies de certains insectes sociaux, comme la fourmi *Dolichoderus quadripunctatus*, la ponte et la consommation d'œufs trophiques est une pratique répandue. Les ouvrières *Dolichoderus* sont normalement fertiles et pondent, en présence de la reine, des œufs dits abortifs, voués à être consommés par le couvain et les autres membres de la colonie. Lorsqu'elles sont éloignées de leur reine, les ouvrières pondent également une autre catégorie d'œufs : des œufs reproducteurs, qui évoluent en mâles par parthénogenèse. En présence de la reine fertile, la production d'œufs reproducteurs par les ouvrières est totalement inhibée (cf. chap. 22). Au bilan, environ 50 % des œufs pondus dans la colonie sont consommés par les ouvrières et les larves.

Le cannibalisme règle les problèmes de couple

Chez les mantes, le fameux cannibalisme sexuel, caractérisé par la consommation des mâles par les femelles pendant ou après les parades nuptiales et l'accouplement (cf. chap. 6), est parfois également interprété comme un comportement alimentaire. Le mâle procurerait à la femelle des nutriments précieux pour sa ponte. Sur un plan évolutif, ce comportement suicidaire du mâle pourrait même accroître son propre succès reproducteur en améliorant la fécondité de sa femelle et la réussite de leur descendance.

Ça alors !

Cannibalisme et épidémies

Le cannibalisme peut favoriser la contamination par un parasite. Chez les chenilles de la noctuelle *Spodoptera frugiperda*, les larves infectées par un virus mortel sont plus exposées au cannibalisme que les larves saines. Or 92 % des larves ayant ingéré des insectes infectés meurent avant l'âge adulte. Cette voie de transmission est beaucoup plus efficace pour le virus que la contamination par les fèces d'insectes infectés. Lorsque la densité de population augmente, les comportements cannibales se multiplient et l'expansion du virus s'accélère. À l'échelle des populations, le coût du cannibalisme en présence de larves malades se traduit par une réduction générale de survie de 30 %, dans la nature.

Héritage de symbiontes par cannibalisme

L'ingestion d'un congénère peut assurer la transmission d'un micro-organisme utile. Les coléoptères staphylins *Paederus* hébergent des bactéries symbiotiques qui produisent une protéine toxique, la pédérine (cf. chap. 5 et 20), les protégeant contre les prédateurs, notamment les araignées-loups. Ctésias, médecin grec du Xe siècle av. J.-C., a rapporté son usage en Inde comme poison puissant. Dans les populations naturelles de *Paederus*, certaines femelles sont dépourvues de symbiontes. Les larves qui émergent des œufs pondus par ces femelles sont donc dépourvues de pédérine. Elles acquièrent la pédérine et les symbiontes (nécessaires à la production de la pédérine au stade adulte) par le cannibalisme des œufs pondus par les femelles porteuses de symbiontes.

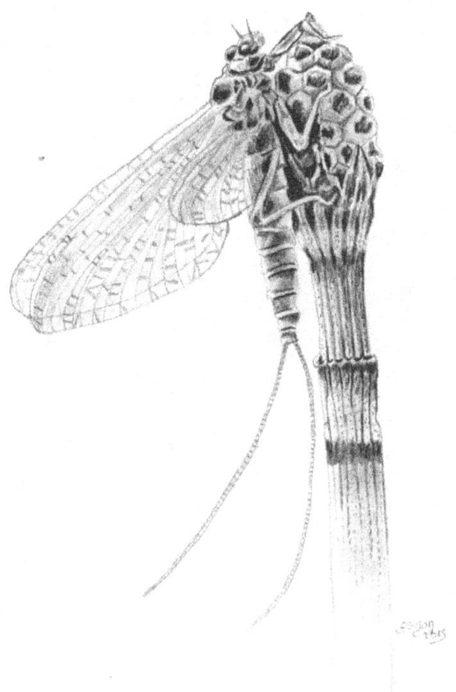

14

Les insectes se mettent au vert

Où l'on découvre, dans la course aux armements entre les plantes et les insectes,
que les insectes herbivores déploient un arsenal d'enzymes pour désamorcer les
mines chimiques antipersonnel fabriquées par les plantes. Que les galles sont
des cancers végétaux localisés fournissant aux insectes le gîte et le couvert. Que
des larves mineuses savent garder fraîches les feuilles mortes pour y creuser leurs
galeries. Que des chenilles pilotent des galles sauteuses en se tortillant…

Désamorcer les défenses des plantes

Les plantes sont apparues sur Terre bien avant les insectes herbivores (aussi appelés phytophages). Ces insectes ont bénéficié d'adaptations efficaces à plusieurs niveaux pour adopter les plantes comme ressource alimentaire, une niche écologique incomplètement exploitée par les vertébrés.

Leur première adaptation cruciale concerne la localisation et la reconnaissance de la plante hôte, notamment lorsque les insectes préfèrent certaines plantes hôtes. Ils utilisent la vision, l'olfaction et le goût. Ils perçoivent certains *stimuli* visuels précis tels que la couleur des feuilles, la réflectivité spectrale ou la morphologie de la plante, mais seulement sur de courtes distances. Pour localiser une plante hôte à très longue distance, la perception de substances chimiques est nécessaire. Grâce aux nombreuses sensilles réceptrices concentrées dans les antennes, les insectes détectent les composés volatils émis par leurs plantes à plusieurs centaines de mètres, voire à plusieurs kilomètres. Après avoir localisé leurs plantes hôtes, les insectes vérifient leur contenu avec les sensilles de leurs antennes ou de leurs palpes.

En second lieu, en réponse à la pauvreté généralisée des plantes en composés azotés, les insectes ont développé une série de comportements et d'adaptations physiologiques pour améliorer l'assimilation de la matière végétale. Ils consomment une grande quantité de matière, mais seulement 2 à 38 % de la biomasse végétale ingérée sont efficacement transformés en tissus de croissance. Ils concluent également des pactes de collaboration avec des symbiontes microbiens pour assimiler la cellulose (cf. chap. 10).

Enfin, les insectes ont surmonté les défenses chimiques et physiques mises en place par les plantes. En effet, l'attaque des insectes a exercé une pression de sélection sur les plantes et les a contraintes à développer des moyens de défense. Elles se protègent des attaques des herbivores en produisant des répulsifs chimiques et physiques (épines, poils, cire…). Certaines espèces de passiflores disposent de structures glandulaires ressemblant aux œufs des papillons *Heliconius*, qui les délaissent en croyant qu'une ponte est déjà présente. Les revêtements cireux ou pileux servent aussi à protéger la plante contre l'évaporation excessive.

La polyphagie, capacité des insectes à s'alimenter sur une grande variété de plantes, est probablement le type le plus ancien de relation trophique des insectes avec leurs plantes hôtes.

Ça alors !

La chenille qui mange de tout

Le record de l'herbivore le moins exigeant est détenu par la chenille du papillon arctiide *Hyphantria cunea*, originaire d'Amérique du Nord, et aujourd'hui répandue en Europe et en Asie. Elle a été observée sur près de 636 plantes différentes, consommant des feuilles d'arbres ou des herbes graminées, en passant par les buissons !

L'oligophagie (s'alimenter sur quelques plantes d'une même famille) et la monophagie (sur une seule espèce de plante) seraient consécutives à la coévolution des plantes et des insectes. La coévolution est le changement évolutif réciproque entre des espèces qui interagissent. La spécialisation pour une espèce de plante a probablement été favorisée par l'intérêt, pour cet insecte, de se confronter à une compétition limitée avec d'autres espèces herbivores.

La pression de sélection exercée par les protections chimiques des plantes a poussé les insectes à mettre au point des moyens de détoxifier ces composés. Leur réussite dans cet exercice est l'une des raisons majeures du brillant succès évolutif des insectes (cf. chap. 1).

Les composés de protection des plantes appartiennent à plusieurs grandes familles : tanins, huiles essentielles, principes amers, glucosides, alcaloïdes... Les herbivores savent les désamorcer de différentes façons. Leur outil de détoxification le plus important est un groupe d'enzymes nommés « oxydases à fonction mixte », qui transforment les toxines en composés faciles à excréter. La calibration de ces enzymes contre de multiples composés végétaux défensifs a permis aux insectes de coloniser une grande diversité de plantes. Prenons l'exemple des glucosinolates, employés par les plantes comme le chou pour écarter les insectes. Ces glucosinolates et des enzymes appelés myrosinases coexistent à l'intérieur de la plante, mais dans des compartiments séparés.

Cette réserve de toxine est une véritable mine antipersonnel contre les herbivores. En mâchant les feuilles, les herbivores mettent en effet en contact l'enzyme et le composé transitoire, libérant alors les glucosinolates toxiques. La contre-stratégie de la chenille de piéride du chou est de dériver, grâce à un enzyme digestif spécifique, la réaction de la myrosinase avec le glucosinolate, pour dégager un composé azoté différent et inoffensif.

Dans cette « course aux armements » entre les plantes et les insectes, les mécanismes de défense chimique des unes et les parades des autres sont nombreux. En Europe, la chenille de *Depressaria pastinacella* parasite les fruits du panais, pourtant riches en coumarine répulsive pour les insectes. Pour éviter d'avoir à détoxifier sa pitance, elle choisit des fruits stériles, qui contiennent deux fois moins de coumarine. En fait, la plante produit ces faux fruits, non fécondés et vides de graines, à côté de ses fruits normaux, pour y concentrer l'attaque des herbivores à moindres frais. L'herbivore sélectionne en effet ces faux fruits plus digestes, même si sa croissance y est plus faible que sur des fruits complets.

Parmi les stratégies de riposte, la plante appelle parfois à l'aide d'autres insectes, ennemis naturels des herbivores. C'est le cas de la plante *Nicotiana attenuata* : lorsqu'elle est grignotée par une chenille de *Manduca sexta*, elle émet des signaux chimiques qui attirent la punaise *Geocoris*, prédatrice des chenilles.

Détourner l'usine végétale à son profit

Les galles offrent le gîte et le couvert

Certains parasites de végétaux induisent une excroissance sur leur hôte, appelée galle. Elle résulte de l'irritation produite par la piqûre, la ponte et le développement de la larve d'insecte, et consiste en une prolifération de tissu végétal entourant la larve. Par ce moyen, la plante incarcère l'herbivore, limite le mal et évite l'invasion. De son côté, l'insecte détourne l'usine végétale pour se faire construire une solide maison dotée d'un garde-manger bien rempli. En effet, autour du corps étranger, se forme en quelque sorte une tumeur : les sucs nutritifs affluent et les cellules se multiplient.

Ça alors !

Des chenilles au volant des galles sauteuses

La larve du charançon *Corimalia pallidus* se développe dans de petites galles provoquées dans les fruits de *Tamarix*. Lorsque le développement larvaire est accompli, la galle tombe au sol avec sa larve à bord. Grâce à une bosse dorsale extensible et rétractable sur l'abdomen, la larve opère de brusques détentes qui font sauter la galle sur le sol. La larve s'arrête de bondir lorsque la galle est bien installée dans une zone ombragée, où elle se nymphosera.

Les galles atteignent tous les organes de la plante : elles font s'épaissir et se replier fleurs, fruits, bourgeons, feuilles, tiges ou même racines, en prenant des formes souvent spécifiques mais très variées. De nombreuses mouches du groupe des Cécidomyies provoquent sur les feuilles des arbres des excroissances bulbeuses où vivent leurs larves. Les pucerons *Adelges* induisent le raccourcissement des bourgeons des sapins, qui finissent par ressembler à un petit cône. De nombreuses galles ont une issue déjà prête pour la sortie de la larve en fin de développement. Ainsi, la larve de *Cecidomyia cerris* loge sur les feuilles de chêne dans une cavité conique fermée à sa face inférieure par un disque poilu, qui se détache automatiquement pour que la larve aille se nymphoser dans le sol. Des galles très originales sont produites par les guêpes *Cynipides*, comme des casques cornus sur les glands de chênes, ou des boules de mousse chevelue du bédégar des rosiers.

Les galles offrent aux insectes une protection souvent efficace contre les oiseaux insectivores et contre les parasites. Grâce à la dureté de leur paroi, leurs couronnes d'épines, leur surface visqueuse, leur teneur en tanin, elles sont parfois mieux protégées que les fruits. Une couche spongieuse sous la paroi empêche l'aiguillon des guêpes parasitoïdes d'arriver jusqu'à la logette centrale où siège la larve. Certaines galles sécrètent un exsudat sucré qui attire les fourmis, lesquelles chassent les autres insectes. Malgré ces précautions, l'abri devient parfois piège et prison : les cas de parasitisme sont fréquents chez les insectes gallicoles. Au Canada, la guêpe *Periclistus pirata* ne peut produire elle-même une galle sur les rosiers. Elle pond ses œufs dans les petites galles du cynips du rosier, dont elle tue ainsi 75 % les larves. Les galles attaquées par les larves de *Periclistus* sont même rendues plus grosses par les nouveaux occupants.

Des feuilles mortes toujours fraîches !

Certaines feuilles vertes sont sillonnées de tortueux sillons clairs. Ces galeries sont creusées par les larves mineuses qui ont la capacité de se nourrir dans la maigre épaisseur des feuilles. Certaines ont même l'aptitude de modifier le fonctionnement des tissus environnants par un phénomène baptisé « îlot vert ». Ce compartiment propice à leur croissance n'est pas une galle à proprement parler. En fait, la qualité de la feuille autour de la zone minée est maintenue par la mineuse, alors même que le reste se dégrade ou que la feuille chute. La capacité à provoquer un îlot vert est connue chez plusieurs espèces d'herbivores, mouches (*Bruggmannia*) ou papillons (*Phyllonorycter*). Chez *Phyllonorycter blancadella,* l'îlot vert serait maintenu sous l'action d'une bactérie symbiotique *Wolbachia*, qui fabriquerait les hormones végétales nécessaires au maintien de la qualité du feuillage.

Bloquer l'avortement des graines vides de sapin

Des chercheurs français ont découvert un mécanisme différent des galles chez la guêpe *Megastigmus spermotrophus*, parasite spécifique des cônes du sapin de Douglas. Cet insecte se développe dans les graines du cône, qu'elles soient fécondées ou non, en consommant le tissu nutritif destiné à l'embryon végétal. Chez le sapin de Douglas, ce tissu nutritif dégénère si l'ovule n'a pas été fécondé. Or cette dégénérescence n'a pas lieu si *Megastigmus* pond son œuf dans un ovule non fécondé, car l'insecte y bloque le processus d'avortement de la graine. L'ovule, comme s'il avait été fécondé, continue à accumuler des réserves nutritives, qui seront consommées par la larve d'insecte lors de son développement à l'intérieur de la graine. La possibilité de parasiter des graines non fécondées serait un avantage pour un insecte capable de parasiter n'importe quelle graine, fécondée ou non.

Partie IV

Petit manuel d'autodéfense à l'usage des insectes

15

Comment l'insecte survit à l'éphémère

« Certains papillons ne vivent qu'une journée
et en général il s'agit pour eux du plus beau jour de leur vie… »

Philippe Geluck, *Et vous, chat va ?*

Où l'on découvre que les reines de termites tropicaux vivent plus de cinquante ans alors que des éphémères adultes ne batifolent que quelques minutes au-dessus des rivières. Que la larve d'un moustique africain survit à l'état déshydraté pendant des années au fond d'une mare asséchée. Que des cigales forestières nord-américaines ne chantent que tous les dix-sept ans. Que des capricornes peuvent sortir du bois d'un meuble au bout de quarante ans !

Une vie d'insecte est courte, en général

La vie d'un insecte est en général courte, mais l'ensemble de son cycle, de l'œuf à l'adulte mort, peut durer de quelques semaines à quelques dizaines d'années. Dans la plupart des cas, la larve vit plus longtemps que l'adulte, qui assume seulement la reproduction. Sauf quelques rares cas de soins parentaux aux œufs et aux larves (cf. chap. 9), les adultes meurent rapidement, après l'accouplement pour les mâles, après la ponte pour les femelles. Chez de nombreuses espèces, l'alimentation ne se fait qu'au stade larvaire et l'adulte ne mange pas. Chez le papillon bombyx disparate, par exemple, les adultes sont dépourvus de pièces buccales fonctionnelles : ils ne peuvent manger et meurent d'épuisement, le mâle après l'insémination d'une femelle, la femelle après son unique ponte.

Parmi les cycles de développement courts figurent ceux des pucerons, des mouches et des moustiques. La plupart des espèces de pucerons ont recours à la parthénogenèse (cf. chap. 8) : des individus femelles engendrent des individus femelles, sans qu'il y ait fécondation des œufs. La durée de développement de ces générations asexuées de puceron vert du rosier, de la naissance jusqu'à la maturité de reproduction, est de 8 jours à 20 °C. Du printemps à l'automne, près de quinze générations peuvent ainsi se succéder sur les plantes, soit plusieurs centaines de milliards d'individus engendrés par une seule femelle originelle si l'on oublie les facteurs limitants et les ennemis naturels. Le cycle complet de la mouche domestique (*Musca domestica*), de l'œuf à l'adulte, dure une quinzaine de jours. Les adultes vivent moins d'un mois dans la nature. Chez les moustiques (*Culex, Aedes*…), il faut compter 11 à 19 jours jusqu'à l'adulte, puis 3 semaines de survie chez le mâle à 3 mois chez la femelle. Les 2 à 3 jours passés au stade œuf peuvent se prolonger plusieurs mois jusqu'à ce que le gîte de ponte baigne dans l'eau. Chez ces espèces au cycle complet très court, on observe souvent plusieurs générations par an.

Un certain nombre d'insectes ont une vie longue, voire très longue, à l'état de larve, mais courte, voire très courte, au stade adulte. Les adultes de papillons de jour, succédant aux chenilles qui ont grandi pendant plusieurs mois, ne vivent guère plus de quelques dizaines de jours. Les larves des taupins, des hannetons et des cigales, dont les adultes vivent au plus quelques semaines, passent plusieurs années enfouies sous terre. Chez les éphémères, la larve vit jusqu'à trois ans dans les eaux douces, alors que l'espérance de vie de l'adulte ne dépasse pas 1 ou 2 jours ! Lors de la mue de la nymphe à l'adulte, les éphémères perdent d'ailleurs leur appendice buccal et leur système digestif, donc leur capacité à s'alimenter : la courte durée de vie adulte est consacrée à la reproduction. Pour finir, elles sont souvent piégées par les éclairages publics, autour desquels elles tournent en nuées, pondant ensuite vainement sur le bitume éclairé par les luminaires en croyant reconnaître la surface d'un milieu aquatique. La pollution par la lumière polarisée sur des matériaux fabriqués par l'homme (verrières, bâches noires...) constitue un piège écologique d'envergure mondiale pour de nombreux insectes aquatiques.

Chez *Ephoron virgo*, la grande mouche de mai, l'émergence, le vol nuptial, l'accouplement, la ponte et la mort se déroulent en moins de deux heures ! Les femelles fécondées pondent à la surface de l'eau, parfois en se posant, leurs œufs se dispersant dans l'eau sous leurs cadavres flottants... Dans le sud-est des États-Unis, l'éphémère *Dolania americana* détient le record de la vie adulte la plus courte. Après 2 ans de vie larvaire, la femelle ne passe même pas à l'âge adulte mais reste à un stade précoce. Elle n'a que 5 minutes pour se faire féconder puis déposer ses œufs !

Quelques insectes sociaux ont des adultes à vie très longue. La reine des abeilles vit de 2 à 5 ans, et pond continuellement pendant cette période, alors que l'ouvrière ne vit que quelques semaines. Les reines des termites tropicaux *Bellicositermes* vivraient plus de 50 ans. Alors qu'une ouvrière de fourmi noire des jardins (*Lasius niger*) ne vit que 3 à 10 mois, une reine a vécu 30 ans en élevage !

Insectus hibernatus

En réponse aux conditions extérieures difficiles, certains insectes peuvent réduire leur activité et entrer en diapause (cf. chap. 2).

Ça alors ! Vivre au ralenti pour durer

La survie dans des milieux extrêmes (cf. chap. 2) est parfois associée à la capacité à se réfugier dans des formes de résistance relativement inertes. Le moustique *Polypedilum vanderplanki*, baptisé le chironomide dormeur, vit dans des mares temporaires au Nigeria et en Ouganda. Dans la boue du fond des mares, la larve occupe des galeries tubulaires qui s'assèchent fréquemment. Elle résiste en tolérant une déshydratation extrême pour survivre ainsi plusieurs années : elle perd jusqu'à 97 % de son contenu en eau, presque autant que les petits invertébrés tardigrades qui se déshydratent à 99 % !

Ce mécanisme est appelé cryptobiose ou anhydrobiose. Dans cet état, la larve de *P. vanderplanki* est capable de résister à des températures de – 270 °C à + 100 °C, à de fortes irradiations de rayons gamma et même au vide ! Quelques collemboles adultes comme *Brachystomella parva* peuvent perdre beaucoup d'eau et survivre en état de cryptobiose. De même, des spécimens secs mais vivants de la cochenille *Margarodes vitium* ont été retrouvés vivants après dix-sept ans d'archivage dans un musée !

Sous les climats tempérés par exemple, plusieurs espèces hivernent au stade adulte. Ainsi, les vanesses, papillons éclos à l'automne, s'accouplent, puis font une diapause adulte pour passer l'hiver et pondre au printemps suivant. Les papillons citron (*Gonepteryx rhamni*) hivernent puis s'accouplent. Les coccinelles et les chrysopes se regroupent en nombre, l'hiver, dans les maisons. Ils sont peu actifs, ne s'alimentent pas et sont incapables de se reproduire avant le retour du printemps. Ces processus de reproduction cyclique sont liés à la concentration d'hormones régulée par la photopériode (qui baisse en hiver). Les adultes de toutes ces espèces vivent 1 à 2 ans.

Ce sont parfois les larves qui hivernent, et même plusieurs fois pendant leur cycle. C'est le cas d'*Ectobius lapponicus*, une blatte forestière commune dont le cycle de développement dure 2 ans. Chez cette espèce, chaque individu connaît une première diapause au stade œuf durant le premier hiver, puis une seconde diapause au 4ᵉ stade larvaire au cours du second hiver.

Diapause prolongée des larves et records de longévité

Le cycle de certains insectes inclut une étape de diapause prolongée plus d'un an pendant le développement de la larve. La durée du cycle de ces espèces peut être prédéterminée et fixe, avec une diapause obligatoire quelles que soient les conditions, ou variable entre individus d'une même espèce selon leur environnement. Ces phénomènes livrent les cycles de développement les plus longs chez les insectes.

La valeur adaptative de cette diapause prolongée est évidente lorsque les ressources de l'espèce subissent des fluctuations imprévisibles ou ne sont disponibles que très brièvement chaque année (comme dans les régions arides). Dans le Nevada, chez le papillon des yuccas (*Prodoxus y-inversus*), l'émergence d'adultes a été observée après une diapause des chrysalides de 19 ans.

Alors que la plupart des espèces de cigales ont un cycle larvaire de 2 à 5 ans, les cigales forestières nord-américaines *Magicada* ont des cohortes de larves dont les cycles durent 13 ou 17 ans (des nombres premiers !), et comportent évidemment une très longue diapause. Dans une localité, tous les individus de la population émergent de manière synchronisée. Ces cigales cycliques ne sont donc pas audibles chaque année, à la différence des cigales européennes dont les développements individuels ne sont pas synchronisés collectivement, si bien qu'il en émerge chaque année… Cette diapause prolongée pourrait être une réponse à la pression de prédation des guêpes et des mantes. En effet, un prédateur dont le propre cycle de vie dure moins de 2 ans, ne peut pas compter sur une proie dont l'occurrence est si rare…

Certains coléoptères dont les larves forent le bois ont des cycles encore plus longs. Le longicorne *Eburia quadrigeminata* retarde son développement lorsqu'il est piégé dans du bois ouvragé, la ponte ayant eu lieu dans la grume avant la découpe des planches. La faible qualité nutritionnelle du bois sec ralentit alors sa croissance larvaire. Des individus ont émergé d'une bibliothèque en bouleau au bout de 40 ans ! Une larve du coléoptère bupreste *Buprestis aurulenta* s'est lentement développée dans le bois d'un meuble en près de 26 ans !

16

Mutualismes : les plantes domestiquent les herbivores

« À tout jeu, le sort nous triche,
Mais enfin est-on gris, Biribi, on s'en fiche. »
Pierre-Jean de Béranger, *On s'en fiche*

Où l'on découvre des associations plantes-insectes gagnant-gagnant et des tricheurs, des palmiers, des renoncules et des yuccas qui domestiquent des insectes pour être pollinisés en échange d'une pouponnière florale. Des guêpes parasites réduites en esclavage par d'impitoyables figuiers. Des fourmis qui défendent des arbres contre un appartement et des friandises. D'autres fourmis qui installent leur colonie au seuil du chaudron mortel de plantes carnivores.

Les mutualismes déstabilisés par les tricheries

En biologie, le mutualisme désigne une association gagnant-gagnant entre deux partenaires qui en tirent un bénéfice. Les mutualismes sont fréquents dans la nature, mais les conflits d'intérêts potentiels qui opposent les partenaires peuvent rendre ces interactions instables, lorsqu'un partenaire ne résiste pas à la tentation de tirer la couverture à lui. La sélection naturelle favorise en effet tout comportement individuel qui lui permet de transmettre immédiatement ses gènes mieux que ses compétiteurs. Dans ces conditions, les comportements altruistes ne devraient pas être stables.

Certaines études théoriques issues de la théorie des jeux ont abordé le processus pour justifier les comportements altruistes des partenaires d'une symbiose. Prenons un couple de joueurs qui s'affrontent et peuvent décider de coopérer ou de tricher. À court terme, il est logiquement plus intéressant de trahir face à un individu dont on ne sait pas s'il coopérera ou s'il trahira. Après plusieurs générations d'interaction, la stratégie « œil pour œil » prévaut. Si un joueur trahit, le partenaire riposte en trahissant aussi. L'évolution du mutualisme plante-insecte résulte de la riposte des hôtes, une forme de domestication involontaire des insectes parasites par les plantes hôtes. L'apparition de stratégies tricheuses est l'expression la plus évidente du conflit d'intérêts latent entre les partenaires. Pour la plante, une stratégie tricheuse peut être avantageuse si elle permet d'économiser sur la production des récompenses à destination de son pollinisateur par exemple. Les insectes ont conclu des pactes de mutualisme avec des plantes. Voyons quelques couples de mutualistes emblématiques. Dans les quatre premiers, la plante a domestiqué son insecte pollinisateur. Dans les deux suivants, les fourmis défendent leur partenaire végétal contre les ravageurs, moyennant une contrepartie. Chacun des deux partenaires est tenté de tricher à son profit. Nous le verrons par l'exemple.

Des plantes manipulatrices

De nombreux insectes visitent les nectaires des fleurs pour se nourrir mais ce repas exige une contrepartie : l'abeille ou le papillon participent involontairement à la pollinisation des fleurs, en emportant du pollen mâle d'une fleur sur le pistil femelle d'une autre (cf. chap. 25).

Mais il existe des plantes dont les fleurs attirent les insectes pour être pollinisées sans rien offrir en échange. Cette tromperie est ainsi exercée par certains arums dont les fleurs en cône émettent une odeur putride, qui attire les mouches recherchant des matières pourries pour y pondre. Les mouches se chargent de pollen en fouillant le cône, et le déposent dans une autre fleur qui les piège de la même façon.

 La science prémonitoire

En 1891, Alfred Wallace, codécouvreur du principe de sélection naturelle avec Darwin au XIXe siècle, signala l'orchidée *Angraecum sesquipedale* de Madagascar, dont les nectaires floraux se situent au fond d'un éperon de 30 cm de long. Aucun insecte malgache connu n'avait une trompe assez longue pour consommer le nectar en pollinisant la plante, néanmoins Wallace en supposa l'existence. Fort justement, puisqu'un papillon sphinx à très longue trompe, *Xanthopan morganii praedicta*, de l'espèce prédite, fut découvert à Madagascar en 1903...

Certaines plantes ont même poussé le principe plus loin, puisqu'elles ne donnent pas de récompense pour la prestation de dépôt de pollen, et qu'elles font pondre vainement les insectes dupés. En Afrique du Sud, l'odeur de cadavre des *Stapelia* attire les mouches nécrophages, qui pondent dans les fleurs en croyant déposer leurs œufs dans les chairs d'un animal mort. Les asticots qui naissent dans la fleur ne peuvent évidemment se nourrir et meurent de faim. D'autres espèces tropicales d'arums géants (*Amorphophallus*), aux délicates senteurs de viande pourrie, attirent puis emprisonnent temporairement les mouches pollinisatrices dans leurs fleurs en cornets, tapissés de crêtes et autres obstacles. Les insectes déposent leur pollen sur les fleurs femelles, où ils sont retenus pendant plusieurs jours, jusqu'à ce que les fleurs mâles parviennent à maturité et les couvrent de pollen. Les appendices végétaux qui retenaient les mouches prisonnières fanent pour les laisser s'échapper. Les mouches, incapables de tirer la leçon du piège, seront attirées par une autre fleur qu'elles polliniseront à son tour.

Quand la plante domestique son pollinisateur

Le trolle et les mouches chiastochètes

Le trolle d'Europe est une renoncule de montagne pollinisée par de petites mouches du genre *Chiastocheta*. Ces mouches pondent leurs œufs dans les fleurs qu'elles visitent. Dans ce système trolle-chiastochètes coexistent des individus ou des espèces d'insectes mutualistes et des individus ou des espèces tricheurs. Les mouches mutualistes des trolles visitent des fleurs jeunes et participent à la pollinisation. Elles pondent peu d'œufs par fleur et la survie de chaque œuf est grande. Dans les fleurs fraîches, ces mouches mutualistes restreignent leur ponte pour limiter la compétition entre leurs larves. Quant aux mouches tricheuses, elles sont des parasites des trolles. Elles visitent des fleurs déjà fanées et ne contribuent évidemment pas à la pollinisation. Elles pondent beaucoup d'œufs dans chaque fleur et la survie de ces œufs est faible. En modulant la survie des œufs, la renoncule riposte pour sanctionner les mouches qui agglomèrent des pontes excessives sans consentir de service en contrepartie.

Le yucca et les papillons

Un mutualisme analogue est celui des yuccas d'Amérique centrale et des papillons *Tegeticula*.

Les yuccas fleurissent tous en même temps au cours d'une courte période, et doivent être pollinisés par des *Tegeticula*. Les papillons, en même temps qu'ils pollinisent les fleurs qu'ils visitent, y pondent leurs œufs en petit nombre. Les larves se développent aux dépens des graines, puis se laissent tomber au sol pour s'y nymphoser. L'année suivante, les adultes qui émergent partent à la recherche de nouvelles fleurs de yuccas pour y pondre et s'y charger de pollen. Le pollinisateur est indispensable à la survie de l'espèce, mais l'alimentation des larves sur une plante ne profite pas directement à cette plante. Sur un plan strictement évolutif, les individus plantes devraient donc être sélectionnés pour tuer les larves. Toutefois, de nombreuses graines restent intactes, si bien que le bilan global de l'interaction reste positif pour les plantes.

Le figuier et les guêpes

Le figuier commun est une plante à fleurs qui a littéralement asservi ses petites guêpes pollinisatrices. La symbiose entre l'arbre et son pollinisateur a probablement évolué à partir d'une relation arbre hôte-insecte parasite, détournée par les figuiers, qui ont transformé leurs parasites en esclaves !

Une figue est une inflorescence en forme d'outre charnue, renfermant des centaines de fleurs minuscules, et ouverte par un minuscule orifice. Les fleurs situées près de l'orifice sont mâles, toutes les autres sont femelles.

Comme les fleurs femelles sont mûres avant les fleurs mâles, les figues ne peuvent pas s'autoféconder. Chacune doit recevoir le pollen d'une autre figue et a recruté les services d'insectes convoyeurs de pollen, les guêpes blastophages. À chacune des 750 espèces de ficus existant dans le monde est associée une communauté de guêpes blastophages spécifiques, avec laquelle elle a coévolué.

Chargée de pollen, une femelle blastophage fécondée vient pondre dans les figues réceptives, aux fleurs femelles mûres. Elle pénètre par l'orifice, et apporte du pollen à de nombreuses fleurs, pondant dans certaines seulement. Les fleurs qui sont pollinisées sans ponte produisent une graine viable. Dans les autres, la larve de blastophage se développe aux dépens de la graine. Le figuier offre donc une pouponnière pour leurs œufs aux blastophages qui le visitent. Les adultes émergent et s'accouplent à l'intérieur de la figue. Les mâles y meurent, les femelles s'échappent par l'orifice en se chargeant de pollen par frottement des fleurs mâles. Et le cycle continue...

Pour compliquer le système, le figuier de Méditerranée existe sous deux formes : les arbres femelles produisent des graines, et sont cultivés depuis des lustres par les paysans méditerranéens pour leurs figues comestibles, tandis que les arbres mâles, souvent sauvages, ont des fleurs femelles produisant des blastophages et des fleurs mâles répandant du pollen.

Les palmiers tricheurs impunis par le charançon

Le palmier *Chamaerops humilis* a un pollinisateur spécifique, le charançon *Derelomus chamaeropsis*, dont les femelles pollinisent les fleurs en y pondant leurs œufs pour que la larve s'y développe.

Ce pollinisateur est attiré par des composés volatils émis non par les fleurs, mais par les feuilles, un procédé quasiment unique chez les végétaux. Les palmiers femelles sont des plantes tricheuses car elles détruisent les œufs des pollinisateurs. Or les palmiers mâles et les palmiers femelles n'émettent pas le même signal : les plantes mâles en diffusent une plus grande quantité. Les pollinisateurs rencontrent donc plus fréquemment les plantes mâles et les visitent davantage. Mais la composition chimique du signal est tellement variable entre individus que l'évolution d'un comportement de choix sélectif et systématique d'une qualité de signal par le charançon est compliquée. L'incapacité de l'insecte à punir les plantes tricheuses stabilise paradoxalement ce mutualisme...

Le salaire des fourmis vigiles

Arbre échange friandises et chambre contre protection

Nous avons déjà vu des fourmis piégeuses hébergées par des plantes (cf. chap. 12). Les associations protectrices plantes-fourmis sont considérées comme des modèles d'interactions mutualistes, particulièrement structurantes dans les réseaux alimentaires complexes des canopées tropicales. Elles impliquent une centaine de genres de plantes et une quarantaine de genres de fourmis. Comme toute symbiose, elles reposent sur un échange gagnant-gagnant.

Les fourmis défendent la plante contre les herbivores, y compris les plus gros. Les substances volatiles émises par les feuilles endommagées sont souvent attractives pour les fourmis, qui interviennent pour repousser l'herbivore. En Afrique, les éléphants se détournent d'une espèce d'acacia tant ils craignent les morsures des fourmis gardiennes ! Il n'existe aucun cas connu de contre-adaptation des herbivores ayant surmonté la protection des arbres par les fourmis. Les effets de cette protection sont tangibles. Par exemple, sur les feuilles d'un arbre *Leonardoxa* dépourvu de fourmis, la surface grignotée par des insectes herbivores est 7 à 12 fois plus grande que celles des arbres colonisés par les *Petalomyrmex* qui les protègent. Les fourmis protègent également contre les champignons, probablement indirectement, en protégeant la plante contre les blessures, points d'entrée des mycéliums.

Les fourmis vont jusqu'à détruire d'autres plantes compétitrices dans leur proche habitat. Dans la forêt amazonienne existent de petites clairières que les Indiens baptisent « jardins du diable » où ne pousse qu'une seule espèce d'arbre, *Duroia hirsuta*. Comme cet arbre ne dépasse pas 4 mètres de hauteur, ces trouées contrastent avec la haute forêt voisine. L'arbre ne se débarrasse pas de la concurrence par ses propres moyens. Il abrite en fait une colonie de fourmis *Myrmelachista schumanni*, dont les ouvrières éliminent les plantes concurrentes en se servant de leur acide formique comme herbicide. Chaque « jardin du diable » héberge une super-colonie de 3 millions d'ouvrières et de 15 000 reines et peut prospérer huit cents ans.

En échange de leur protection, les fourmis profitent de friandises fournies par des nodules alimentaires spécialisés sur la plante, souvent des nectars concentrés en saccharose, en acides aminés ou en lipides, et d'un logement sur place où elles installent leur colonie. Le HLM préfabriqué pour colonies est souvent un organe creux, des cavités situées dans les troncs creux de *Cecropia* ou de *Leonardoxa*, dans les épines d'acacia, dans les pétioles du poivrier ou dans des poches foliaires spécialisées comme chez les *Hirtella* africains.

Dans le cas de la symbiose entre fourmis et acacias, le service de protection n'est pas effectué sur les fleurs, donc les insectes pollinisateurs peuvent les fréquenter sans être agressés par les fourmis. En fait, une odeur émise par le pollen imite le signal chimique de la phéromone d'alarme des fourmis, ce qui repousse leurs patrouilles, mais pas les autres insectes floricoles.

Les fourmis *Pseudomyrmex* associées à l'acacia « corne de bœuf » en Amérique centrale paraissent dépourvues de l'enzyme nécessaire pour diviser le saccharose du nectar en fructose et glucose assimilables. Mais l'arbre fournit obligeamment les enzymes avec son nectar... Des chercheurs allemands et mexicains ont montré que la réalité est plus perverse ! Il leur paraissait intrigant que la fourmi ait perdu cet enzyme et se prive alors d'autres sources de sucres faciles comme le miel ou la sève. Ils se sont aperçus que les larves de *Pseudomyrmex* produisent normalement l'enzyme, tout comme les ouvrières si leur premier repas n'est pas du nectar d'acacia... En fait, ce nectar contient une substance qui inhibe la fabrication de l'enzyme par la fourmi. Par effet mémoire, une fourmi dont le premier menu comprend du nectar sélectionne ensuite une alimentation sans saccharose. Elle est devenue dépendante du nectar d'acacia. D'une association gagnant-gagnant à la manipulation, voire à l'exploitation de la fourmi par l'acacia, il n'y a finalement qu'un pas...

À l'inverse, certaines plantes sont capables de se venger des fourmis qui abusent de leur hospitalité. La fourmi *Allomerus decemarticulatus*, qui vit dans les poches foliaires de la plante tropicale *Hirtella physophora*, est parfois tentée de détruire les boutons floraux de la plante, car la plante réagit en augmentant sa production de feuilles (donc de poches foliaires !). Or, si la fourmi ravage trop de boutons floraux, la plante la sanctionne en produisant des poches trop étroites pour lui permettre d'y nidifier !

La fourmi vivant dans le chaudron d'une plante carnivore

La plante carnivore *Nepenthes bicalcarata* de Bornéo et la fourmi *Camponotus schmitzi* représentent un cas particulier d'association mutualiste plante-fourmi. La népenthès forme une urne suspendue, partiellement remplie de liquide, piège mortel pour de nombreux insectes, qui glissent le long des parois et se noient dans les sucs corrosifs avant d'être digérés par la plante. La fourmi *C. schmitzi* a établi ses quartiers dans les cavités naturelles de la plante, s'abreuve aux nectars sucrés que la népenthès sécrète à son égard, et prélève quelques-unes des proies piégées, évitant ainsi à la plante l'excès de matière organique et la putréfaction dans l'urne.

Les fourmis paient aussi un modeste tribut en individus sacrifiés accidentellement. En échange de ces services, elles protègent la plante contre les herbivores, en particulier les charançons *Alcidodes* qui forent dans l'urne. Elles ont également été observées en train de pousser dans la piscine fatale des insectes réfractaires ! Les fourmis sont intimement dépendantes du gîte et des ressources alimentaires fournis par la plante carnivore : elles ne vivent nulle part ailleurs. La népenthès est quant à elle capable de vivre sans la fourmi. C'est un mutualisme facultatif.

17

Des parasites à tous les étages

« À l'instar du pou, le coiffeur est un parasite du cheveu. »
Pierre Desproges, *Vivons heureux en attendant la mort*

« Le degré de civilisation d'une société se mesure au nombre de parasites qu'elle tolère. »
Nicolás Gómez Dávila, *Carnets d'un vaincu, scolies pour un texte implicite*

Où l'on découvre que des mouches parasitent le pelage des chauves-souris, le plumage des oiseaux ou la peau du bétail. Que les guêpes parasitoïdes tuent leur hôte à petit feu en le paralysant par une piqûre d'une précision d'anesthésiste. Que des abeilles-coucous pondent dans le nid d'une autre pour fuir leurs responsabilités parentales. Qu'il existe des insectes parasites d'insectes parasites d'insectes parasites. Que des larves de guêpes mâles sont parasites de leurs sœurs qui parasitent elles-mêmes un autre insecte.

Survie ou mort lente de l'hôte : parasites ou parasitoïdes

Le parasitisme est un mode de vie courant chez les insectes. Les parasites et les parasitoïdes en sont les deux types.

Les parasites *sensu stricto* se développent sur ou dans l'organisme de leur hôte sans le tuer, dans un équilibre entre les deux organismes : le parasite ne retirerait en effet aucun avantage de la mort de son hôte.

Ce groupe renferme les ectoparasites qui vivent sur leur hôte. Plusieurs coléoptères, sans ailes et souvent sans yeux, aplatis, dépigmentés, accompagnent des mammifères : *Platypsyllus castoris* occupe le pelage des castors, *Leptinus testaceus* celui des musaraignes et des petits rongeurs. Comme les poux des oiseaux (mallophages), ils consomment les squames, peut-être les sécrétions sébacées, les plumes et les poils, occasionnellement d'autres parasites. D'autres sont armés de pièces buccales perforantes, pour pomper le sang de leurs hôtes : c'est le cas des anoploures (poux de tête et morpions), des puces et de nombreuses mouches. Parmi elles, les Nyctéribiidés vivent sur les chauves-souris, et les hippoboscidés sur les ongulés, comme l'hippobosque sur le cheval, le lipoptène sur le cerf, le mélophage sur le mouton... Ce groupe comporte aussi de nombreux agents de myiases, comme le ver de Cayor (*Cordylobia anthropophaga*) et la lucilie bouchère (*Cochliomyia hominivorax*) sur les plaies du corps humain en Afrique et en Amérique centrale (cf. chap. 29). La mouche tueuse *Wohlfartia magnifica* pond dans la moindre blessure des moutons et l'asticot dévore les tissus vivants. L'asticot du varron, *Hypoderma bovis*, pénètre et circule sous la peau.

Certains insectes sont ainsi de virulents parasites internes (endoparasites). Les larves de *Lucilia bufonivora* investissent les narines du crapaud *Bufo bufo* puis mangent une partie de l'intérieur de sa tête, en le laissant vivant et relativement amorphe ! Les asticots des mouches œstres irritent les fosses nasales du bétail où elles se nourrissent des sérosités. Ceux des *Gasterophilus* migrent du pharynx à l'estomac du cheval, où ils s'attachent par leurs crochets buccaux en supportant une très forte acidité.

Ça alors !

Parasite mais nettoyeur

On trouve les adultes du coléoptère staphylin *Amblyopinodes piceus* accrochés entre les oreilles du rat d'eau sud-américain. Sa larve vit dans les nids du rongeur aquatique. On a longtemps cru que l'insecte vivait en parasite sur les rongeurs, alors qu'il est en fait prédateur de leurs puces et contribue activement au nettoyage de leurs nids !

De son côté, un parasitoïde tue inévitablement (ou presque) son hôte, au cours de son développement. C'est en fait un prédateur spécialisé à vitesse lente ! La majorité des parasitoïdes répertoriés sont des insectes. Au milieu des années 1990, on avait déjà nommé 87 000 espèces d'insectes parasitoïdes, en grande majorité des guêpes (les Braconidae, les Ichneumonidae, les Pteromalidae...)

mais aussi des mouches (les Tachinidae). Les parasitoïdes s'attaquent en majorité à des insectes, à tous les stades de développement. Ils sont très utilisés en lutte biologique (cf. chap. 25). Comme les créatures extraterrestres monstrueuses du film *Alien*, qui détruisent en quelques jours le corps humain, les parasitoïdes dévorent lentement leur hôte. Leur importante diversité résulte d'une panoplie d'adaptations étonnantes.

Ils sont solitaires ou grégaires (un seul jusqu'à plusieurs centaines d'œufs s'alimentent aux dépens d'un seul individu hôte). Chez les guêpes *Braconides apanteles*, parasitoïdes grégaires, plusieurs dizaines de guêpes adultes peuvent émerger d'une seule chenille proie.

Les femelles d'insectes parasitoïdes pondent leurs œufs à l'intérieur ou à l'extérieur de leur hôte. Pour se développer à l'intérieur du corps de leur hôte, les parasitoïdes internes doivent résister à ses défenses immunitaires (cf. chap. 18). Les parasitoïdes externes, en pondant à l'extérieur de l'hôte, évitent ses défenses immunitaires, mais peuvent être délogés plus facilement. Pour réduire ce risque, plusieurs parasitoïdes injectent un venin qui paralyse partiellement ou totalement l'hôte.

Quand les parasitoïdes s'attaquent aux araignées prédatrices

Si la plupart des insectes parasitoïdes s'attaquent à d'autres insectes, quelques-uns choisissent des araignées comme hôtes. Nous mentionnerons trois exemples pour illustrer plusieurs degrés d'implication de la mère chez les mouches ou les guêpes (cf. chap. 9).

Issus d'œufs pondus librement dans le milieu, les asticots de la mouche acrocéride *Lasia corvina* s'accrochent eux-mêmes aux mygales qui circulent. Ils découpent un trou dans le tégument et se fixent dans la cavité pulmonaire de l'araignée. Après que l'araignée a tissé son cocon protecteur en vue de sa propre mue, et à l'approche du dernier stade larvaire, l'asticot absorbe très rapidement toutes les substances nutritives de l'araignée sans épargner les organes vitaux. Il sort ensuite de l'araignée morte pour se nymphoser dans son cocon.

Chez les *Ichneumon*, la femelle pond ses œufs directement sur l'hôte vivant, en domptant temporairement l'araignée avec des caresses antennaires. La larve de guêpe éclose sur l'araignée mobile s'en nourrira pendant que l'hôte continue normalement sa vie. Lorsque la guêpe approche du stade de la nymphose, elle tue définitivement son hôte en exploitant ses dernières ressources et part faire sa métamorphose.

Enfin, les pompiles sont des guêpes solitaires spécialisées dans la chasse d'araignées, qu'elles paralysent et déposent dans leur nid, avant d'y déposer un œuf et de fermer la cellule. Le grand pompile de 5 centimètres de long, *Pepsis heros*, est un spectaculaire chasseur de mygales ; sa tarière de ponte avoisine 7 centimètres. Les pompiles *Auplopus* paralysent leur araignée et lui coupent les pattes, probablement peu confiantes en leur venin paralysant généraliste, puis transportent tranquillement l'araignée en la tenant par les filières.

Tireurs d'élites, conserves alimentaires et arts de la table

Le corps des insectes hôtes constitue un garde-manger à maintenir en bon état de conservation pour réaliser l'intégralité du développement des larves.

Lorsque la femelle paralyse le corps de l'hôte pour faciliter le développement ultérieur de sa larve, son geste exige précision et dosage ! La guêpe *Ampulex compressa* paralyse le cafard hôte de sa ponte en deux étapes. Elle pique d'abord dans le ganglion nerveux thoracique en injectant une faible dose de venin, qui bloque les pattes antérieures de sa victime pendant 2 à 3 minutes. Elle prend ensuite le temps d'une seconde piqûre très précise dans la section du ganglion cérébral qui contrôle les réflexes de fuite. Le cafard est alors converti en zombie, traîné dans un terrier et couvert d'un œuf.

Le dosage du venin, composé de protéines bloquant la réception des neurotransmetteurs, est crucial. Si la femelle injecte trop de venin, la mort est trop rapide et la proie pourrit avant la fin du repas de la larve. Si la dose est trop faible, le réveil de l'hôte peut être fatal à la larve ! Fabre a observé que la tarentule met 7 semaines pour mourir une fois paralysée par le pompile annelé ! Il a aussi constaté que la guêpe *Bembix rostrata* maîtrise mal l'art de la piqûre paralysante des mouches qu'elle apporte à ses larves : elle doit renouveler tous les jours les provisions de diptères qu'elle a tués et non paralysés, pour réduire les nuisances d'une nourriture faisandée ! La femelle de *Bembex* est remarquablement organisée. Une seule larve vit dans chaque nid creusé dans le sable. Quand la femelle part en chasse, elle obstrue l'ouverture du nid. Elle apporte des mouches de taille croissante à mesure que chaque larve grandit, tout en élevant simultanément plusieurs larves d'âges différents !

La ponte de l'œuf est également un tir de précision. L'œuf doit être déposé au point précis où la larve pourra le plus commodément attaquer sa réserve de nourriture. Si on dérange une larve, elle refuse de mordre sa proie en tout autre point que celui initialement choisi. Les larves consomment d'abord les tissus adipeux et savent respecter les organes vitaux tant qu'elles n'ont pas encore atteint leur maturité. Si on donne à un parasite une nouvelle espèce d'hôte, comme une sauterelle éphippigère paralysée par un sphex à une guêpe scolie habituée aux larves de cétoines, elle la consommera sans savoir-faire et la fera pourrir trop vite.

Pour pondre, les guêpes utilisent leur tarière, une longue aiguille creuse située à l'extrémité de l'abdomen, qui perce la cuticule de l'hôte sans l'endommager et expulsent les œufs directement dans les tissus de l'hôte. Les femelles de *Rhyssa*, guêpes solitaires parasitoïdes de *Sirex* xylophages, sont capables de détecter leurs hôtes dans le bois et d'enfoncer profondément leur tarière longue et fine à l'intérieur du tronc pour pondre directement sur le corps d'une larve dans une galerie.

Parasiter un parasite : les hyperparasites

Les parasitoïdes eux-mêmes ne sont pas à l'abri d'être parasités. Jusqu'à trois niveaux de parasitisme emboîtés ont été observés, du parasitoïde tertiaire qui parasite le parasite secondaire, qui parasite le parasite primaire, qui parasite l'hôte. Ces trois niveaux de guêpes parasitoïdes ont ainsi été observés sur la chenille de piéride du chou. Les parasites primaires et tertiaires sont d'ailleurs utilisés comme auxiliaires en lutte biologique, alors que les parasites secondaires sont considérés comme nuisibles !

Ça alors !

Avalé, c'est gagné !

Chez les trygonalidés, hyperparasitoïdes d'autres guêpes, la femelle fait avaler ses œufs par un hôte intermédiaire qui sert de colis-relais. Elle dépose des milliers d'œufs sur le bord de feuilles consommées par des chenilles. Les œufs avalés éclosent dans le corps de la chenille hôte mais le développement des larves ne se poursuit que si la chenille est capturée par une guêpe qui en nourrit ses propres larves. Le trygonalidé achève son développement en parasitoïde externe de la larve de guêpe, puis se nymphose dans un cocon tissé à l'intérieur de la cellule de son hôte.

Dans un cas très particulier d'hyperparasitisme, les guêpes mâles sont des parasitoïdes des larves femelles de leur propre espèce, elles-mêmes parasitoïdes d'un autre insecte ! L'hôte d'un mâle peut donc être sa sœur ou sa tante ! Les femelles d'*Encarsia perplexa*, une guêpe parasite de pucerons aleurodes, et de *Coccophagoides similis*, parasite interne de la cochenille de la vigne, pondent leurs œufs mâles, non fécondés comme chez tous les hyménoptères (cf. chap. 22), dans des larves de leur propre espèce.

Voler l'hôte d'un autre parasite : les cleptoparasites

Les bien nommées guêpes-coucous (Mutillidae, *Chrysis*) et abeilles-coucous (*Sphecodes, Nomada*…) procèdent comme l'oiseau qui pond dans le nid des autres et dont l'oisillon élimine ses concurrents. Elles déposent leur œuf dans le nid d'une autre espèce d'abeille ou de guêpe, dont la loge comporte déjà une proie nourrissante : leur larve se développe en éliminant celle de l'hôte légitime puis en grignotant sa proie.

Les *Chrysis*, qui ont des livrées flamboyantes métalliques allant du bleu au rouge, pondent dans les nids d'abeilles solitaires, au moment de la construction, en profitant d'une absence momentanée. Les femelles pondent couramment plusieurs œufs dans la même loge : une seule larve sortira de la lutte fratricide en dévorant toutes les autres afin de profiter seule de la larve d'abeille ou de guêpes légitime et de sa proie !

Une *Chrysis* parasite la loge des guêpes *Sceliphron*, approvisionnée d'araignées paralysées. Si la larve de *Sceliphron* n'éclôt pas, la larve de *Chrysis* meurt sans toucher aux provisions, comme s'il y avait un ordre rigoureux dans la succession des actes !

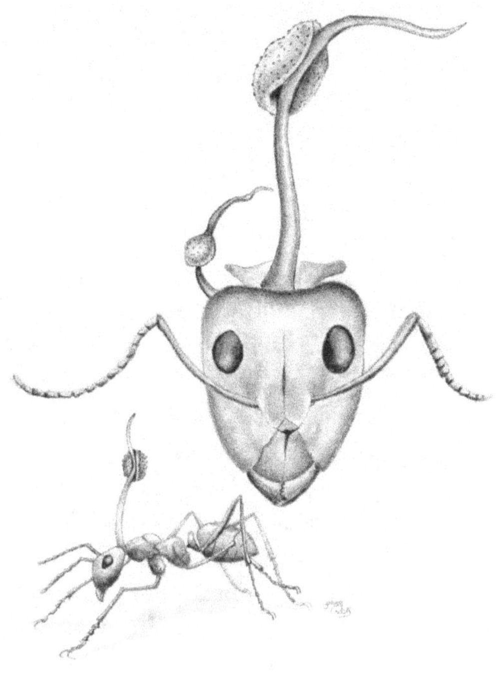

18

Le parasite « intelligent »

Où l'on découvre les stratégies inventives du parasite pour localiser son hôte ou le rejoindre en auto-stop. Que des guêpes parasites utilisent un virus comme arme biologique pour neutraliser l'immunité de l'hôte ou sont dotées d'un équipement de sécurité pour surmonter sa réaction défensive. Que d'autres se servent de leur hôte comme garde du corps ou ouvrier du bâtiment. Que les fourmis parasitées par les mouches phorides n'ont plus la tête sur les épaules. Que des vers parasites transforment les insectes en zombies pour boucler leur cycle.

Localiser son hôte

Un GPS chimique et acoustique

Pour trouver leur hôte, les insectes parasites d'autres insectes usent d'ingénieux procédés d'espionnage chimique ou acoustique.

Par espionnage chimique, certaines guêpes parasitoïdes des œufs de papillon savent reconnaître les femelles papillons qui s'apprêtent à pondre. Le mâle du papillon hôte, la piéride du chou, transmet à la femelle avec laquelle il s'accouple une phéromone anti-aphrodisiaque, qui la rend moins attractive pour les mâles suivants (cf. chap. 7). La guêpe *Trichogramma brassicae* détecte cette molécule anti-aphrodisiaque, qui signale que la femelle est déjà fécondée ; elle grimpe alors sur la femelle de papillon pour la suivre jusqu'à la plante hôte où elle pondra ses œufs. La guêpe déposera ensuite ses œufs dans les œufs de piéride.

Plusieurs femelles de mouches parasites d'insectes chanteurs sont capables de localiser les mâles par leurs appels sonores pour venir pondre sur leur corps : *Colcodamyia auditrix* (Sarcophagidae) repère ainsi sa cigale hôte *Okanagana rimosa*, et *Euphasiopteryx ochracea* (Tachinidae) son grillon *Gryllus integer*.

Certains parasites cherchent même à localiser le meilleur hôte possible. Ainsi, il serait avantageux pour la guêpe *Aphidius colemani*, parasitoïde de pucerons, d'éviter de pondre dans des sites où les coccinelles prédatrices sont présentes. En effet, quand les pucerons parasités sont consommés par les coccinelles, la descendance de la guêpe est anéantie. En fait, il a été démontré que les femelles de la guêpe savent repérer les traces larvaires de coccinelles pour éviter de pondre dans les secteurs à forte densité de prédateurs !

Rejoindre son hôte en auto-stop

Le meilleur moyen d'atteindre une destination est de voyager avec l'habitant. Comme le trichogramme évoqué ci-dessus, la guêpe *Mantibaria manticida*, petite guêpe de 2 mm, parasite des œufs de mante, fait de l'auto-stop sur la femelle de son hôte. Elle se fixe sous l'aile des mantes en vol, près de l'articulation où la mante ne peut l'éjecter. Elle perd alors ses ailes, devenues inutiles, et se nourrit des débris cutanés de l'hôte. Lorsque la mante pond, la femelle *Mantibaria* se dirige vers l'arrière du corps de mante, et va pondre dans les œufs de la mante. De petites guêpes sortiront plus tard de l'oothèque de la mante.

De même, la larve de mantispe, un névroptère qui ressemble à une petite mante, grimpe sur le dos d'une femelle araignée et se nourrit de son hémolymphe en parasite externe, en attendant que l'araignée construise son cocon. Elle est alors aux premières loges pour pénétrer à l'intérieur du cocon et y finir tranquillement son développement… Mais sur les milliers d'œufs, seules quelques larves auto-stoppeuses auront l'opportunité de trouver une araignée femelle pilote !

Chez les larves de coléoptères méloïdes, parasites des provisions accumulées dans les nids d'abeilles sauvages, le comportement d'auto-stoppeur est parfois optimisé par la stratégie de ponte de la femelle. Chez les *Sitaris*, la femelle pond quelques milliers d'œufs à l'entrée de la galerie qu'une abeille sauvage *Anthophora* a creusée au flanc d'un talus et où elle a déposé son œuf sur une provision de miel. Les larves écloses s'accrochent à la toison des abeilles qui sortent les premières des galeries, et s'y maintiennent solidement au moyen de leurs crochets. La plupart sont ramassées par les abeilles mâles qui éclosent les premières. C'est au moment de l'accouplement que les larves passent du mâle sur la femelle. La femelle de l'abeille hôte garnit une cellule de miel et y dépose un unique œuf. Parmi les nombreuses larves accrochées à l'abeille, une seule larve parasite se laisse choir à la fois, en même temps que l'œuf. Le premier repas du parasite est constitué par l'œuf de l'abeille puis il consomme la réserve de miel.

À la différence des *Sitaris*, les larves de *Meloe* naissent loin des demeures des abeilles qu'elles parasitent. Elles doivent se rendre elles-mêmes sur les fleurs fréquentées par les abeilles, pour s'accrocher à l'une d'elles au risque de se tromper d'insecte velu. L'une des espèces a évolué vers un stratagème étonnant ! Les larves du coléoptère méloïde *Meloe franciscanus* naissent suspendues à des plantes perdues dans les régions subdésertiques du sud-ouest des États-Unis. Pourtant, elles se nourrissent du nectar rassemblé par les abeilles solitaires *Habropoda pallida*. Pour rejoindre ces abeilles, elles coopèrent : elles se regroupent en une masse compacte de centaines d'individus qui imite la taille et la couleur d'une abeille femelle. Elles émettent même des phéromones sexuelles semblables à celles de l'abeille. Lorsqu'une abeille mâle est trompée et tente de s'accoupler, les larves s'accrochent à ses poils et repartent avec elle. Quand le mâle s'accouple avec une vraie femelle, les auto-stoppeuses en profitent pour débarquer sur le corps de la femelle, qu'elles quitteront pour s'installer dans son nid, avant de se nourrir de ses provisions et de ses œufs !

Ce mimétisme par coopération entre les larves triongulins de *Meloe* s'établit entre des larves proches, souvent issues d'une même ponte et donc apparentées. Nous verrons plus loin que les comportements coopératifs chez les insectes surviennent surtout entre individus apparentés (cf. chap. 22).

Quand les insectes parasites manipulent leur hôte

Certains insectes parasites manipulent le comportement de leur hôte à leur profit. Ils savent par exemple épargner quelques individus hôtes pour s'attacher leurs services. Aux États-Unis, les mouches *Pseudogaurax* (Chloropidae) parasitent les araignées veuves noires. La femelle pond à l'intérieur du cocon dans lequel sa larve mangera les œufs de l'araignée, tout en prenant bien soin de garder intacts une partie des œufs. La larve de la mouche parasite est en effet incapable de percer le cocon pour en sortir. Elle a donc besoin des jeunes araignées pour ce faire. Comme les jeunes araignées ne mangent pas avant d'avoir quitté le cocon (histoire d'éviter le cannibalisme !), le parasite ne risque rien...

Les insectes se servent parfois de leur hôte comme d'un garde du corps. La guêpe parasitoïde nord-américaine *Dinocampus coccinellae* pond son œuf dans le corps d'une coccinelle *Coccinella maculeata*. La larve de guêpe s'extrait du corps de son hôte sans le tuer et tisse un cocon entre ses pattes. Elle s'y développe à l'abri des prédateurs jusqu'à sa nymphose. Une fois libérée de son fardeau, la coccinelle recommence à se nourrir et peut se reproduire. La guêpe n'a pas tué son garde du corps !

Une autre attitude de vigile est assurée par une chenille hébergeant les larves des guêpes *Glyptapanteles*. La chenille mange et grandit jusqu'au 5e stade larvaire avant de laisser échapper de son corps près de 80 larves de guêpes prêtes à se nymphoser. La chenille toujours vivante se dresse alors dans une posture protectrice au-dessus des 80 cocons et cesse de s'alimenter. Elle remue violemment lorsqu'un petit prédateur comme une punaise approche. La mortalité des cocons est significativement réduite par ce tour de garde. La chenille finira par mourir faute de continuer à s'alimenter.

Les parasites orientent également le régime trophique de leur hôte dans leur intérêt. Le comportement alimentaire des ouvrières de bourdons qui portent une larve de mouche conopide parasitoïde (*Sicus ferrugineus*) est ainsi modifié au profit du parasite. Les bourdons ont en effet tendance à récolter du nectar plutôt que du pollen, la nourriture à base de nectar étant meilleure pour le parasitoïde. De plus, ils passent une plus grande partie de leur temps à butiner dans les prés et retournent rarement au nid.

Enfin, certains insectes parasites transforment l'hôte en ouvrier à leur solde. Au Costa Rica, plusieurs espèces de guêpes (*Zatypota* sp. et *Hymenoepimecis argyraphaga*) dont les larves sont des parasitoïdes des araignées (respectivement *Anelosimus octavius* et *Plesiometa argyra*) sont connues pour modifier le comportement de construction de la toile à leur profit. Après avoir passé quelques jours sur l'araignée, à sucer tranquillement son hémolymphe, elles forcent leur araignée hôte à modifier la configuration de sa toile. L'araignée couvre sa toile d'une couche protectrice et construit une plate-forme de toile renforcée à laquelle la larve de guêpe suspendra son cocon de nymphose sans craindre les dégâts de la pluie.

Des mouches parasites modifient le comportement des insectes sociaux. Les phorides sont des mouches trancheuses de têtes (cf. chap. 11). Elles pondent leurs œufs en les injectant dans le corps des fourmis. Lorsque la larve éclôt, elle se développe à l'intérieur de l'hôte et migre vers sa tête. L'asticot manipulerait alors le comportement de la fourmi pour la forcer à quitter la colonie. Après s'être gorgée du cerveau et d'autres tissus pendant quelques semaines, la larve dissout les membranes qui relient la tête au corps et décapite littéralement la fourmi de l'intérieur. La tête tombe et les mouches adultes s'échappent. Il y a des centaines d'espèces de phorides, chacune ciblant ses fourmis préférées. Même les fourmis les plus petites (2 mm) ne sont pas à l'abri d'une décapitation par des parasites volants miniatures. On a ainsi récemment découvert en Thaïlande une mouche phoride (*Euryplatea nanaknihali*) de seulement 0,4 millimètre de longueur ! Aux États-Unis, la mouche *Pseudacteon tricuspis*, appelée mouche zombie, parasite la redoutable fourmi de feu (*Solenopsis invicta*). Elle est utilisée en lutte biologique contre cette espèce ravageuse et envahissante.

Malgré leur génome réduit (le plus petit chez les insectes !), les strepsiptères, un ordre d'insectes parasites d'autres insectes, ont la capacité de manipuler leur hôte. Plusieurs espèces vont jusqu'à le castrer littéralement. En présence du parasite, les organes génitaux régressent et les caractères sexuels secondaires sont modifiés. Les caractéristiques de l'espèce peuvent être altérées, au point que la transformation du corps liée au parasite a causé beaucoup d'erreurs de détermination. L'énergie ainsi économisée par la suppression des fonctions est allouée aux réserves et à l'activité : la vie des guêpes hôtes parasitées par les strepsiptères *Stylops* est d'ailleurs prolongée, ce qui favorise la réalisation du cycle des parasites. Chez les polistes, guêpes sociales primitives, les ouvrières parasitées adoptent un comportement aberrant : elles désertent le nid et se regroupent sur une aire d'accouplement pour leurs parasites strepsiptères, comme le « lek » de parade collective où se réunissent les mâles de grand tétras. Les larves triongulins, pondues par la femelle directement dans le nid d'un hôte ou sur la végétation, pénètrent dans une larve de guêpe en perforant sa cuticule et se développent ensuite lentement dans le corps de l'hôte sans le tuer, en absorbant des nutriments. Le dimorphisme sexuel des strepsitères adultes est très marqué. Les mâles sont ailés et s'échappent de l'abdomen, mais ne se nourrissent pas et n'ont pas de bouche fonctionnelle. Ils ne vivent que quelques heures pour trouver une femelle de leur espèce et se reproduire. La femelle, vermiforme, reste parasite interne des guêpes adultes. Véritable sac d'ovules, elle est emballée dans des couches de la cuticule de l'hôte pour se camoufler et échapper à ses défenses immunitaires. Elle ne quittera jamais l'abdomen de son hôte. Sur l'avant de son corps, une protubérance sclérifiée pointe hors des derniers segments abdominaux de la guêpe hôte. C'est par cette protubérance, dotée d'un canal génital, que s'opèrent à la fois l'accouplement avec le mâle libre et la ponte des œufs vers l'extérieur.

Guêpes et virus : association de malfaiteurs

Les guêpes parasitoïdes ont domestiqué un virus et inventé la thérapie génique pour réduire à néant les défenses immunitaires de l'hôte. Il existe de nombreux virus utilisant les guêpes comme vecteurs de transmission par injection dans les populations d'insectes. Ces virus ne sont pas infectieux pour la guêpe mais létaux pour les insectes piqués. Lorsqu'une guêpe femelle injecte son œuf parasite dans une chenille, le virus injecté avec finira par tuer la chenille infectée et, par contrecoup, les larves de la guêpe elle-même.

Dans quelques cas, le système guêpe-virus a évolué vers une association pouvant aller jusqu'à la symbiose, les deux parasites collaborant au service de l'évasion immunitaire. Un cas simple implique la guêpe *Diadromus pulchellus,* qui parasite la chrysalide d'un lépidoptère, la teigne du poireau. Cette guêpe injecte avec sa ponte un ascovirus. Or *Diadromus pulchellus* a développé, au cours de l'évolution, des mécanismes ralentissant le cycle du virus dans l'hôte. En effet, lorsque le virus est injecté avec l'œuf du parasite, la liquéfaction des tissus entraînée par le virus se déroule lentement, si bien que le parasite a le temps de consommer les tissus de l'hôte avant leur désagrégation totale et d'achever son développement.

Les associations des guêpes avec des virus peuvent être plus étroites encore, au détriment de l'autonomie du virus, transformé en une véritable arme biologique par la guêpe. Certaines guêpes apportent ainsi avec leur ponte des polydnavirus symbiotiques dont l'expression manipule la physiologie de l'insecte hôte. L'hôte devient immuno-déprimé : sa réaction d'encapsulation de l'œuf par les cellules immunitaires est empêchée (cf. chap. 21). La durée de développement larvaire est allongée et le métabolisme de la chenille est détourné vers la production de sucres absorbés par le parasite.

Dans certains cas évolués, le génome viral est intégré au génome de la guêpe, et donc transmis verticalement à ses descendants. L'association devient alors irréversible pour les deux. La présence du virus est indispensable à la réussite parasitaire de la guêpe et le virus ne peut se multiplier que comme une production génétique de la guêpe. Ces gènes ne produisent plus des virus mais des particules virales, codant par exemple pour les protéines capables d'empêcher l'encapsulation. Plus de vingt gènes codant pour des composants caractéristiques des virus sont exprimés dans les ovaires de guêpes braconides. Mais les particules pseudo-virales délivrent aussi des gènes provenant de la guêpe dans l'hôte parasité. Les guêpes ont donc « domestiqué » un virus pour en faire un vecteur de transfert de leurs propres gènes et pratiquent la thérapie génique depuis 100 millions d'années. De la même façon, les médecins expérimentent la thérapie génique contre la mucoviscidose en transférant un gène sain dans un malade, grâce à un vecteur viral.

Insectes zombies manipulés par leurs parasites

Les insectes infectés par de nombreux parasites présentent des différences de comportement ou de morphologie marquées, comparés aux individus sains. Ces modifications sont souvent adaptatives pour le parasite car elles augmentent la probabilité que ce dernier soit transmis d'un hôte à un autre, ou que ses stades infestants soient libérés dans un habitat favorable.

Vous êtes arrivés à destination !

Plusieurs vers dont les larves sont parasites d'insectes (comme les *Gordius*) poussent les insectes au suicide. Les vers adultes mènent une vie libre dans les ruisseaux et les rivières et se reproduisent dans l'eau. Chaque femelle produit plusieurs millions d'œufs puis meurt. De ces œufs sortiront des larves qui infestent un insecte terrestre. Avalées par un grillon, les larves de *Gordius* se développent dans son corps en dévorant la graisse, les organes reproducteurs, mais sans toucher aux organes vitaux. Les larves doivent ensuite regagner le milieu aquatique à la fin de leur développement. Or, le grillon n'aime pas le milieu liquide. Les *Gordius* parasites manipulent le comportement des insectes hôtes, obligeant ces derniers à se « suicider » en se jetant à l'eau.

Dans le sud de la France, les « plongeons suicides » du grillon des bois (*Nemobius sylvestris*) ont lieu en juillet. Il ne semble pas que les insectes infectés soient véritablement attirés par l'eau. En fait, ils développent un comportement erratique et ne réagissent plus à certains *stimuli* synonymes de danger, comme l'eau. Sachant que les forêts dans lesquelles ce système hôte-parasite évolue sont parcourues de ruisseaux, tôt ou tard l'insecte infecté rejoindra le milieu aquatique. Le parasite adulte émerge donc dans l'eau... Il convient toutefois de se poser la question suivante : pourquoi les larves de ces vers aquatiques ne parasitent-elles pas un invertébré aquatique ?

Comment se faire manger ?

Un autre exemple connu de manipulation du comportement de l'insecte hôte intermédiaire pour la transmission à l'hôte suivant est celui de la petite douve du foie *Dicrocelium dendriticum*, un ver trématode parasite des ruminants. Les fourmis héritent des larves du ver en mangeant les boules gluantes crachées par un escargot infecté, qui avait lui-même avalé les œufs du ver parasite en se nourrissant des excréments du ruminant. Le parasite fait grimper les fourmis au sommet des brins d'herbes jusqu'à ce qu'un mouton les ingère en broutant. Le cycle est bouclé !

Pour boucler son cycle, le ver parasite Cestode *Choanotaenia unicoronata* doit passer d'une fourmi *Leptothorax acervorum* à un oiseau insectivore (un pic). Le parasite manipule la couleur des fourmis qui, de marron sombre, deviennent jaunes, ce qui les rend beaucoup plus visibles par les oiseaux prédateurs. De même, les individus de coléoptères ténébrions parasités par le ver *Hymenolepis diminuta* sont moins rapides, plus lents à se camoufler et donc plus sensibles à la prédation par des rats ou des souris qui sont l'hôte définitif du parasite. En Amérique du Sud, le ver nématode *Myrmeconema neotropicum* va jusqu'à transformer l'abdomen de la fourmi qu'il parasite en une sorte de grosse baie rouge, qui sera gobée par un oiseau frugivore gourmand, hôte final du parasite.

Disséminer plus loin...

Divers champignons *Cordyceps* visent les fourmis. Si les spores du champignon atteignent une fourmi, elles pénètrent dans son corps et la contraignent à quitter son habitat normal sur le sol de la forêt pour escalader un arbre voisin. Le champignon pousse alors la fourmi à s'immobiliser en mordant une feuille avant de mourir. Le champignon émet ensuite une fructification sortant de la tête de la fourmi, et dissémine ses spores depuis ce point haut. Si les spores atterrissent sur une fourmi en contrebas, le cycle recommence...

De même, la chenille du bombyx disparate est fréquemment infectée par un baculovirus : afin de se propager plus largement (par anémochorie), le virus empêche la chenille de descendre de l'arbre selon son cycle habituel. Une étude réalisée par des chercheurs américains en 2011 a découvert que le virus en question produit un enzyme qui désactive l'hormone responsable de la mue de la chenille.

Surmonter les défenses de l'hôte : pas folle, la guêpe !

Les insectes parasitoïdes emploient d'autres moyens que des virus domestiqués pour surmonter les défenses de l'hôte. Voyons successivement comment la diversion, la surprise et les équipements de sécurité en font partie !

L'hôte de la guêpe *Ichneumon eumerus* est la chenille du lycène *Maculinea rebeli*, qui se cache dans une fourmilière de *Myrmica schencki*, nourrie et défendue par ses ouvrières (cf. chap. 21). Pour s'enfoncer sans risque au fond de la fourmilière, la guêpe vaporise des substances qui perturbent la reconnaissance sociale entre fourmis. Les fourmis ne s'identifient plus entre congénères et se battent. Profitant de sa diversion, la guêpe pénètre dans les chambres à couvain pour pondre sur la chenille, et ressortir avant que l'effet des vapeurs ne se volatilise.

Les mouches conopides, comme *Sicus ferrugineus*, pondent en vol sur des ouvrières butineuses de bourdons. À l'affût sur des fleurs, elles agissent vite et par surprise dès l'hôte repéré : elles perforent la membrane intersegmentaire pour y déposer un œuf ; la larve sera parasite interne de l'abdomen du bourdon adulte.

Enfin, la guêpe chalcidienne *Lasiochalcidia igiliensis* parasite la larve de fourmilion, qui trône au fond de son puits conique toutes mandibules dressées (cf. chap. 11). C'est grâce à un équipement de sécurité parfaitement adapté qu'elle vient à bout de son hôte redoutable. La femelle *Lasiochalcidia* dispose en effet de pattes postérieures épineuses et élargies dont elle se sert pour bloquer les mandibules agressives de son hôte, afin de lui déposer un œuf dans la membrane entre la tête et le thorax. La larve de la guêpe se développera ensuite tranquillement dans le corps vivant de la larve de fourmilion.

19

Pour vivre heureux, vivons cachés

« Oh ! Oh ! dit le grillon, je ne suis plus fâché ;
Il en coûte trop cher pour briller dans le monde.
Combien je vais aimer ma retraite profonde !
Pour vivre heureux, vivons caché. »

Jean-Pierre Claris de Florian, *Fables*

Où l'on découvre que certains papillons de nuit brouillent le sonar des chauves-souris prédatrices. Que les grillons muets évitent mieux les mouches parasites que leurs voisins chanteurs. Que des mantes voraces sont déguisées en fleurs pour approcher leurs cibles. Que la phalène blanche du bouleau est devenue noire dans les villes polluées. Que des insectes mimétiques se camouflent en épines, en fientes d'oiseaux ou en feuilles mortes. Que des charançons papous se couvrent d'une cape d'invisibilité faite de mousses.

Dans l'art de la guerre, la stratégie du soldat fanfaron à l'uniforme très visible et accompagné de tambours bruyants pour impressionner l'ennemi a longtemps prévalu sur la stratégie du camouflage pour se rendre moins visible de l'adversaire. Cette habitude permettait aussi la reconnaissance des régiments dans le brouillard du champ de bataille, notamment avant l'invention de la poudre à canon sans fumée ! Le camouflage militaire n'est apparu qu'à la fin du XIXe siècle, lors de la guerre des Boers en Afrique du Sud entre les descendants des colons hollandais et les Britanniques.

Chez les insectes, il avait évolué bien avant. Il existe certes quelques fanfarons qui prennent l'apparence d'un autre et essaient l'intimidation (cf. chap. 20), mais de nombreuses espèces cultivent l'art de passer inaperçues aux sens des prédateurs. Cette discrétion est obtenue par une étroite ressemblance avec le milieu de vie, un mimétisme de protection appelé cryptisme. Ce camouflage est souvent associé à l'immobilisme. Le panorama serait plus évocateur avec l'image, mais tâchons de décrire au mieux ces insectes extraordinaires par les mots.

Prendre la couleur du décor pour passer inaperçu

Pour être moins visibles, certains insectes ont la couleur de leur environnement végétal et minéral : ce mimétisme des couleurs est appelé homochromie (littéralement « même couleur »). Selon le substrat dominant, nombre d'espèces vivant dans le sable sont jaunâtres, vertes dans le feuillage et brunes dans la litière de feuilles mortes. Chez le puceron du pois, des formes roses et vertes coexistent au sein d'une population. Les chercheurs ont démontré le rôle d'une bactérie symbiotique *Rickettsiella* dans la modification de la couleur : les *Rickettsiella* hébergées par les pucerons augmentent la synthèse des pigments verts par un mécanisme inconnu. Comme les pucerons verts sont beaucoup moins consommés que les pucerons roses par les coccinelles, cette symbiose est plutôt utile ! D'autres espèces utilisent les rayures et le bariolage afin d'estomper leurs contours et de rompre leur forme. Ajoutés à l'homochromie, ces dessins rendent les individus moins visibles, comme les chenilles du sphinx du pin aux raies vert clair et vert foncé sur les rameaux d'aiguilles de pin.

La phalène du bouleau, qui existe sous deux formes, claire ou noire, a fourni en Angleterre un exemple célèbre d'adaptation à l'évolution de son milieu naturel par mutation puis sélection naturelle, en appui aux théories de Darwin. Observée à partir de 1848 dans la région de Manchester, la forme sombre y est devenue plus fréquente pour devenir majoritaire (plus de 98 % de la population) au milieu du XXe siècle. La forme sombre est en fait une mutation de la forme claire, rendant les individus moins visibles lorsqu'ils sont posés sur un tronc de bouleau, traditionnellement blanc, mais foncé par la pollution industrielle. Les individus sombres, moins sensibles à la prédation par les oiseaux, ont ainsi vu leur fréquence augmenter. Avec la baisse de pollution, ce mélanisme industriel régresse actuellement.

Les insectes caméléons

Certaines espèces sont capables de modifier assez rapidement leur couleur et d'adapter ainsi leur coloration momentanément à celle du milieu, au moins dans une certaine gamme de variation d'habitats. Un cas bien connu d'homochromie variable en Europe est celui des criquets œdipodes (*Oedipoda coerulescens*) qui prennent momentanément la couleur du substrat gris, roux ou beige. Cette capacité à varier les teintes résulte du déplacement de différents pigments à l'intérieur des cellules pigmentaires. Les cellules épidermiques ont trois pigments : le vert-jaune, le jaune rougeâtre et le sépia ou brun rougeâtre, situés respectivement dans les parties externe, moyenne et profonde de la cellule. Quand ces cellules sont stimulées par des neurohormones spécifiques, les pigments sépia profond migrent verticalement et s'étalent en surface, couvrant ainsi les autres couleurs, d'où un brunissement du corps. Chez le phasme *Carausius morosus*, les changements de teinte s'opèrent également grâce à des migrations de pigments dans les cellules superficielles. Les chrysomèles-tortues américaines *Charidotella ventricosa* savent aussi se faire discrètes : elles passent du doré au brun en moins d'une minute, puis repassent au doré.

Se fondre dans le décor

Prendre la couleur du support peut être complété par l'imitation de l'apparence des éléments de l'environnement, un mimétisme des formes.
Les insectes sont ainsi capables d'imiter différents organes végétaux avec force détails, pour se fondre dans la végétation. La phyllie, mante-feuille de l'Inde et de l'Australie, imite une feuille verte. Il existe également des papillons-feuilles (*Kallima*, *Oxydia*), avec fausses moisissures, fausses nervures, fausses morsures. Parmi les sauterelles-feuilles, *Mimetica incisa* imite une feuille rongée et *Anommatoptera manifesta*, une feuille attaquée par des champignons. En Europe, le névroptère *Drepanopteryx phalaenoides* imite une feuille brunie légèrement abîmée sur les bords. Dans le monde entier, des insectes d'ordres variés prennent la couleur et la forme des feuilles mortes : les criquets américains *Ommatoptera pictifolia* et *Chorotypus gallinaceus*, le papillon *Gastropacha quercifolia* en Europe, la sauterelle *Phylloptera* en Amérique centrale, la mante *Phyllium scythe* en Asie du Sud-Est, avec ses expansions plates (« foliacées ») des pattes, ses épines, son abdomen aplati, les marques de ses ailes simulant des nervures, et sa coloration.

Les plus fameux imitateurs de tiges sont les phasmes. Mais les chenilles arpenteuses des papillons géométrides sont également de fieffées copieuses de branches ! Leur position en bout de rameau et leur immobilité accroissent leur ressemblance avec le support. Si on livre à des oiseaux de volière des chenilles de géomètres et des bâtons, les oiseaux mettent un temps d'apprentissage avant de distinguer les brindilles des chenilles. Certains insectes, comme la chrysalide pointue et incurvée du papillon européen *Anthocharis cardamines*, imitent les épines sur les tiges. Le cocon de la larve de cécidomyie, qui provoque l'atrophie du bourgeon d'épicéa, imite le bourgeon dont il a pris la place.

Les motifs et la texture de l'écorce des arbres, avec mousses et lichens, sont l'objet d'un mimétisme très élaboré par le papillon *Dichonia aprilina* en Europe, la mante *Pogonaster tristani*, effilochée et lacérée, en Amérique centrale, le charançon de Madagascar *Lithinus nigrocristatus*.

Enfin, plusieurs insectes mimes se déguisent en fientes d'oiseau, prenant donc la forme des excréments de leurs prédateurs ! C'est le cas des chenilles d'*Oxytenis modesta* et des charançons *Peridinetus irroratus* en Amérique centrale. Les motifs des ailes du papillon *Macrocilix maia*, qui s'arrête souvent sur des fientes sèches et dégage lui-même une odeur d'excrément, figurent deux mouches qui festoient sur une fiente ! En Amérique du Sud, les membracides *Bolbonota* ont, quant à eux, la forme de petites billes noires sur des feuilles, ressemblant à des crottes peu appétissantes de chenilles herbivores.

Se cacher sous des éléments du décor

Quelques insectes se camouflent en se couvrant d'éléments empruntés à leur environnement. On peut rencontrer des exemples de tels déguisements chez les larves aquatiques de phryganes, parfois appelées porte-bois, et chez les chenilles terrestres des papillons psychides, qui cachent leur corps dans un fourreau. Elles se servent de leur glande à soie, initialement prévue pour concevoir un cocon nymphal, pour tisser un treillis sur lequel elles collent divers objets (graviers, fragments de bois…) afin de se construire un fourreau. Comme les constituants du fourreau sont récoltés dans leur environnement immédiat, le déguisement est forcément localement adapté… Les fausses chenilles de tenthrèdes se griment en limaces couvertes d'un mucus gluant incorporant leurs excréments. Certaines larves de chrysopes se couvrent des cadavres de leur proie (cf. chap. 11).

À côté de ces insectes qui s'habillent de costumes faits d'éléments inertes de leur habitat, d'autres disposent d'un camouflage protecteur vivant en accueillant des symbiontes à la surface de leur corps. Dans les montagnes de Nouvelle-Guinée, les élytres des charançons *Gymnopholus* sécrètent un enduit visqueux qui permet aux spores de champignons, d'algues vertes, de mousses et de lichens de se fixer et de germer, pendant la durée de vie des coléoptères (cinq ans). Des herbivores et des détritivores minuscules (comme des insectes psoques) voire microscopiques (tels les acariens ou les vers nématodes) accompagnent cette flore. De même, les coléoptères australiens *Dryptops phytophorus* (Zopheridae) ont les élytres couverts de lichens.

L'union fait la forme

Le camouflage est parfois une œuvre collective. Un ensemble d'individus d'une même espèce, peu ou non mimétiques lorsqu'ils sont séparés, se regroupent pour ressembler à un modèle végétal, par l'addition de leur forme et de leur couleur. Un groupe de membracides *Umbonia crassicornis*, mimant individuellement une épine grâce à une excroissance sur le dos, s'aligne ainsi sur une tige, pour donner l'illusion d'une branche épineuse. Cette stratégie est aussi adoptée par des fulgorides ou des papillons ressemblant à des pétales, qui se posent en groupe sur une branche pour ressembler à une inflorescence. L'union des mimes fait la ressemblance : une épine seule sur une tige non épineuse et un pétale isolé de toute fleur ne sont en effet pas très crédibles ! La ressemblance peut être optimisée par la combinaison de deux formes individuelles. Chez les cicadelles *Ityrea*, les individus verts et les individus colorés se rassemblent en respectant un arrangement spécifique pour simuler une inflorescence : les verts au sommet pour les fleurs en bouton et les colorés à la base pour les fleurs ouvertes…

Ça alors !

L'hygiène au service de la discrétion

Pour ne pas être détectées, les chenilles nord-américaines de *Calpodes ethlius* projettent leurs crottes à plus de 2 mètres de leur site de développement grâce à la pression dans leur dernier segment abdominal. Éjecter ses crottes à distance leur permettrait d'écarter une partie des indices chimiques grâce auxquels les parasitoïdes et les prédateurs les localisent.

Camouflage acoustique (1) : pour vivre heureux, vivons muets

Dans les années 1970, un entomologiste américain a découvert que des mâles muets du criquet *Gryllus integer* parviennent à se reproduire. En fait, ces mâles satellites se placent à proximité des mâles chantants et interceptent les femelles, qu'ils attirent pour une copulation pirate ! En agissant en silence, ils évitent d'attirer la mouche tachinide parasite *Euphasiopteryx ochracea,* qui localise ses hôtes à leur chant. Les mâles muets s'accouplent donc en étant 5 fois moins parasités que les mâles chanteurs.

La persistance de ces tricheurs dans les populations de criquets s'explique peut-être ainsi : en permettant à certaines femelles de ne pas être parasitées à leur tour lors de l'accouplement, ils permettent à l'espèce de survivre ! Éviter le parasitisme est un avantage significatif. À Hawaï, une mutation apparue sur les ailes de *Teleogryllus oceanicus* en 2003 et empêchant les mâles de chanter, était présente chez 90 % des mâles moins de 20 générations plus tard ! Les quelques chanteurs restants permettent aux mâles satellites de profiter des femelles attirées.

Camouflage acoustique (2) : brouillage de sonar

Certains papillons de nuit ont la capacité de striduler. Les mâles de papillons-écailles, par exemple, sont dotés de timbales émettant des ultrasons pour communiquer avec les femelles. Ces productions sonores semblent également être utilisées pour brouiller le sonar d'écholocation des chauves-souris prédatrices. Des chercheurs ont étudié la réaction des grandes chauves-souris brunes américaines (*Eptesicus fuscus*) aux sons du papillon *Bertholdia trigona*. En suspendant dans une pièce à un fil très fin un papillon privé ou non de ses timbales, ils ont observé que les papillons silencieux étaient plus souvent la proie des chauves-souris que ceux qui stridulaient. Les ultrasons du papillon ne servent pas ici à avertir le prédateur d'un danger d'intoxication (cf. chap. 20), mais ils interfèrent avec le système d'écholocation de la chauve-souris à l'approche. Ces sons sont probablement perçus par les chauves-souris comme de confus retours d'échos, ou comme des émissions d'autres chauves-souris, si bien qu'elles finissent par se désintéresser de cette proie. Il semble que seules les espèces de papillons-écailles qui se métamorphosent en été, lorsque la pression de prédation par les chauves-souris femelles est redoublée pour nourrir les petits, sont dotées du système de production de son, alors que celles du printemps ne possèdent que l'audition (cf. chap. 20).

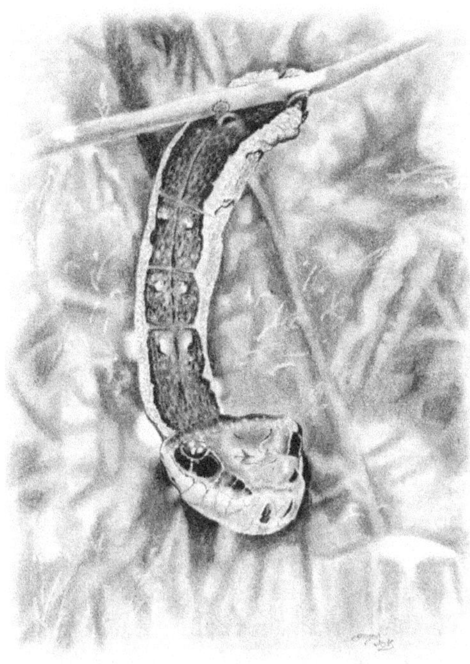

20

Se défendre contre l'agresseur

« Tous les mangeurs de gens ne sont pas grands seigneurs ;
Où la guêpe a passé, le moucheron demeure. »

Jean de La Fontaine, *Fables*

Où l'on découvre que des chenilles fuient le danger en parachute. Que des fourmis se catapultent en claquant des mandibules. Que des insectes inoffensifs miment un cousin dangereux ou une tête de serpent, font le mort ou la tortue, sacrifient une patte ou une aile. Que des papillons de nuit portent un masque de chouette. Que des termites kamikazes se font sauter le caisson pour engluer l'ennemi. Que des abeilles s'agglutinent pour étouffer le frelon assaillant. Que des scarabées pulvérisent des jets toxiques. Que la piqûre de la fourmi-balle porte bien son nom.

Agresser l'agresseur

Mordre et piquer

De nombreux insectes utilisent leurs mandibules acérées ou leurs pattes épineuses comme armes défensives lorsqu'ils sont inquiétés. La plupart se contentent de mordre sans émettre ni produit irritant ni venin. Menacé par un intrus, le termite *Termes panamensis* referme ses mandibules à la vitesse fulgurante de 70 m/s (253 km/h), soit le record de vitesse d'un mouvement musculaire animal ! Les muscles mobilisés occupent la moitié de la tête de l'insecte.

D'autres détournent contre leurs ennemis une arme initialement offensive pour maîtriser leurs proies. Les punaises prédatrices réduves et les bélostomes se défendent au moyen de leur rostre pointu qui injecte une substance dissolvant les proies avant de les aspirer. Les hyménoptères (guêpes, fourmis, frelons…) piquent avec leur dard et injectent le venin de leurs glandes venimeuses. Cet aiguillon, situé à l'arrière du corps, est différent du rostre buccal de ceux qui prélèvent du sang, jamais pour se défendre mais uniquement pour la maturation de leurs œufs ou leur propre alimentation. Une échelle pour jauger l'efficacité des moyens de défense des insectes contre leurs prédateurs a été élaborée par l'entomologiste américain Justin O. Schmidt. Fruit d'une longue expérience personnelle, elle mesure la douleur humaine causée par les piqûres de 78 espèces d'hyménoptères, de 0, pour une piqûre qui ne peut pas pénétrer la peau humaine, à l'indice 4.

Sauf réaction allergique fatale au venin (comme le roi Ménès d'Égypte, décédé suite à une piqûre de guêpe en 2 600 av. J.-C. !), aucun insecte ne peut tuer un être humain. Le niveau 2 comprend la piqûre d'abeille, de la guêpe commune et du frelon. Au niveau 4, figure la piqûre de la guêpe *Pepsis*, paralysant des mygales (cf. chap. 17), dont la douleur féroce mais brève équivaut à celle d'une décharge électrique de haute tension. La piqûre la plus terrible est infligée par le dard de *Paraponera clavata*, la grande « fourmi-balle » (*bullet ant* en anglais), ou « fourmi 24 heures », longue de 2 cm, crainte et respectée en Amérique tropicale. La douleur intense qui irradie dans tout le membre piqué, parfois accompagnée de spasmes, provient de l'association d'une puissante toxine (la poneratoxine) et de l'acide formique. Elle peut durer jusqu'à 24 heures !

L'existence d'un appareil piqueur défensif a été récemment décrite chez un gros longicorne d'Amérique du Sud (*Onychocerus scorpio*). Cet attribut est exceptionnel dans ce groupe et sa conformation est très originale. Chez ce coléoptère long de 3 cm, les deux sexes ont des antennes dont le dernier article a la forme d'une queue recourbée et pointue de scorpion. Pour se défendre, ils projettent violemment leurs antennes en avant sur leur agresseur. Ils lui injectent probablement une sécrétion venimeuse, car la piqûre cause une inflammation cutanée chez l'homme.

Ça alors ! Piéger l'assaillant

Les termites *Zootermopsis* laissent entrer les fourmis ennemies à l'intérieur de leur nid, puis les entraînent dans une galerie en cul-de-sac, où les ouvriers les emmurent prestement avec des boulettes de leur ciment.

Asphyxier et étouffer

Les abeilles menacées par les frelons ont développé deux stratégies de défense rares dans le règne animal : l'asphyxie et la surchauffe.

Au Japon, l'importation de la productive abeille européenne (*Apis mellifera*) par les apiculteurs n'a jamais connu un franc succès. Les frelons locaux en sont de trop redoutables prédateurs ! Pour s'en défendre, les abeilles asiatiques locales (*Apis cerana japonica*) ont développé une technique de combat de groupe réchauffant le frelon jusqu'à le tuer par hyperthermie. Près de 500 uvrières s'agglutinent en boule vivante autour de l'assaillant, puis réchauffent l'intérieur de la boule en battant des ailes jusqu'à élever la température à 45-47 °C. Le frelon, dont la température létale avoisine 44-46 °C, succombe quelques minutes après le début de l'attaque. En revanche, les abeilles, dont la température létale est à 48-50 °C, sont peu affectées par la chaleur.

Les abeilles domestiques chypriotes (*Apis mellifera cypria*) utilisent une technique différente pour parer l'invasion de leur principal prédateur, le frelon oriental (*Vespa orientalis*). La température létale de ce frelon s'élève à 50 °C, comme les abeilles chypriotes, ce qui rend la technique de surchauffe inefficace. La stratégie des abeilles consiste à étouffer l'assaillant, en l'enserrant massivement (entre 150 et 300 ouvrières) et en recouvrant les orifices d'entrée et de sorties d'air, ce qui bloque sa respiration, et empêche ses mouvements respiratoires abdominaux.

Les abeilles françaises, ignorant ces deux techniques défensives, sont décimées par le frelon asiatique, importé accidentellement sur leur territoire en 2004.

Le suicide altruiste des kamikazes

Plusieurs insectes sociaux, des termites et des fourmis, ont adopté un comportement de suicide altruiste pour défendre leur colonie.

Chez *Neocapritermes taracua*, un termite commun en Guyane, les ouvriers, au fur et à mesure qu'ils vieillissent et que leurs mandibules s'érodent et deviennent moins efficaces, se mettent à stocker des cristaux bleus dans des poches non loin des glandes salivaires. Si d'autres termites s'approchent de la colonie, ces ouvriers cols-bleus sont nettement plus agressifs que les jeunes ouvriers cols-blancs et mordent les adversaires. S'ils sont dominés, les cols-bleus se comportent en kamikazes, en se faisant littéralement éclater sur leurs ennemis. Sous l'effet d'une forte contraction musculaire, leur cuticule cède au niveau des sacs bleus, dont le contenu se mélange aux sécrétions des glandes salivaires et crée un cocktail meurtrier qui se déverse à l'extérieur. Les adversaires aspergés sont tués ou paralysés. Les ouvriers éclatés bloquent les tunnels d'entrée de la colonie. Au lieu d'une paisible retraite, c'est donc un suicide altruiste qui récompense le labeur des vieux ouvriers termites !

D'autres termites adoptent ce comportement kamikaze. En général, ce sont toutefois les guerriers, et non les ouvriers, qui assument le suicide défensif. Les soldats du termite asiatique *Globitermes sulphureus* essaient d'abord de défendre la colonie en transperçant les assaillants, d'autres termites ou des fourmis, avec leurs longues mandibules. En cas d'insuccès, ils contractent violemment leurs muscles mandibulaires, compriment la glande du même nom et éclatent en expulsant une substance jaunâtre et poisseuse qui durcit à l'air et immobilise les adversaires, tout en libérant une phéromone qui attire d'autres soldats vers la zone de combat.

Certaines fourmis explosives, véritables bombes chimiques ambulantes, montrent également ce comportement défensif de sacrifice pour la communauté. Quand elle est menacée, la fourmi charpentière *Camponotus saundersi* contracte violemment ses muscles abdominaux au point que les joints intersegmentaires éclatent et libèrent la sécrétion de la longue glande mandibulaire, projetant un liquide collant dans toutes les directions.

En fait, ce suicide altruiste a été observé également chez des insectes non sociaux, mais coloniaux. Le puceron *Quadrartus yoshinomiyai* se développe sur sa plante hôte dans des galles, qui s'ouvrent par un pore pour laisser sortir et disperser les individus matures. Malheureusement, cette ouverture permet également aux prédateurs de lancer leur assaut sur la colonie. C'est sans compter sur la vaillance de braves défenseurs, des femelles stériles, plus âgées et dépourvues d'ailes, dont les organes génitaux sont remplacés par une réserve de cire gluante, qui se colle aux envahisseurs. Elles protègent ainsi les insectes plus jeunes, fertiles, encore confinés à l'intérieur. La présence de ces sentinelles réduit l'entrée des larves voraces de coccinelles de 63 % à 20 % !

Impressionner l'agresseur

Prendre des postures d'intimidation

Face à un agresseur, de nombreux insectes adoptent une posture d'intimidation. Véritables matamores, ils hérissent leurs poils ou d'autres appendices, se lèvent, se gonflent pour paraître plus gros, ce qui leur donne un aspect parfois grotesque, souvent terrifiant, qui surprend, déstabilise, voire fait renoncer. Les coléoptères staphylins qui exhibent leur abdomen se grandissent (et peut-être signalent la présence de glandes abdominales, pour certains). Les mantes se dressent et projettent en avant leurs pattes ravisseuses. Cette attitude relève souvent d'un véritable « coup de bluff » d'espèces inoffensives ! Les grandes blattes souffleuses de

Madagascar ne manquent pas d'air : elles se protègent en émettant des sifflements provoqués par l'air expiré brutalement par les stigmates thoraciques.

Se déguiser en prédateur

D'autres imitent les marques ou les comportements d'autres animaux pour faire croire au prédateur qu'ils sont dangereux : c'est le mimétisme ostensible. Effrayer le prédateur pour ne pas être mangé !

Plusieurs insectes possèdent de larges ocelles, dessins abstraits en forme d'yeux grands ouverts de mammifères ou d'oiseaux, avec iris, pupille, et parfois une tache blanche simulant un reflet lumineux sur cet œil. Très présents chez les papillons nocturnes, comme le grand paon de nuit et les sphinx, les ocelles sont placés sur les ailes inférieures de l'insecte et, au repos, cachés par les ailes supérieures. Ce faux œil, dissimulé en temps normal, est dévoilé soudainement en cas de danger, pour créer un effet de surprise et semer le doute chez le prédateur quant à l'identité réelle de la proie. Ces faux yeux vont par paire et sont en général assez gros, pour suggérer un animal plus impressionnant. Les mantes, comme *Pseudocreobotra wahlbergi*, ont des ocelles sur les ailes supérieures, qu'elles relèvent au-dessus de leur tête en une posture impressionnante.

De nombreuses chenilles exhibent aussi de faux yeux pour faire croire aux oiseaux qui les visent qu'ils sont face à un serpent ou à un autre prédateur. La diversité des couleurs et des formes de faux yeux complique la tâche des prédateurs, qui pourraient rapidement mémoriser le camouflage des chenilles s'il était limité à quelques variations. Il est probable que les oiseaux de petite taille qui se nourrissent de ces chenilles ont le réflexe inné de fuir quand ils aperçoivent des traits suspects pouvant appartenir à l'un de leurs prédateurs.

L'effet dissuasif de la tête de serpent est un stratagème déployé à la perfection par plusieurs chenilles. Quand les chenilles des sphinx du Brésil *Hemeroplanes ornatus* et *H. triptolemus* sont alarmées, arrimées à l'arrière, elles soulèvent et balancent l'avant de leur corps comme le ferait un serpent *Bothrops*, et elles dilatent les deux derniers segments de leur thorax pour faire apparaître deux larges faux yeux. La chenille du sphinx *Pholus labruscae* imite aussi une tête de serpent, avec de larges ocelles thoraciques sombres qui s'ouvrent et se ferment à la faveur des gonflements d'hémocœle ; elle possède en plus un petit appendice, successivement déployé puis rentré dans un orifice, comme une véritable langue de serpent.

Ça alors !

Mimétisme croisé : les insectes imités par les oiseaux

De nombreux insectes imitent donc leurs prédateurs vertébrés pour les dissuader d'attaquer. Des biologistes colombiens viennent de mettre en évidence que le phénomène réciproque existe également ! Les oisillons de *Laniocera hypopyrra*, qui tentent de survivre dans la jungle amazonienne, ressemblent à une grosse chenille poilue et toxique. Leur duvet imite parfaitement les poils urticants, et les oisillons ondulent pour améliorer l'illusion.

Singer un animal qui pique

De nombreux insectes tentent de se faire passer pour de dangereux modèles. Les modèles les plus imités sont les guêpes (singées par les vespimorphes ou sphécomorphes), les fourmis (copiées par les myrmécomorphes) et les araignées (plagiées par les arachnomorphes).

La robe des guêpes, des fourmis, des bourdons sert de modèles à de nombreux usurpateurs. Il s'agirait d'une forme de mimétisme batésien, découvert par le naturaliste Henry Bates au XIXe siècle en Amazonie : une espèce inoffensive prend la forme d'une espèce nocive et profite de la répulsion provoquée par l'espèce modèle pour décourager les prédateurs. La mouche *Volucella bombylans* a adopté les motifs et la pilosité des bourdons. Des longicornes clytes ou leptures, des mouches syrphes ou des papillons sésies ont adopté la mode des raies jaunes et noires typiques des guêpes. Ces insectes copient également le comportement, le vol et la posture des guêpes. Certains recourbent leur abdomen comme s'ils allaient utiliser un aiguillon venimeux lorsqu'on les saisit, alors que ce mouvement est totalement inhabituel dans leurs familles. Même en vol, ailes déployées, le mime copie son modèle : le longicorne *Nothopeus fasciatapennis* mimant la guêpe *Hemipepsis speculifer* à Bornéo a la silhouette et d'identiques taches claires et sombres sur les ailes. Même au repos, les inoffensives tenthrèdes du genre *Athlophorus* adoptent une position de repli des ailes inhabituelle pour leur famille mais voisine de celle des guêpes. *Lissoscarta vespiformis*, une cicadelle, simule une guêpe en situation de menace : ses ailes s'ouvrent alors selon un angle proche de celui d'une guêpe, découvrant sa livrée comparable à la guêpe. Les grands pompiles *Pepsis* chasseurs d'araignées (cf. chap. 17) sont imités par diverses sauterelles Tettigonides sud-américaines, dont l'impressionnante *Scaphura nigra*.

Comme les fourmis sont généralement évitées en raison de leur indigestibilité et de leur agressivité, les myrmécomorphes trouvent avantage à leur ressembler. La famille entière des coléoptères *Anthicidae*, de nombreuses punaises *Miridae*, certains carabiques, comme l'espèce africaine *Eccoptoptera cupricollis*, des mouches, comme *Myrmecosepsis hystrix* de Taïwan, le membracide américain *Cyphonia clavata* (cf. chap. 3) sont mimétiques des fourmis, ou des mutilles, d'autres petits hyménoptères piqueurs ressemblant à des fourmis poilues.

Enfin, d'autres insectes ressemblent à des araignées. Le charançon de Nouvelle-Guinée *Arachnopus gazella* a des pattes longues, se déplace comme une araignée et les trois parties de son corps ont tendance à fusionner, comme chez les araignées. Le papillon thaïlandais *Siamusotima aranea* effarouche ses agresseurs en ressemblant, de face et ailes déployées, à une araignée ! La chenille du bombyx du hêtre (*Stauropus fagi*) fait la synthèse : elle ressemble à une énorme fourmi de profil et à une araignée en position d'attaque de face !

La plupart des mouches Tephritidae ont des ailes transparentes parsemées de taches sombres, dont la plupart ne forment pas de dessin précis. Il n'est pas question ici d'interpréter ces motifs à l'excès, comme les croyants qui aperçoivent Jésus dans les volutes des nuages (on appelle ce phénomène la paréidolie…), mais quand même ! En effet, chez *Goniurellia tridens,* à Dubaï, les deux ailes sont ornées de motifs qui imitent, à gauche comme à droite, la forme d'une fourmi ou même d'une araignée sauteuse ! Cette mouche est donc un animal « 3 en 1 » qui contient à la fois une mouche et un couple de fourmis ou d'araignées ! Cette ressemblance a une fonction défensive. Les araignées ou les fourmis, persuadées d'être face à deux de leurs semblables, sont moins offensives ou moins discrètes, et trahissent leur présence.

Dérouter l'agresseur en faisant diversion

Sans queue ni tête...

En plus de petits ocelles, la partie arrière des ailes de certains papillons (*Thecla, Lalmenus*) porte de fins prolongements pouvant être confondus avec des antennes. L'agencement de ces ornements simule à l'arrière la partie avant de l'animal… Faire passer la partie antérieure de son corps pour la postérieure a deux objectifs évidents : orienter les attaques d'un prédateur vers une partie peu vitale du corps, et s'enfuir dans le sens opposé de celui qu'anticipe le prédateur ! La réussite de l'illusion est améliorée par le comportement du papillon, qui fait vibrer ses fausses antennes comme des vraies en frottant ses ailes, et qui peut marcher à reculons ! Chez le papillon nymphalide *Cyrestis thyodamas,* au repos, ailes repliées et sans ocelles, l'avant, c'est l'arrière et l'arrière c'est l'avant ! La tête est à l'abri lors de la première attaque, ce qui laisse au papillon une chance de survie et la possibilité de s'échapper.

Fuir après une amputation spontanée

Certains animaux pratiquent la mutilation spontanée d'une partie de leur corps pour échapper à un danger. L'abandon de sa queue par le lézard est un exemple bien connu. Chez les insectes, les phasmes assument volontairement l'amputation de leurs pattes saisies par un prédateur, ces dernières repoussant souvent ultérieurement. La diversion peut aussi être créée par l'abandon spontané, non pas d'un vrai appendice, mais d'un déguisement. La réduve de Malaisie *Acanthaspis petax,* grande suceuse de fourmis, se déplace en permanence avec 10 à 20 carcasses vidées fixées sur son dos. En cas d'attaque, elle fuit en abandonnant promptement cette armure naturelle au prédateur. Cette manœuvre de diversion peut lui laisser le temps de se mettre à l'abri !

Faire le mort

Beaucoup d'insectes ne cherchent pas leur salut dans la fuite mais se montrent sous un jour sans intérêt pour le prédateur. Comme les vertébrés insectivores s'intéressent rarement aux proies qui ne sont pas en vie, ces insectes simulent leur propre mort. Cette tactique, baptisée thanatose ou catalepsie, consiste, à la moindre alerte, à replier ses appendices et à se laisser tomber ou rouler sur le dos, en gardant pendant plus ou moins longtemps une immobilité parfaite. La proie devient alors introuvable (combien d'entomologistes ont été déçus par cette ruse !), ou immobile, et n'intéresse plus le lézard ou le crapaud surpris !

Dégoûter l'agresseur

Pulvérisation défensive et tir au canon

Pour décourager l'agresseur, les insectes peuvent compter sur leurs sécrétions répulsives. Plusieurs espèces sont connues pour pulvériser un jet toxique. Le phasme des États-Unis *Anisomorpha buprestoides* dispose de deux glandes défensives dans son thorax desquelles il décharge un jet défensif lorsqu'il est dérangé, par contact ou simplement à l'approche. La sécrétion, lacrymogène et très irritante, est résolument dissuasive contre les insectes prédateurs comme les fourmis et les oiseaux insectivores.

Les coléoptères bombardiers (*Brachinus* sp.) sont des carabiques aptères de 2 cm capables de projeter bruyamment sur leurs prédateurs (fourmis notamment) un liquide corrosif en ébullition. Ce nuage toxique et brûlant est produit dans une chambre d'explosion à l'extrémité de leur abdomen. Dans cette chambre extrêmement résistante à la pression, des enzymes font réagir deux composés (en fait des hydroquinones et de l'eau oxygénée…), sécrétés par deux glandes qui se déversent dans un réservoir relié par une vanne anti-retour avec la chambre. L'explosion produite dans la chambre du même nom ne peut donc qu'être violemment expulsée à l'arrière de l'insecte. Les bombardiers sont capables de tourner leur abdomen très flexible jusqu'à 170° pour l'orienter précisément vers l'agresseur.

Les soldats des termites *Nasutitermes*, aveugles mais dotés d'une sorte de long nez, s'en servent pour viser et projeter un liquide toxique et gluant sur l'ennemi à plusieurs centimètres de distance.

Sécrétion de répulsifs

Les insectes sont capables de rejeter quantité de liquides malodorants et caustiques, répulsifs pour leurs prédateurs éventuels.

Pour expulser leurs sécrétions, ils emploient différents stratagèmes. La chenille de *Papilio hospiton* sort son arme de dissuasion, l'osmeterium, une glande qui dégage une odeur nauséabonde. Les coléoptères méloïdes *Lytta* sp. laissent poindre, par la bouche et par les articulations, un liquide rouge toxique pour les vertébrés (riche en cantharidine, cf. chap. 28). Cette saignée réflexe est également pratiquée par la chrysomèle crache-sang (*Timarcha* sp.), l'orthoptère *Acanthoplus discoidalis* ou la cicadelle cercopide *Prosapia* sp. L'hémolymphe excrété dégoûte les prédateurs car il est chargé de toxines, parfois accumulées à partir des plantes consommées par l'insecte. On pense d'ailleurs que les alcaloïdes neurotoxiques de la peau des fameuses grenouilles dendrobates de Colombie proviendraient, par effet de cascade, de leurs proies coléoptères mélyrides !

Lorsqu'elles sont dérangées, les coccinelles émettent aussi de l'hémolymphe chargée d'alcaloïdes toxiques *via* leurs articulations. D'autres molécules volatiles, synthétisées par l'insecte lui-même, sont associées à ces alcaloïdes et agissent comme signal d'alerte olfactif. Les coccinelles peuvent aussi stocker des composés répulsifs ou toxiques provenant de leurs proies. *Coccinella undecimpunctata* séquestre des toxines cardiaques lorsqu'elle se nourrit du puceron du laurier-rose. Les larves d'*Hyperaspis trifurcata* stockent de l'acide carminique toxique provenant de leurs proies cochenilles.

Comme certains autres animaux, les insectes sont capables de prélever des substances de leurs plantes hôtes pour se protéger. La chenille du papillon monarque *Danaus plexippus* emmagasine les composés toxiques des feuilles d'asclépiade qu'elle mange, ce qui la rend indigeste pour ses oiseaux prédateurs. Les réserves de poison demeurent chez l'adulte après la métamorphose, et continuent à dégoûter les prédateurs imprudents (cf. chap. 9).

De nombreuses plantes produisent des alcaloïdes répulsifs, toxiques pour le foie des vertébrés et mutagènes pour les insectes phytophages (cf. chap. 14). Plusieurs insectes herbivores, comme la chenille du papillon *Tyria jacobaeae* ou les chrysomèles *Oreina*, sont capables d'absorber les alcaloïdes de leur menu sans les activer. Elles les séquestrent et les dirigent vers des glandes qui se chargent de les projeter sur les agresseurs.

Couleurs d'avertissement et mimétisme müllerien

Émettre un signal d'avertissement clairement perceptible pour signaler sa toxicité est une stratégie courante chez les insectes. Ce type de signal, qu'on appelle aposématique, peut être visuel ou sonore. Les couleurs « agressives », rouge ou orange notamment, des coccinelles, des méloïdes mylabres ou des papillons zygènes sont des messages visuels fréquents du caractère toxique de celui qui les porte. Chez les larves de luciole, la luminescence a également cette fonction défensive. Moins courants sont les insectes qui avertissent leurs prédateurs de manière sonore : les chenilles du papillon polyphème d'Amérique (*Antheraea polyphemus*) ont une parure plutôt discrète mais déclenchent un petit bruit sec avec leurs mandibules une fois qu'elles ont été repérées. Le bruit en lui-même n'effraie pas les prédateurs mais avertit que la chenille va régurgiter une gouttelette d'un liquide répulsif ! De même, les adultes des papillons de nuit Arctiidae, dont le goût est détestable, émettent un clic avec leur timbale thoracique que les chauves-souris apprennent à associer à un repas écœurant.

Les entomologistes ont observé de nombreux cas de mimétisme dit « müllerien », un phénomène découvert en 1878 par le naturaliste allemand Müller étudiant les papillons du Brésil : deux espèces venimeuses différentes s'imitent l'une l'autre, adoptent une même apparence, standardisent leurs avertissements et définissent ainsi un code d'alerte universel pour améliorer l'efficacité dissuasive de leur livrée. Les prédateurs apprennent plus vite à se méfier de cette apparence car ils ont peu de modèles différents à mémoriser. On trouve de nombreux exemples de ce processus chez les papillons héliconiidés, ithomiidés et danaïdés sud-américains.

Mimer une espèce toxique

Les couleurs aposématiques d'avertissement délivrent un signal véridique de toxicité, mais certaines espèces proposent des couleurs mensongères pour faire croire qu'elles sont toxiques. Nous avons vu plus haut que de nombreux insectes non dangereux mimaient une espèce modèle dangereuse pour se protéger (mimétisme batésien). Au XIXe siècle, Bates avait observé en Amazonie que certains papillons comestibles arboraient les couleurs et les motifs d'autres espèces toxiques de la famille des Heliconidae naturellement délaissées par les oiseaux. Le mime n'a pas besoin de copier son modèle avec une grande fidélité pour être efficace. Ainsi, les papillons *Biblis hyperia* et *Anartia amalthea* bénéficient d'une protection, bien que n'ayant en commun avec leur modèle non comestible *Heliconius erato* qu'une simple tache rouge sur les ailes.

De multiples couples mimes-modèles ont été répertoriés chez les papillons. Certaines espèces à large distribution géographique s'adaptent aux modèles toxiques localement présents en imitant différentes espèces toxiques. En Afrique, *Papilio dardanus* présente ainsi plusieurs formes selon la présence des modèles à copier, ressemblant ainsi parfois à *Amauris niavius* et parfois à *Danaus chrysippus*. Chez cette espèce, le mimétisme pour tromper les oiseaux est d'ailleurs limité aux seules femelles, le mâle, simple géniteur, étant moins crucial à protéger. Les signaux émis par l'espèce mime inoffensive diffèrent en l'absence du modèle toxique. En Amérique du Nord, *Limenitis arthemis* imite le papillon toxique *Battus philenor* par sa couleur noire très visible. Dans les régions où les *Battus* modèles sont absents, les *Limenitis* mimes ne sont plus noirs mais discrètement colorés en noir et blanc pour être moins visibles des prédateurs.

L'imitation des couleurs d'un cousin toxique pour échapper aux prédateurs n'est pas réservée aux papillons. Le cafard non toxique d'Amérique du Sud *Lucihormetica luckae* arbore 3 taches fluorescentes sur sa carapace, correspondant à des fosses habitées par des bactéries luminescentes, qui brillent à la même longueur d'onde qu'un coléoptère *Pyrophorus* lumineux et toxique vivant dans le même écosystème.

D'autre part, l'imitation d'un cousin toxique ne se cantonne pas à mimer ses couleurs. Dans le désert d'Arizona, lorsqu'il est assailli, l'inoffensif coléoptère *Megasida obliterata* prend la posture de son modèle toxique, le ténébrion *Eleodes longicollis*, qui lève son abdomen pour projeter un jet de liquide irritant.

Faire le gros dos

L'exosquelette rigide du corps des insectes leur fournit une première protection générale contre la dent des prédateurs. Certains, comme les coléoptères byrrhides, rétractent leurs appendices pour se rouler en boule et ne laisser aucun point de vulnérabilité. Chez les coléoptères, les élytres chitineux forment un bouclier sur la face dorsale, mais la face ventrale de leur abdomen est plus fragile. Les chrysomèles cassides ont trouvé la parade avec leur forme de tortue (*tortoise beetles*) : les bords aplatis de leurs élytres les plaquent au substrat et rendent le retournement et l'attaque ventrale particulièrement difficiles.

La tête des insectes est parfois cachée dans un corselet constituant une sorte de casque. Les cochenilles sédentaires, en forme de bouclier plaqué sur leur support, sont proprement inamovibles. Se cramponner fortement est d'ailleurs une stratégie pour éviter d'être renversé et emporté par les prédateurs. La chrysomèle *Hemisphaerota cyanea* résiste ainsi aux fourmis en plantant ses tarses, munis de 60 000 poils adhésifs, sur la feuille de palmier nain où elle vit. Elle peut alors supporter une traction de 150 fois son poids !

Courage, fuyons !

La stratégie de la fuite peut permettre d'échapper au prédateur. La vitesse est alors un facteur de réussite évident. Quand les mouches drosophiles sont pourchassées par des prédateurs, elles virevoltent et changent de cap en moins d'un centième de seconde, soit 50 fois plus vite qu'un clignement d'œil ! La mouche tsé-tsé, championne de vitesse, fait des démarrages fulgurants à 60 km/h, alors qu'une mouche vole en moyenne à 15 km/h. Pour échapper à un prédateur, la fourmi *Odontomachus bauri* claque violemment ses mandibules contre le sol, pour être catapultée jusqu'à une hauteur de 8 cm et une distance de 40 cm ! La vitesse de son claquement de mandibule atteint 64 m/s (soit 230 km/h !). Sur l'eau, le nageur le plus rapide est le gyrin tourniquet, avec une vitesse de 80 cm/s, soit près de 2,9 km/h (750 km/h pour un homme de taille moyenne !), et des manœuvres de virage ultrarapides.

À la fuite en urgence, certains insectes préfèrent un salvateur comportement d'évitement. Au Japon, la chenille de *Scopelodes contracta* se nourrit sur les feuilles d'ailanthe ou de micocoulier et tisse son cocon de nymphose dans le sol. Sa descente le long du tronc de l'arbre est particulièrement dangereuse en raison de la dense circulation des fourmis prédatrices. Pour éviter de mauvaises rencontres, elle coupe le pétiole d'une feuille et se laisse tomber au sol sur cette feuille parachute ! Certaines fourmis arboricoles, comme la sud-américaine *Cephalotes varians* dont la large tête fait office de parachute, sont également connues pour leur habilité à se laisser tomber d'un arbre et à planer. De même, certains papillons de nuit sont capables de détecter en vol l'approche d'une chauve-souris prédatrice et de se laisser chuter brutalement pour éviter d'être croqué. La membrane tympanique du papillon réagit aux ultrasons que les chauves-souris émettent lors de l'écholocalisation.

21

Alerte aux parasites : les insectes ripostent

« L'alcool est la réponse. Je ne me rappelle plus la question. »

Anonyme

« Le suicide ! Mais c'est la force de ceux qui n'en ont plus, c'est l'espoir
de ceux qui ne croient plus, c'est le sublime courage des vaincus. »

Guy de Maupassant, *L'Endormeuse*

Où l'on découvre des larves de mouche pratiquant l'automédication par l'alcool
pour se débarrasser de leurs parasites. Des criquets sauvés d'un pathogène par
la fièvre. Des pucerons infectés qui se suicident pour éviter la contamination
généralisée de leur colonie.

LES INSECTES MOBILISENT une large panoplie de comportements et d'équipe-ments pour se défendre contre les agresseurs et les prédateurs (cf. chap. 20). Pour qu'ils évitent ou éliminent leurs parasites et leurs pathogènes internes, une longue coévolution a sélectionné des mécanismes variés, chimiques, immunitaires ou comportementaux. Le cas particulier de l'hygiène sociale des insectes qui vivent en colonies denses, particulièrement sensibles aux épidémies, sera abordé au chapitre 23.

Les défenses immunitaires des insectes

La cuticule des insectes constitue une barrière physique difficile à franchir par la plupart des microbes. De plus, elle est riche en lipides qui ont des propriétés antimicrobiennes. Pour se défendre contre les organismes infectieux qui ont franchi cet obstacle, les insectes n'ont pas un système immunitaire adaptatif comme les vertébrés, mais un système immunitaire inné plus rudimentaire. Il repose d'abord sur la production de protéines antibactériennes et antifongiques, les défensines, qui sont libérées dans l'hémolymphe. Ces défensines détruisent les bactéries en ouvrant la membrane cellulaire des microbes, mais elles perturbent aussi leur métabolisme. L'absence surprenante de résistance des pathogènes à ces défensines a ouvert un champ de recherche prometteur pour remplacer l'utilisation d'antibiotiques conventionnels chez l'homme. La réponse immunitaire inclut également une réponse cellulaire qui met en jeu trois processus : la mélanisation, la phagocytose et l'encapsulation. La mélanisation est une défense immunitaire majeure chez les insectes. Dès que l'insecte est blessé, une région noirâtre due à la production de mélanine se forme autour de la blessure. Les effets toxiques de la mélanine contribuent à la destruction des pathogènes. Les « cellules sanguines » mobiles de la cavité générale des insectes, les hémocytes, assurent une première réaction de phagocytose, en « avalant » les éléments étrangers de petite taille, puis d'encapsulation en séquestrant les agents pathogènes les plus gros ou les plus résistants dans des amas inertes de cellules. Ce système immunitaire n'a pas le même degré de développement chez tous les insectes. Le génome des abeilles comporte ainsi beaucoup moins de gènes liés aux mécanismes immunitaires que d'autres insectes, comme les mouches et les moustiques. Cette immunité individuelle réduite des abeilles serait compensée par les activités d'hygiène sociale dans la ruche (cf. chap. 22).

L'alcoolisme thérapeutique

À côté du système immunitaire, les insectes savent user de voies thérapeutiques originales. Des chercheurs américains ont récemment démontré que la consommation de denrées hautement alcoolisées, comme les fruits fermentés, par la larve de la mouche du vinaigre (*Drosophila melanogaster*) la « protégeait de » et la « traitaient contre » l'infestation de guêpes parasitoïdes internes (cf. chap. 17). Cette automédication ressemble à notre traitement d'un rhume par un grog... En fait, la larve de drosophile est parfois parasitée de l'intérieur par une larve de guêpe *Leptopilina*. Or la larve de drosophile supporte des concentrations d'alcool plus fortes que son parasitoïde. Grâce à un système enzymatique performant, elle est capable de détoxifier l'éthanol pour tolérer une teneur de 6 % dans sa nourriture, une dose en revanche mortelle pour la larve du parasite.

Cet avantage comparatif de la résistance à l'alcool est employé à deux titres. Sur un plan préventif d'abord : les guêpes pondraient moins d'œufs dans les larves de drosophiles plus alcoolisées. Et sur un plan curatif ensuite : en consommant une alimentation à forte concentration alcoolique, les larves de mouche infestées parviennent à neutraliser leurs parasites et améliorer leur survie de 60 %. D'ailleurs, les larves parasitées ont tendance à consommer davantage d'alcool, sans modération.

Ça alors !

Le criquet a la fièvre pour se désinfecter

Chez les mammifères, l'échauffement du corps par la fièvre en cas d'infection vise à neutraliser les bactéries par surchauffe. Le criquet migrateur américain *Melanoplus sanguinipes* ne fait rien d'autre quand il est infecté par un protozoaire parasite. Sa température interne est alors plus forte de 6 °C que sa température en l'absence d'infection. Certes, cette hausse de température affecte sa croissance, mais elle augmente sa survie par résistance au parasite. Le bénéfice net de cette fébrilité est donc plutôt positif !

Recruter un mercenaire pour assurer sa défense

Les lycènes sont de jolis petits papillons de jour bleus au cycle de vie original. 18 000 espèces de lycènes sont associées à des fourmis. Les chenilles de *Maculinea*, par exemple, après s'être nourries d'un peu de nectar, attirent des fourmis rouges *Myrmica* en sécrétant des sucres imitant ceux de la fourmi. Elles sont alors ramassées par les fourmis et amenées dans la fourmilière, où elles adoptent le comportement d'un « coucou » des fourmis. Les chenilles des espèces de lycènes les plus primitives sont prédatrices des œufs de fourmis, les plus évoluées se font nourrir de larves de fourmis découpées en rondelles par les fourmis elles-mêmes. En sus du couvert, les chenilles bénéficient de la protection des fourmis. Contrairement aux autres papillons de jour dont les chenilles vivent en plein air, les *Maculinea* sont attaqués par très peu de guêpes parasitoïdes (cf. chap. 18 pour *Ichneumon eumerus*, qui a trouvé la parade). La chenille est en effet à l'abri et vigoureusement défendue par les mercenaires fourmis.

Le suicide prophylactique

Tout comme le suicide altruiste est une technique de défense contre les prédateurs chez les termites et les fourmis (cf. chap. 18), le suicide adaptatif peut être conçu comme un sacrifice individuel pour éviter la transmission du parasite à la parentèle. Ainsi, les pucerons du pois *Acyrtosiphon pisum* parasités par la guêpe *Aphidius ervi*, et la chenille de *Chlosine harrissii* parasitée par une guêpe braconide, se laissent tomber de la plante hôte pour s'écarter des autres individus de la colonie ou de la ponte. Lors de l'attaque d'un groupe de fausses chenilles de tenthrèdes *Perga*, on a observé qu'une larve héroïque se sacrifie en mordant la tarière de ponte de la guêpe assaillante pour la neutraliser. Enfin, les ouvrières de bourdons parasitées par des mouches Conopidae (*Sicus, Physocephalus*) retournent moins au nid que les ouvrières saines. Ce comportement protège la colonie d'une contamination massive, mais il assure aussi la dispersion du parasite…

Partie V

« Un pour tous, tous pour un » : l'union fait la force

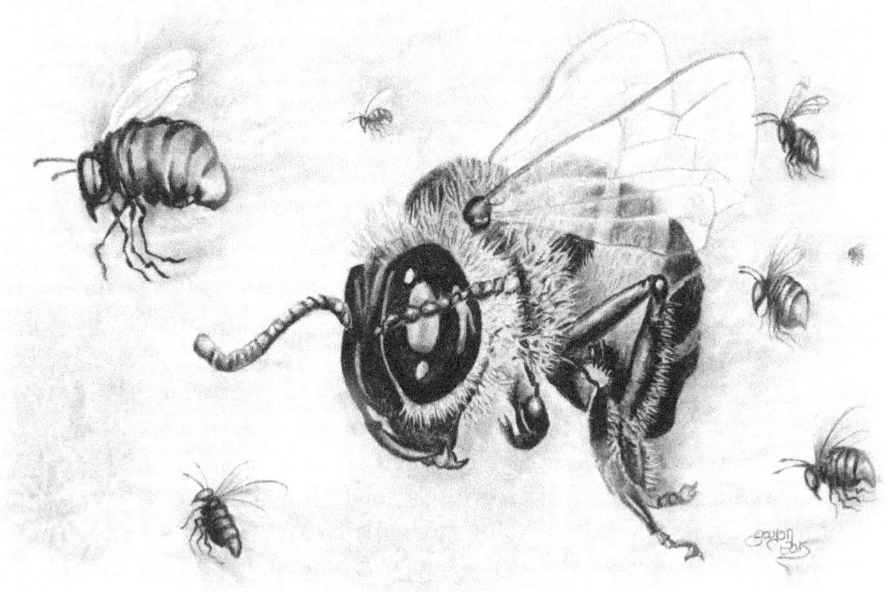

22

Ensemble, c'est mieux

« Les individus égoïstes triomphent toujours des individus altruistes
mais les groupes d'altruistes triomphent toujours des groupes d'égoïstes. »

Edward O. Wilson, *La conquête sociale de la Terre*

Où l'on découvre que les larves de plusieurs insectes herbivores font la ronde
en troupeau pour dérouter les prédateurs. Que les communautés familiales des
scarabées passalides communiquent dans le bois mort grâce à une quinzaine de
signaux acoustiques. Que les ouvrières fourmis assurent mieux la perpétuation
de leurs gènes en restant vierges et en élevant leurs sœurs. Qu'une colonie de
bourdon ne dure qu'une année.

L ES INSECTES MONTRENT divers degrés de coopération et de vie sociale, qui diminuent les coûts de la reproduction et de la survie et bénéficient à l'acquisition des ressources ou à la résistance à la prédation.

Des insectes grégaires et coloniaux aux insectes communaux et sociaux

De nombreuses espèces, larves ou adultes, adoptent un comportement de regroupement en réponse aux changements de leur environnement, pour se défendre face aux prédateurs ou pour assurer un mimétisme collectif (cf. chap. 19). Ce comportement peut évoluer durant la vie d'un individu. Chez le criquet pèlerin (*Schistocerca gregaria*), deux formes d'individus se succèdent : une forme solitaire et une forme grégaire, souvent migratrice et dévastatrice (cf. chap. 24). Dans certaines conditions environnementales, les criquets solitaires deviennent grégaires, se rassemblent en nuées, ce qui stimule la production d'hormones, amplifiant les changements de comportement (vols longs) et de forme (couleur).

Ça alors !

Les troupeaux de larves herbivores font la ronde

Pour se défendre des insectes prédateurs, certaines larves d'insectes se rassemblent en cercle, comme les troupeaux de vertébrés herbivores face au loup. Les larves de plusieurs insectes tropicaux vivant sur les feuilles, des coléoptères chrysomèles, des charançons (*Phelypera*), des mouches cératopogonides, des hyménoptères tenthrèdes (*Perga*), des papillons saturniides (*Lonomia*), pratiquent ce comportement, baptisé cycloalexie. À l'approche d'un danger, les larves ainsi placées en anneau, leur tête ou leur abdomen à la périphérie, prennent des postures de menace de façon coordonnée. Les larves de la chrysomèle asiatique *Aspidimorpha miliaris* secouent ainsi les peaux vides des mues précédentes qu'elles portent au bout de l'abdomen.

Les tenthrèdes *Perga* montrent un altruisme réciproque : les larves plus âgées forment le cercle, les jeunes larves étant protégées au milieu. Lorsque ces dernières grandissent, elles prennent position à la périphérie. En cas de danger, les larves qui s'étaient dispersées pour manger communiquent en tapant la feuille avec l'extrémité de leur abdomen pour se rassembler. Chez les chrysomèles *Coelomera* du Brésil, quand les larves grandissent, un grand cercle se subdivise en deux petites rondes pour rester efficace.

Dans les sols sablonneux, des abeilles sauvages « solitaires », comme certaines andrènes ou *Dasypoda hirtipes*, ont tendance à implanter des bourgades de nids, côte à côte mais individualisés. Les blattes ont également souvent un penchant grégaire et possèdent d'ailleurs de nombreuses glandes céphaliques sécrétant des phéromones de communication. En automne, de nombreuses espèces de coccinelles migrent pour former des amas pour l'hiver. Ces agrégats ont tendance à se retrouver aux mêmes sites d'une année à l'autre, ce qui suggère l'intervention de phéromones d'agrégation dans ce comportement. Fréquemment, plusieurs espèces de coccinelles se retrouvent dans la même congrégation.

Un exemple de vie commune est fourni par les espèces coloniales, qui ont un site d'élevage communautaire. Plusieurs coléoptères scolytes disposent ainsi d'un site d'élevage partagé par plusieurs femelles, mais les soins à la progéniture demeurent individuels et non mutualisés. Dans les cas plus évolués, l'existence de ce nid sera un facteur de socialisation important.

Les premiers cas simples de socialité primitive sont livrés par les espèces qui apportent des soins à leurs œufs et à leurs larves (cf. chap. 9). De tels comportements parentaux, avec soins maternels approfondis et communication entre parents et larves, ont été décrits chez les scarabées bousiers *Copris* et chez les hémiptères membracides. Chez les 200 espèces tropicales d'embioptères, les individus se regroupent dans des tunnels de soie tissés sur des écorces ou dans le sol. La femelle des embioptères clotothides protège ses œufs avec de la soie et des détritus, et nourrit ses larves par régurgitation. Les passalides sont des scarabées qui vivent dans le bois mort des forêts tropicales. Ils sont monogames et coopèrent à la construction et la défense d'un réseau de galeries alimentaires dans le bois pour les larves. Les parents préparent de la pulpe de bois prédigérée pour les jeunes larves et les aident lorsqu'il s'agit de construire une coque de nymphose. Les générations se superposent dans les galeries : parents, larves et jeunes adultes de la première génération cohabitent. Les jeunes adultes aident même leurs parents au soin des larves plus jeunes et à l'entretien du réseau de galeries. Larves et adultes communiquent en émettant une quinzaine de signaux acoustiques, soit davantage que bien des vertébrés !

La coopération pour les soins aux jeunes dans un espace commun, surtout entre femelles, est le propre des espèces dites communales. C'est le cas de coléoptères nécrophages *Nicrophorus* (cf. chap. 9), dont plusieurs femelles transportent et enterrent des fragments de cadavres de gros animaux dans une loge partagée. L'absence de spécialisation des tâches limite cette socialité primitive.

Les avantages de la vie en vraie société sont, entre autres, la protection face aux prédateurs et la répartition du travail. Cette socialité vraie (ou eusocialité) est atteinte chez les insectes remplissant trois critères biologiques. Tout d'abord, les rôles sont divisés, avec spécialisation des individus en castes de morphologie et de comportement différenciés : les soldats, les ouvrières, les reproducteurs… La reproduction dans la société peut être dédiée à certains individus seulement. Le sacrifice assumé par les individus qui ne se reproduisent pas est un « altruisme reproductif ». En second lieu, au moins deux générations d'adultes se superposent dans une même société, les descendants assistant leurs parents pendant au moins une partie de leur vie. Enfin, l'élevage de la progéniture est effectué en coopération. On trouve des espèces d'insectes pleinement sociaux, dont les sociétés comportent une reine, chez seulement deux ordres d'insectes sur trente : certains hyménoptères (abeilles, fourmis et guêpes) et l'ensemble des 2 600 espèces de termites.

La famille, aux racines de la solidarité sociale ?

La plus forte propension à la socialisation est observée chez les hyménoptères, qui ont inventé de façon indépendante la socialité évoluée à douze reprises au cours de l'évolution. 100 % des fourmis, environ 20 % des abeilles et certaines guêpes sont sociales. Chez les abeilles, les guêpes ou les fourmis, il existe, à côté de quelques reines reproductrices, des milliers de femelles ouvrières, stériles, dont le rôle consiste à élever leurs sœurs. Les soins aux jeunes par les ouvrières sont souvent décrits comme un profond paradoxe évolutif. Pour expliquer l'apparition de cette solidarité sociale, les scientifiques ont mis en exergue l'importance de l'apparentement entre individus pour justifier l'altruisme réciproque. Les unités sociales sont en effet des unités familiales.

Selon le biologiste Hamilton, la valeur sélective globale d'un individu n'est pas seulement proportionnelle à son succès personnel en matière de reproduction, mais également à celui des tiers qui lui sont apparentés (et donc génétiquement proches). Or les hyménoptères se distinguent par un curieux mécanisme de détermination du sexe (cf. chap. 8). Les mâles sont issus d'œufs vierges (héritant d'un seul exemplaire de chaque gène de la part de leur mère) qui se développent par parthénogenèse. Les femelles sont issues, elles, d'œufs fécondés (héritant de deux exemplaires de chaque gène, un du père et un de la mère). Cette forme de sexualité implique des asymétries dans les coefficients de proximité génétique de leurs arbres généalogiques. Primo, une mère partage 50 % de ses gènes avec ses enfants (fils ou filles), le père 50 % de ses gènes avec ses filles. Secundo, les ouvrières partagent 75 % de leurs gènes avec leurs sœurs. Les ouvrières sont donc plus proches de leurs sœurs (75 %) que de leurs filles éventuelles (50 %). Ce constat a conduit Hamilton à formuler la théorie de la sélection de la parentèle, selon laquelle les ouvrières parviennent mieux à assurer, indirectement, la perpétuation de leurs gènes dans les générations futures en restant vierges et en élevant leurs sœurs qu'en se lançant elles-mêmes dans l'aventure de la reproduction.

Conflit d'intérêts entre la reine mère, ses filles et leurs frères

Comme les reines ont le même coefficient de parenté (50 %) avec leurs filles et avec leurs fils, elles ont avantage à avoir une proportion équilibrée des deux sexes dans leur descendance pour optimiser leur succès reproducteur. En revanche, les ouvrières sont génétiquement plus proches de leurs sœurs (75 % de gènes communs) que de leurs frères (25 % de gènes communs). Si elles sont capables de reconnaître le sexe des larves pondues par leur mère, et dont elles doivent prendre soin, elles ont intérêt à investir davantage d'énergie dans l'élevage de leurs sœurs que dans celui de leurs frères.

De fait, des actes fratricides sont communs chez les fourmis où la proportion des sexes est naturellement très déséquilibrée. Dans une fourmilière, une forte proportion des larves mâles est détruite dès l'éclosion de l'œuf. De plus, en cas de situation critique, les ouvrières placent en priorité les cocons femelles à l'abri. D'autre part, les ouvrières s'investissent trois fois plus dans l'élevage des femelles que des mâles.

Ces sociétés d'insectes, où semble régner une harmonie laborieuse fondée sur le partage du travail, sont en fait le théâtre de luttes fratricides vouées à favoriser la parentèle la plus proche. La théorie de la sélection de parentèle repose toutefois sur le postulat que deux sœurs possèdent une proximité génétique plus grande qu'avec leur propre descendance. En réalité, le degré d'apparentement entre les ouvrières d'une colonie est plus faible que ne l'explique ce schéma ; en effet, la reine s'accouple avec plusieurs mâles dont elle mélange les spermes pour féconder ses ovules. Chez *Formica exsecta*, les entomologistes ont mesuré une différence d'apparentement entre frères et sœurs bien moins forte que le modèle simple ne le prévoit. Par voie de conséquence, ils ont également constaté que les ouvrières n'éliminent pas les larves mâles…

Comme l'apparentement entre sœurs est diminué par les infidélités des mères, d'autres mécanismes biologiques et écologiques, complémentaires à la sélection de parentèle, ont été recherchés pour expliquer l'évolution de l'altruisme et l'origine de la socialité chez les hyménoptères. L'existence d'un nid parfois pérenne et les mœurs d'approvisionnement des larves par les adultes ont été invoqués.

Par ailleurs, la sélection de parentèle n'explique pas le développement de la vie sociale dans l'autre grand groupe d'insectes sociaux. Les termites ont en effet une reproduction sexuée classique, sans parthénogenèse. Leurs sociétés comportent des individus stériles, sans ailes, soldats ou ouvriers chargés de l'aménagement du nid et de l'approvisionnement, et un couple de reproducteurs (un roi et une reine). Le fait que les termites habitent un nid pérenne dans des écosystèmes difficiles (savanes…) a pu les prédisposer à la vie sociale. Le précieux nid pouvait être hérité sans heurt par les générations suivantes, pour abriter le groupe et améliorer la survie des individus. D'autre part, la nécessaire transmission des symbiontes digestifs entre individus (de la mère aux jeunes par ex. ; cf. chap. 10) a peut-être facilité la socialisation des échanges entre individus.

Monarchie féminine et contrôle de la reproduction des ouvrières

En accord avec les prédictions théoriques, la plupart des sociétés d'insectes n'ont qu'une reine dans chaque colonie. Dans la nature, de nombreux cas de figure coexistent. Les ouvrières non fécondées mais dont les organes génitaux ne sont pas stériles peuvent pondre des œufs mâles. Cette reproduction parasite des ouvrières est toutefois strictement limitée par la reine, par inhibition chimique (cf. chap. 23) mais aussi par destruction active des rares œufs d'ouvrières. Chez l'abeille, les ouvrières se réfrènent de pondre (moins de 1 % se laissent tenter) et se policent mutuellement en dévorant les œufs des autres ouvrières. Chez l'abeille du Cap, les ouvrières pondeuses sont exécutées par leurs paires comme des vestales ayant trahi leur serment de virginité !

Chez certaines espèces de fourmis, comme la fameuse fourmi de feu *Solenopsis invicta*, plusieurs reines coexistent dans une même colonie. En revanche, chez *Cataglyphis cursor*, lorsque la reine disparaît, la reproduction dérégulée de nombreuses ouvrières entraîne une dislocation de la vie sociale. Chez *Platythyrea punctata*, espèce clonale dont les ouvrières peuvent donner des femelles fertiles par parthénogenèse, il n'y a pas de conflit génétique lié à la différence d'apparentement entre descendants des femelles et des ouvrières. Mais toutes les ouvrières ne se livrent pas à une reproduction débridée, qui réduirait les forces vives disponibles pour élever le couvain. Seules persistent alors dans la colonie une ou deux ouvrières fertiles, toute autre ouvrière qui tenterait de se reproduire étant soumise à l'agressivité des membres de la colonie !

Bourgades, colonies et sociétés chez les abeilles sauvages

On trouve tous les degrés de vie sociale chez les abeilles sauvages. Les espèces solitaires pondent dans des nids isolés, les espèces grégaires se réunissent dans des bourgades, d'autres font des pontes communes, coloniales ou communales, chez lesquelles deux générations sont impliquées, et d'autres enfin s'organisent en sociétés primitives ou évoluées, intensifiant les rapports entre les adultes et leurs descendants. Dans certaines colonies à socialité primitive, une des femelles domine et pond, tandis que les autres remplissent le rôle de butineuses, de récolteuses ou de gardiennes, sans différence morphologique de caste. Chez *Lasioglossum marginatum*, un petit nid avec quelques cellules est fondé par une femelle fécondée avant l'hiver. La jeune reine vivra cinq ans et sera entourée d'un nombre croissant d'ouvrières filles (jusqu'à 130 la dernière année), morphologiquement identiques à elle mais ne vivant que douze mois.

C'est à l'automne de la dernière année que des mâles sortent du nid. Leur comportement reproducteur est déclenché par leur sortie, de sorte qu'ils ne peuvent féconder les femelles de leur propre nid. Quant aux bourdons, ils font des colonies annuelles, comme les guêpes communes, avec une reine qui ne vit qu'une saison, des ouvrières stériles et des mâles. Au printemps, la reine fécondée fonde une nouvelle colonie en réalisant seule toutes les tâches. Dans un terrier abandonné ou une cavité d'arbre, elle construit quelques premières alvéoles, y pond des œufs, récolte du pollen et du nectar pour nourrir les larves de la première génération d'ouvrières. Après leur émergence, la reine peut se consacrer exclusivement à la ponte. À maturité, sa colonie est composée de quelques centaines d'ouvrières. Pendant l'été, des reines vierges et des mâles sont produits par la colonie, et essaiment pour s'accoupler. Les ouvrières et la vieille reine meurent à la fin de l'été, tandis que les jeunes reines fécondées se préparent à hiverner.

Chez l'abeille mellifère, la reine vit plusieurs années, sa colonie compte plusieurs centaines de milliers d'ouvrières et la société est complexe. Nous la décrirons plus précisément au chapitre suivant. De façon générale, plus la vie sociale des abeilles et des fourmis est évoluée, plus la fécondité de la reine augmente et plus le polymorphisme entre castes est accentué.

23

L'anarchie bien ordonnée
des sociétés d'insectes

« Que sont les fourmilières ? […] Des démocraties excellemment conçues, sagement
organisées, des républiques saines, loyales, tolérantes et honnêtes où personne ne
commande, alors que tous obéissent […] aux lois de la nature. »

Géo Favarel, *Démocraties et dictatures chez les insectes*

Où l'on découvre que la reine abeille stérilise ses ouvrières avec un contraceptif
olfactif. Que les abeilles assainissent le nid avec des résines végétales antiseptiques.
Que les fourmilières comportent cimetières et dépotoirs externes. Que des
fourmis esclavagistes kidnappent les ouvrières d'autres espèces. Que les fourmis
se nourrissent mutuellement grâce au bouche-à-bouche, donnent la becquée à des
scarabées pique-assiette infiltrés. Que des ouvrières sédentaires se transforment
en bonbonnes à miel. Que des fourmis-vampires sucent le « sang » de leurs larves.

Des individus hyperconnectés

La coordination des comportements et la cohésion dans une colonie de plusieurs millions de membres requièrent des interactions fréquentes et des processus de communication très développés.

La communication chimique est primordiale chez les insectes sociaux. Les fourmis sont de véritables usines chimiques, et disposent de près de 40 glandes (contre 21 chez l'abeille). Les généticiens ont récemment montré un développement important de leurs gènes de récepteurs odorants : 300 à 400 gènes, contre 10 chez le pou, 50 chez la drosophile et 165 chez l'abeille. Chez les mâles, qui ont une vie sociale peu développée et une durée de vie très courte, le nombre de récepteurs est d'ailleurs beaucoup plus faible.

Les glandes produisent des molécules actives à tous les moments de la vie. La trentaine de substances actives produites par les glandes mandibulaires de la reine maintient les ouvrières groupées et tranquilles, joue un rôle contraceptif en entravant le développement de leurs ovaires et inhibe la construction des cellules royales. La reine, même morte, attire les ouvrières, qui la lèchent régulièrement. Ces phéromones attirent également les mâles et facilitent l'accouplement. Les ouvrières produisent d'autres substances messagères, comme les phéromones d'alarme et les phéromones de marquage de piste. Ces phéromones sont actives à faible concentration : 1 mg de la phéromone de piste de la fourmi champignonniste tropicale *Atta* permettrait de faire trois fois le tour de la Terre en conservant son efficacité ! L'odeur de la colonie forme une sorte de code-barres identitaire, un visa commun et permanent qui permet de reconnaître et d'expulser les étrangers. Elle est portée par des hydrocarbures très peu volatils sur la cuticule.

La communication visuelle est notoire chez l'abeille, en particulier à travers ses danses de signalisation (cf. chap. 33 sur les découvertes de Von Frisch). On s'est également aperçu que les abeilles peuvent être dressées à reconnaître des motifs, comme des visages humains ou des tableaux.

Partage du travail entre castes

Au sein des colonies d'abeilles, de fourmis et de termites, la division du travail est liée au sexe et à la caste. En fonction de la tâche assumée par les individus, leurs morphologies sont assez spécialisées, en particulier chez les fourmis et les termites. À l'apparition de ses filles, la reine fondatrice, qui assumait au départ les tâches de bâtisseuse-récolteuse-pondeuse, se spécialise dans la ponte. Elle devient plus grosse, son abdomen se dilate fortement, au point qu'elle est souvent immobile chez les termites et les fourmis. Sa durée de vie est prolongée. Celle des reines de fourmis et de termites est cent fois plus longue que la durée de vie moyenne des insectes ! La caste des reproducteurs, mâles et reines vierges, est constituée d'individus ailés, qui essaiment de la colonie pour se reproduire.

La caste des ouvrières (et des ouvriers chez les termites) est la plus représentée, avec plus de 80 % des individus de la colonie. Cette caste ne se reproduit pas et élève la descendance de ses parents. Elle se consacre aux tâches de construction et d'entretien, de soins aux larves, de récolte alimentaire et de protection du nid. La morphologie des ouvrières peut être différenciée selon leur tâche principale (cf. chap. 12 : les ouvrières petites, moyennes et grandes chez les fourmis champignonnistes).

La protection de la colonie est assurée par des individus différenciés, les gardiennes chez les abeilles, les soldats de métier chez les fourmis et les termites. Ces soldats sont plus grands, avec des mandibules hypertrophiées, souvent incapables de s'alimenter seuls, donc dépendants de la régurgitation des ouvrières (cf. ci-dessous).

Ça alors ! ## Les fourmis soldats en bouchent un coin

En Amérique du Sud, les fourmis soldats du genre *Cephalotes* portent une tête élargie et aplatie en forme de casque ! Elles s'en servent comme d'une porte pour bloquer les issues des galeries de la colonie installée dans un morceau de bois mort. Les visiteurs indésirables sont interdits d'entrée, tandis que les membres de la colonie n'ont qu'à tapoter le casque de la fourmi pour obtenir leur sésame.

Les castes de soldats existent chez des insectes non sociaux, comme les pucerons gallicoles (voir leur comportement de suicide altruiste au chap. 20) et les thrips gallicoles de l'acacia en Australie, dont des « soldats » aptères ne se reproduisent pas et défendent la colonie.

Chez certaines espèces, la détermination des castes peut être d'origine génétique. La reine des fourmis américaines *Pogonomyrmex* doit d'abord copuler avec un mâle de son propre groupe génétique pour produire des reines, et ensuite avec des mâles appartenant à un groupe génétique différent du sien pour donner naissance à des ouvrières ou des soldats. C'est un peu comme s'il existait plusieurs types de sexes mâles et ce cas est le seul exemple animal connu !

Chez de nombreuses espèces, la caste d'un individu est déterminée par son alimentation au stade de larve. Dans une ruche, la reine contrôle la fécondation de ses œufs, en fonction de la saison et de la composition de la société, avec le sphincter de sa spermathèque : elle ouvre ou non le canal pour mobiliser le stock de spermatozoïdes acquis au cours du vol nuptial. Elle dépose les œufs fécondés donnant de futures ouvrières dans des alvéoles de taille normale, les œufs non fécondés qui donneront les mâles dans de grandes cellules, et les œufs fécondés de futures reines dans des grandes alvéoles de forme particulière, les cellules royales. Les ouvrières ne nourrissent pas de la même façon les larves contenues dans les cellules de formes et de tailles différentes. Lorsqu'une reine âgée a épuisé sa réserve de spermatozoïdes, la ruche est dite « bourdonneuse » et ne donne plus que des mâles (faussement appelés « faux-bourdons »).

Flexibilité, mutations et retraite

Mais la fonction dans la colonie peut également évoluer avec l'âge. Chez les abeilles ouvrières, l'horloge du travail est assez rigoureuse. Leur carrière ne commence qu'au 3ᵉ jour après leur émergence. Pendant deux jours, elles nettoient les alvéoles de croissance des larves et alimentent les larves âgées. À partir du 5ᵉ jour, elles nourrissent les jeunes larves. À partir du 12ᵉ jour, elles produisent la cire pour construire les alvéoles, tout en continuant à alimenter les larves et en défendant la ruche. Du 18ᵉ au 20ᵉ jour, elles deviennent butineuses, puis se contentent de rapporter de l'eau. Elles passent donc successivement de nourrices à magasinières, puis à constructrices, gardiennes et butineuses.

De même, chez les fourmis, la prise de risque est plus grande chez les ouvrières plus âgées, qui partent rechercher de la nourriture à l'extérieur de la colonie. Les jeunes ouvrières sont occupées à l'intérieur. En gazant au dioxyde de carbone et en blessant des ouvrières de *Myrmica scabrinodis*, des chercheurs polonais ont démontré que les fourmis à l'espérance de vie réduite sont parties plus tôt en quête de nourriture, comme si la perception de leur mort plus proche, et non leur âge seulement, les avait incitées à entreprendre des tâches plus risquées… Quand les ouvrières des fourmis champignonnistes *Atta* ont le tranchant des mandibules usé, elles changent de tâche, en laissant la découpe aux plus jeunes et en se consacrant au transport de feuilles coupées vers la fourmilière. Par ailleurs, certaines colonies de termites sacrifient leurs vieux au combat ! Les vieilles ouvrières de *Neocapritermes taracua* en Guyane deviennent kamikazes et se suicident en se faisant exploser à la face de l'ennemi (cf. chap. 20) !

Ça alors !

Le sommeil réparateur chez les abeilles

Des chercheurs américains ont récemment démontré que les abeilles avaient besoin de sommeil pour être efficaces dans leur communication. Pour les priver de sommeil, ils ont maintenu les ouvrières en activité par stimulation magnétique permanente d'un minuscule transpondeur métallique fixé sur leur dos. Ainsi stimulées, les abeilles ne pouvaient rester en position de repos.

Au retour d'une prospection, lorsque les ouvrières butineuses réalisaient leur danse pour informer leurs congénères de la localisation d'une source de fleurs à nectar (cf. chap. 33), les abeilles soumises à l'expérience étaient beaucoup plus imprécises que les ouvrières qui avaient bénéficié de repos !

Chez les fourmis tisserandes *Oecophylla*, qui tissent leurs nids à partir de feuilles collées, même les larves ont une mission de leur âge. Les ouvrières tirent sur des feuilles pour les rapprocher, puis les soudent en utilisant les fils de soie sécrétés par leurs larves. Pour ce faire, une ouvrière tient délicatement une larve entre ses mandibules et s'en sert comme d'un tube de colle !

Esclaves et régicides : la stratégie du coucou

Chez les insectes sociaux, les multiples attentions portées au couvain (soin des œufs, nourrissage et protection des larves) sont particulièrement coûteuses pour l'espèce. Il n'est donc pas surprenant de constater que des espèces tricheuses ont évolué pour faire élever leur progéniture par d'autres colonies, au point d'avoir perdu leur autonomie et d'être devenues totalement dépendantes de leurs esclaves… Cette stratégie du coucou (cf. chap. 17) existe ainsi chez les fourmis et les abeilles sauvages, mais pas chez les termites. Les bourdons européens *Psithyrus* n'ont pas de caste ouvrière, mais seulement des femelles et quelques mâles reproducteurs. Les femelles de bourdons-coucous *Psithyrus* ressemblent fort aux bourdons *Bombus* qu'elles parasitent. Elles pénètrent dans le nid de *Bombus*, tuent la reine, dévorent ses œufs et pondent leurs œufs à la place. Leurs larves seront élevées par les ouvrières *Bombus*.

Plus de 200 espèces de fourmis sont également connues pour recourir à l'esclavage, du simple vol d'ouvrières esclaves dans la colonie voisine au parasitisme social évolué. Comme les bourdons-coucous, certaines espèces s'installent dans le nid de l'esclave. La reine de *Solenopsis daguerrei* infiltre ainsi une colonie rivale du même genre *Solenopsis*, en se camouflant avec des phéromones de l'hôte. Elle remplace alors la reine et ingère la nourriture régurgitée par les ouvrières esclaves, trompées par son camouflage chimique. La descendance de cette nouvelle reine est élevée par les ouvrières comme leurs propres sœurs. Dans les Alpes, la fourmi *Teleutomyrmex schneideri* est incapable de former seule une colonie fonctionnelle. Fortement dégénérée, dotée de minuscules mandibules insuffisantes pour porter de la nourriture, elle a perdu sa glande à poison, nécessaire pour chasser. Elle perdure en parasitant les nids de *Tetramorium caespitum*. Elle pénètre insidieusement jusqu'à la chambre de la reine. Huit mâles et reines de *T. schneideri* peuvent se tenir à cheval sur une même reine de *T. caespitum* et s'accoupler sur place. Les maîtres se partagent la nourriture liquide régurgitée par les ouvrières nourrices de l'hôte, trompées par l'imitation de leur parfum cuticulaire. Les reines de *T. schneideri* ne pondent aucun œuf d'ouvrière mais seulement des œufs d'individus reproducteurs, élevés par les ouvrières de l'hôte. À l'inverse, la reine hôte parasitée ne produit plus que des ouvrières et aucun reproducteur.

Une cinquantaine d'espèces de fourmis esclavagistes opèrent différemment : elles font des raids sur les nids d'autres espèces pour s'approprier de la main-d'œuvre. Les ouvrières sécrètent des phéromones de recrutement pour se rassembler avant l'attaque, puis des phéromones d'alarme et de panique pour disperser les soldats attaqués. Sans tuer la reine hôte, elles volent des larves et des cocons-pupes qu'elles ramènent dans leur propre fourmilière. Les jeunes fourmis, qui n'ont pas d'odeur à l'émergence, s'imprègnent de l'odeur de leurs sœurs d'adoption et se mettent à leur service. Réduites en esclavage par les fourmis-maîtres, elles assument la récolte de nourriture, l'entretien des galeries et le soin des larves, comme si elles appartenaient à leur propre espèce. Les ouvrières des fourmis ravisseuses du genre *Polyergus* sont d'ailleurs incapables de s'occuper de leur propre couvain.

Hygiène sociale et automédication

La vie en colonies, dans lesquelles se côtoient plusieurs millions d'individus, présente des avantages écologiques et évolutifs (cf. ce chapitre et le précédent), mais elle augmente aussi les risques d'épidémies (virus, bactéries, champignons). La forte similarité génétique à l'intérieur de la colonie rend d'ailleurs les individus plus vulnérables aux attaques de parasites. Pourtant, plusieurs études récentes montrent que la vie sociale n'accélère pas la contamination mais diminue au contraire la transmission de maladies infectieuses ! Chez les fourmis champignonnistes *Acromyrmex* confrontées à une infection par un champignon parasite, les ouvrières restées en groupe avec des congénères ont une survie plus importante que les ouvrières isolées.

Pour faire face à la contamination, les insectes sociaux ont en effet développé tout un arsenal de comportements dits prophylactiques. La restriction d'accès des compartiments internes du nid, comme les chambres d'élevage, à un groupe spécifique d'ouvrières en est un. Par ailleurs, maintenir ses excréments et ses cadavres à proximité de son lieu de vie entraînerait des risques de contamination pour les espèces grégaires. Par conséquent, en périphérie de leur fourmilière, les fourmis mettent en place des cimetières où elles entassent leurs cadavres et des dépotoirs où elles accumulent tous les déchets. L'hygiène sociale comprend aussi l'auto-toilettage et le toilettage entre individus par léchage. Les ouvrières se lèchent fréquemment et stockent les déchets qu'elles prélèvent ainsi dans des cavités buccales, qu'elles vident régulièrement de leurs boulettes dans les dépotoirs externes.

Les abeilles et les fourmis emploient également des substances naturelles à action antimicrobienne pour assainir leur nid. Les abeilles utilisent ainsi des résines végétales comme élément de construction. On a même récemment démontré que ce comportement relevait de l'automédication à l'échelle de la colonie. En effet, en réponse à une infection, le nombre d'individus de la colonie partant en quête de résine augmente. De plus, dans les ruches enrichies en résine, l'intensité d'infestation des champignons parasites régresse. De même, les fourmis des bois *Formica paralugubris* récoltent la résine des sapins et l'incorporent dans leur nid contre l'attaque de pathogènes. Cette attitude est toutefois systématique et n'est pas assimilable à un exemple d'automédication, car les individus n'augmentent pas leur activité de collecte de résine en réponse à une infestation.

Les insectes sociaux sécrètent eux-mêmes une batterie de molécules antimicrobiennes. Chez les abeilles sauvages, on a d'ailleurs pu mesurer que la force des défenses antimicrobiennes était positivement corrélée au degré de socialité du groupe. Les fourmis s'aspergent de sécrétions antibiotiques provenant de glandes thoraciques, ou de leur glande à poison, contenant de l'acide formique antibactérien et antifongique. D'ailleurs, quelques oiseaux, comme le geai ou la corneille, pratiquent le « formicage ». Ils prennent des bains de fourmis, en se jetant ailes déployées dans une fourmilière pour recevoir les projections défensives d'acide formique et se débarrasser de leurs parasites.

La prophylaxie des insectes sociaux comprend aussi l'exclusion des individus malades, dans une version drastique de la mise en quarantaine. Chez l'abeille, les ouvrières purgent les alvéoles contenant une larve infectée par une bactérie. Cette capacité est génétiquement héritée par la reine et ses ouvrières, et toutes les ruches n'en sont pas capables…

Enfin, lorsqu'un insecte parasite ou prédateur est parvenu à pénétrer dans la ruche, les abeilles l'encapsulent vivant dans une gangue de propolis et le momifient littéralement.

Restauration collective sous toutes ses formes

La trophallaxie est un mode de transfert de nourriture utilisé par les fourmis, les abeilles et les guêpes sociales. Leurs ouvrières effectuent un bouche-à-bouche afin de nourrir leurs compagnes et leurs larves.

Elles disposent en fait de deux estomacs, un gésier destiné à la consommation personnelle de l'individu, et un jabot, plus proche de la bouche et également appelé estomac social. Lorsqu'une ouvrière ingurgite de la nourriture, la majeure partie est stockée et prédigérée dans le jabot. Une fois son jabot rempli, l'ouvrière retourne au nid où elle régurgite le contenu de son jabot. Lors de la régurgitation, les provisions contenues dans son jabot remontent le long de l'œsophage, la majeure partie jusqu'à la bouche pour être distribuée et une petite partie vers le gésier, pour l'alimentation individuelle de la fourmi.

Après une série de stimulations des antennes et des pièces buccales entre deux individus, l'ouvrière récolteuse régurgite sa nourriture dans la bouche d'une receveuse. Les ouvrières se passent la nourriture de bouche en bouche, chacune prélevant au passage ce dont elle a besoin. Les régurgitations successives parviennent aux larves et à la reine. Elles resserrent aussi les liens sociaux et font circuler des informations sur la source de nourriture partagée.

Chez les fourmis australiennes *Rhytidoponera*, on estime que chaque récolteuse doit alimenter en moyenne 9 fourmis de la colonie, en fournissant en particulier des protéines pour la ponte de la reine et la croissance des larves, et des sucres comme carburant à l'activité des ouvrières. Dans les nids qui hébergent de nombreuses larves, celles-ci sont capables d'envoyer des messages aux récolteuses, par l'intermédiaire d'une chaîne de nourrices et d'ouvrières analogue au téléphone « arabe », afin qu'elles privilégient la récolte de sources de protéines ! Si le régime des larves comporte un excès de protéines, elles sont régurgitées par la chaîne inverse et rejetées hors du nid sous forme de boulettes.

Ça alors ! Circulation et code de la route chez les fourmis

Des chercheurs allemands ont récemment étudié le réseau routier des fourmis rouges *Formica pratensis*, communes en Europe. Les ouvrières fourmis récolteuses prospectent, à la recherche de nourriture. Lorsqu'une nouvelle source a été repérée, elles marchent à une vitesse 50 % plus rapide et sont deux fois plus nombreuses dans cette direction. Une fois qu'une trace chimique a été définie vers cette source, les fourmis se déplacent naturellement sur deux voies, les unes allant vers le nid, les autres se dirigeant vers la nourriture.

Contre toute attente, les fourmis portant un chargement vers la fourmilière vont 1,3 fois plus vite que celles qui partent du nid. Si une fourmi rencontre un obstacle sur la piste, elle le porte en dehors du chemin avec l'aide de ses congénères. Elles évitent les embouteillages sur les pistes en augmentant leur vitesse de 25 % en cas d'affluence.

Chez les fourmis japonaises *Leptanilla japonica* et *Amblyopone silvestrii*, la trophallaxie est inconnue. La reine de *Leptanilla*, qui ne peut pas aller chasser, se nourrit uniquement de l'hémolymphe de ses propres larves, pourvues, sur les côtés de l'abdomen, de tubes-robinets branchés sur leur système circulatoire qui permettent leur pompage sans blessure ! Chez la fourmi *Amblyopone*, la reine se nourrit en partie en suçant l'hémolymphe de ses larves, mais en perforant leur tégument faute de robinet dédié… Les ouvrières d'*Adetomyrma venatrix*, la fourmi Dracula de Madagascar, pratiquent aussi ce cannibalisme non mortel, en aspirant régulièrement l'hémolymphe de leurs larves, véritables réserves alimentaires.

Chez des fourmis des déserts australiens et nord-américains, on trouve des ouvrières au rôle bien spécifique de récipient garde-manger ! Elles stockent de la nourriture dans leur abdomen dilaté comme une bonbonne, pour nourrir leurs congénères quand les ressources s'épuisent en été. Elles restent suspendues, jalousement gardées dans des chambres souterraines spéciales, immobiles, incapables de bouger, et « engraissées » par la régurgitation d'ouvrières mobiles. *Myrmecocystus mexicanus* est l'une de ces fourmis « pots de miel ». Ces individus de grande valeur énergétique sont régulièrement kidnappés par les raids d'autres colonies, ou par les humains qui aiment s'en délecter (cf. chap. 26).

Pour nourrir leurs larves, les ouvrières des guêpes communes européennes capturent de petits insectes qu'elles rapportent au nid. Ces victuailles sont triturées entre leurs mandibules pour constituer une boulette de pâtée presque solide, qui est distribuée aux larves. La larve gratte son alvéole en papier avec ses petites mandibules pour dire qu'elle a faim, et les ouvrières viennent la nourrir. À chaque fois qu'une larve reçoit de la nourriture, elle sécrète une goutte de liquide riche en sucres que l'ouvrière lèche avidement. Les guêpes ne faisant pas de réserves de nourriture comme les bourdons ou les abeilles, la production des larves représente l'unique source de nourriture des ouvrières quand elles ne peuvent pas sortir chasser, pour des raisons météorologiques par exemple.

Quand des pique-assiette profitent de la solidarité

De nombreuses espèces s'invitent à la riche table des fourmilières, des ruches et des termitières, en consommant avec modération les ressources de l'hôte sans rien payer en échange. Ces espèces de scarabées, de papillons, de punaises, dites « commensales », utilisent une cape d'invisibilité chimique pour ne pas être reconnues comme étrangères par les antennes inquisitrices de leurs hôtes.

La plus grande partie de ces insectes se contente de subtiliser de la nourriture (on les dit cleptoparasites), en profitant de leur petite taille et/ou grâce à un maquillage chimique rudimentaire acquis par imprégnation chez l'hôte. C'est le cas du scarabée *Myrmecaphodius excavaticollis*, qui se couvre du bouquet cuticulaire de sa fourmi hôte *Solenopsis*. Ces insectes sont plus ou moins tolérés par les hôtes, en raison de leur discrétion, et parfois pour leur rôle de nettoyeurs dévorant certains détritus. En Amérique centrale, le coléoptère *Ptichopus angulatus* (Passalidae) habite ainsi tranquillement les chambres-dépotoirs des fourmis champignonnistes *Atta*.

Les vrais insectes commensaux miment les phéromones de leurs hôtes en les sécrétant eux-mêmes. Le fameux sphinx à tête de mort (*Acherontia atropos*) va voler du miel dans les ruches, protégé par un camouflage chimique de son cru. Certains insectes se font même concrètement nourrir par leurs hôtes. L'adulte du coléoptère staphylin *Atemeles pubicollis* pénètre dans les colonies de fourmis rousses. Il lève alors son abdomen : ses glandes abdominales sécrètent des molécules d'apaisement, qui attirent les fourmis et calment leurs ardeurs défensives dès qu'elles les ont léchées. Le coléoptère est ensuite transporté par les fourmis au fond du nid, où il pond. Ses larves seront élevées par les fourmis, dupées par son odeur mimétique. Comme les adultes, elles savent comment solliciter la régurgitation de nourriture par palpation antennaire de la tête des fourmis donneuses.

La larve du scarabée termitophile *Troctontus appendiculatus* a un comportement similaire : les ouvriers *Microcerotermes*, dupés par ses sécrétions, la nourrissent à la becquée comme un autre termite. Munies d'un visa olfactif permanent et dotées de sécrétions apaisantes, les chenilles de *Maculinea* jouent les pique-assiette chez les fourmis *Myrmica* (cf. chap. 21), les coléoptères *Paussus* font de même chez les fourmis *Pheidole*. Le coléoptère *Amorphocephala coronata*, commensal des colonies de fourmis *Camponotus*, participerait à la vie de la colonie en régurgitant à son tour aux fourmis une partie de la nourriture qu'il a reçue.

Ça alors ! L'extraordinaire réussite des fourmis

Parmi les insectes sociaux, il faut souligner l'extraordinaire réussite des fourmis. Elles comptent aujourd'hui plus de 12 000 espèces décrites sur un total estimé à 20 000. Elles ont colonisé la plupart des milieux terrestres, à l'exception des régions très froides, et peuplent les habitats du sous-sol à la cime des arbres. Elles consomment des nourritures très variées, ont inventé l'agriculture et l'élevage (cf. chap. 12), les antibiotiques, la gestion de l'eau, l'hygiène et la division du travail. Il leur faut 10 fois moins d'énergie qu'aux humains pour convertir l'énergie en croissance. Elles pèsent en moyenne moins d'un milligramme, et doivent se rassembler à quelques millions pour faire le poids d'un humain moyen. Leur biomasse sur la planète est à peu près constante depuis 30 à 40 millions d'années. Au cours des années 2000, on estime que la biomasse totale de l'homme, à la démographie galopante, a rattrapé celle des fourmis !

Des insectes et des peuples : nuisibles et serviteurs

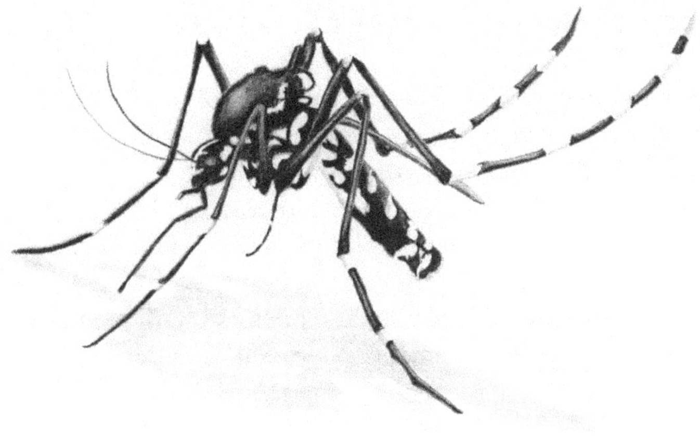

24

Nuisibles et ravageurs, des ennemis de l'homme

« On peut espérer que, lorsqu'ils seront les maîtres du monde, les insectes se souviendront avec reconnaissance que nous les avons plutôt bien nourris lors de nos pique-niques. »

Colette

« La vrillette perce le bois :
Je l'entends bien qui râpe et fore
Rongeant la fibre, ouvrant le pore
Dans son travail lent et sournois. »

Joséphin Soulary, *Œuvres poétiques*

Où l'on découvre qu'un essaim de criquets migrateurs peut couvrir deux fois la surface de Paris et peser 100 000 tonnes. Que les principaux ennemis des collections d'insectes sont des insectes. Que les maladies transmises par les insectes causent 2 millions de morts par an. Que les moucherons écossais nuisent au camping. Que les moustiques piquent préférentiellement les buveurs de bière et les femmes enceintes. Que les rayures des zèbres les préservent des piqûres.

Attilas des cultures et terreurs des silos

Moins de 0,5 % des espèces d'insectes sont nuisibles aux productions agricoles et forestières de l'homme, en occasionnant des pertes de rendement ou en rendant les denrées attaquées impropres à la consommation. Les espèces incriminées sont des herbivores plus ou moins spécialisés, qui consomment une partie des plantes cultivées, qui les feuilles et les bourgeons, qui les fleurs, les fruits ou les graines, qui le bois ou les racines... Une étude menée dans les années 1990 a estimé les pertes de rendement agricole provoquées par les insectes, en l'absence de traitements phytosanitaires, autour de 10 % pour le blé, l'orge et le soja, de 15 % pour le maïs, la pomme de terre, le coton et le café, et de 20 % pour le riz.

Ça alors !

Quand l'église excommuniait les insectes

Les hannetons adultes mangent les feuilles des arbres alors que les larves souterraines consomment les racines de diverses plantes. En cas de surpopulation cyclique, les dégâts sur les végétaux d'importance agronomique où forestière peuvent être considérables. Le folklore populaire regorge d'anecdotes sur la grêle vivante des nuées d'insectes bourdonnants aveuglant les chevaux. En mai et juin 1887, dans un canton de Mayenne, près de 100 millions de hannetons adultes pour un poids total de 75 tonnes furent ramassés à la main !

En 1497, près de Lausanne, en Suisse, l'Église avait prit le dossier au sérieux. Comme les hannetons récalcitrants refusaient de comparaître devant le tribunal épiscopal, l'évêque entreprit de conduire une procession dans les champs pour leur prononcer le jugement d'excommunication : « Nous, Bénédict de Montferrat, évêque de Lausanne, ayant entendu la plainte des fidèles de notre diocèse à l'encontre des hannetons, armé de la Très Sainte Croix et tourné vers Dieu, de qui proviennent les justes sentences, déclarons coupable l'infâme engeance des hannetons, les frappons d'excommunication et les maudissons au nom du Père, et du Fils, et du Saint Esprit » !

Avec le développement des échanges internationaux et du tourisme, de nombreux insectes exotiques ont été introduits accidentellement hors de leur aire naturelle, certains menaçant les productions agricoles locales. En Europe, depuis les invasions marquantes du phylloxéra au XIXe siècle et du doryphore au début du XXe siècle, ces introductions sont en augmentation constante. Le phylloxéra (*Viteus vitifoliae*) est un insecte proche des pucerons, arrivé d'Amérique du Nord en 1861. Le vignoble européen, largement détruit, a été partiellement reconstitué au bout de trente ans, par greffage des cépages européens sur des plants américains résistants. Le doryphore (*Leptinotarsa decemlineata*) est un scarabée originaire du Mexique, où il vit sur des solanacées sauvages. Il s'est propagé à travers les États-Unis à partir de 1850, à la faveur du développement des cultures de pomme de terre. Transporté accidentellement de multiples fois, il a envahi l'Europe après la Première Guerre mondiale. Plus récemment, plusieurs insectes se sont implantés sur le territoire français pour devenir d'importants ravageurs, de la cicadelle *Scaphoideus titanus* sur la vigne, dès 1958, à la chrysomèle du maïs *Diabrotica virgifera* depuis 2002.

Les dégâts des insectes ne se limitent pas à la seule consommation des tissus végétaux. Certains parasites des végétaux (virus, champignons, bactéries) profitent en effet de l'opération pour s'introduire dans les tissus de leur hôte. Les insectes piqueurs (pucerons, cicadelles, cochenilles), qui ponctionnent de la sève, peuvent transmettre de graves maladies comme la flavescence dorée de la vigne ou la sharka des arbres fruitiers à noyau. D'autres transportent des spores de champignons pathogènes, comme le scolyte de l'orme (*Scolytus scolytus*) et le champignon causant la graphiose. Ce champignon (*Ophiostoma ulmi*), probablement d'origine asiatique, est apparu en 1919 en Europe, puis en 1928 en Amérique du Nord, et a détruit de vastes surfaces des ormes locaux. Vers 1970, une nouvelle souche plus agressive a été apportée en Europe avec des grumes. À Paris, seuls 1 000 des 30 000 ormes présents avant l'épidémie ont survécu. L'orme, qui était la première essence d'arbre de la ville, y est aujourd'hui l'une des plus rares.

Ça alors !

Migrateurs, pèlerins et voraces

Le criquet pèlerin (*Schistocerca gregaria*) et le criquet migrateur (*Locusta migratoria*) sont deux ravageurs féroces des cultures sur le continent africain. Ces criquets existent sous deux formes, l'une solitaire et inoffensive en saison sèche, l'autre grégaire et ailée, apparaissant avec les pluies, lorsque les criquets deviennent trop nombreux pour les ressources locales. La phase grégaire se rassemble en essaims gigantesques qui se déplacent rapidement. Un seul nuage peut contenir plusieurs dizaines de millions d'individus, qui noircissent le ciel sur plusieurs dizaines de kilomètres carrés. Le plus gros essaim connu a envahi le Kenya en 1954 : il couvrait 200 km² (soit la Seine-Saint-Denis), rassemblait 10 milliards de criquets, pour un poids de près de 100 000 tonnes ! Ces essaims parcourent des milliers de kilomètres avant de s'abattre sur les cultures.

Comme un criquet pèlerin peut avaler son propre poids de nourriture chaque jour, un essaim moyen consomme 100 tonnes de végétaux, soit autant de nourriture en un jour que la population de New York ! Certains essaims affamés ont été vus en train de consommer la laine sur le dos des moutons...

Ce désastre ambulant a inspiré le récit biblique d'une des 10 plaies infligées par Dieu à l'Égypte. La dernière grande invasion africaine est survenue en 1989. Toutefois, en 2004, les criquets pèlerins ont détruit la moitié de la production céréalière de certains pays d'Afrique de l'Ouest. Connus sur le continent africain, ces criquets migrateurs traversent parfois la Méditerranée ou l'Atlantique. En 1824, les habitants d'Arles ont ramassé 65 tonnes de criquets. En 1988, des essaims africains de criquets pèlerins ont traversé l'océan Atlantique et sont arrivés dans les Caraïbes. Ces criquets pourraient devenir un fléau mondial, car leur aire d'invasion potentielle représente plus de 20 % des terres émergées...

Les insectes s'attaquent également aux denrées agricoles en stock. Ainsi, environ 15 % de la totalité des produits agricoles stockés ne peuvent être consommés par l'homme parce que les insectes s'en nourrissent avant lui ou les souillent au point de les rendre inconsommables. Les principaux responsables sont des coléoptères charançons et des bruches, dont les larves se développent à l'intérieur des grains. D'autres petits coléoptères, ténébrions, silvains et vrillettes, et des chenilles de teigne attaquent les grains, les farines, les fruits et légumes secs de l'extérieur. Parmi ces ravageurs, de nombreuses espèces sont aujourd'hui cosmopolites.

 Ils profitent des déséquilibres écologiques

La campagne contre les « quatre nuisibles », aussi appelée grande campagne du moineau, est une campagne d'hygiène à grande échelle, instaurée en Chine lors du Grand Bond en avant de 1958 à 1962 par Mao Zedong, contre les rats, les mouches, les moustiques et les moineaux. Les moineaux étaient accusés de manger les graines récoltées par les paysans. Les citoyens avaient alors la consigne de battre la campagne en faisant du bruit (en frappant des casseroles ou des tambours) pour effrayer les oiseaux et les forcer à voler jusqu'à épuisement, de les abattre en vol, de démolir les nids, de casser les œufs et de tuer les oisillons. En 1960, après une campagne efficace, les oiseaux avaient bien disparu, mais les rendements de riz avaient sensiblement diminué au lieu d'augmenter ! En l'absence des moineaux prédateurs, les populations de criquets avaient en effet dangereusement augmenté... contribuant à plonger la Chine dans une grande famine durant laquelle plus de 30 millions de personnes seraient mortes de faim.

Les grignoteurs à l'assaut du patrimoine

Les bois ouvrés, même s'ils sont pauvres en nutriments, sont la cible des termites et de plusieurs coléoptères xylophages (vrillettes, capricornes, lyctes...). Les termites, qui fuient la lumière, consomment discrètement la cellulose des bois en conditions obscures. Pour les coléoptères, l'activité ravageuse est dénoncée par le trou de sortie des adultes et le tas de sciure très fine qui sourd des galeries. Parmi les vrillettes, quelques espèces sont fréquentes dans les habitations. La grande vrillette *Xestobium rufovillosum* est souvent associée aux champignons lignivores dans le bois humide. L'assèchement des boiseries suffit généralement à les éliminer. Le capricorne des maisons (*Hylotrupes bajulus*) s'est répandu après la Seconde Guerre mondiale, grâce à l'emploi de résineux dans la construction des charpentes et à la généralisation du chauffage central, qui a créé des conditions favorables. Chacune de ses larves peut creuser une galerie longue de 2,5 mètres dans les poutres...

Dans le bois sec des meubles et des sculptures en bois, les larves et adultes des lyctes forent leurs galeries. Comme ils rebouchent leurs galeries d'alimentation à la sciure, leur attaque est souvent décelée tardivement. Au XXe siècle, les importations massives d'essences tropicales ont apporté en Europe plusieurs nouvelles espèces de lyctes et de bostryches. Enfin, l'action des chenilles de plusieurs teignes foreuses dans les bouchons de liège fait des bouteilles « couleuses » et donne mauvais goût au vin.

De nombreux insectes s'attaquent aux matériaux organiques des collections, au papier, au parchemin, au vélin et aux reliures des livres dans les archives et les bibliothèques, aux herbiers, aux animaux naturalisés dans les cabinets d'histoire naturelle ou les musées zoologiques, aux artefacts dans les musées ethnologiques. Les principaux ennemis des collections d'insectes sont ainsi des insectes ! Dans la nature, les coléoptères dermestes se nourrissent de débris dans les nids d'oiseaux et de restes d'animaux morts. Dans les collections, ils se repaissent de tissus animaux secs. Certains digèrent la kératine, protéine dure présente dans la laine, la fourrure, les cornes, les plumes. La mite des vêtements (*Tineola bisseliella*), les coléoptères anthrènes et attagènes sont des rongeurs du textile des tapis, tapisseries et vêtements en fibre naturelle. La vrillette *Stegobium paniceum* (le *drugstore beetle* des Anglais), connue par son appétit pour les farines et les plantes séchées, fait également de petits trous dans la toile des tableaux dans les musées des Beaux-Arts. En fait, elle est attirée par la colle à base de farine utilisée par les restaurateurs qui procèdent au rentoilage des tableaux abîmés. En réduisant en poudre cette couche sur laquelle repose la pellicule de peinture, elle menace des chefs-d'œuvre anciens !

Tous ces ravageurs ont tendance à proliférer en cas d'excès de température et d'humidité. Différentes méthodes de traitement chimique et physique ont été mises au point pour les éliminer. Les fragiles œuvres d'art sont ainsi traitées par privation prolongée d'oxygène dans des chambres dotées de puissants absorbeurs d'oxygène. La lutte biologique (cf. chap. 25) est également employée contre certains ravageurs reconnus. En Allemagne, la guêpe *Lariophagus distinguendus*, qui parasite plusieurs vrillettes, a été utilisée pour traiter des livres incunables et des retables en bois.

Sales bestioles

Les insectes peuvent être pathogènes pour l'homme, directement, en étant urticants et venimeux, ou indirectement, en lui inoculant des agents infectieux. Aujourd'hui, dans le monde, 1 personne sur 6 est atteinte par une maladie véhiculée par un insecte. L'histoire universelle de l'humanité est marquée par l'empreinte de ces infections.

Mouches et moustiques piqueurs, taxis pour parasites mortels

Environ 14 000 espèces d'insectes, dont 12 familles de mouches, de moustiques et de taons, sont hématophages (elles se nourrissent de sang). Pour percer la peau des animaux et aspirer les liquides internes, elles disposent d'un appareil buccal modifié en stylet. Comme le sang est digeste, nutritionnellement riche en protéines, il aide les femelles à fabriquer leurs œufs. Le volume de sang prélevé peut être considérable : jusqu'à un demi-litre par jour pompé par les taons chez une vache. Une femelle peut piquer successivement plusieurs individus, dont certains peuvent être porteurs d'un parasite dans leur sang. Elle devient alors un vecteur qui assure la transmission active de l'agent infectieux d'un vertébré à un autre. Les mouches, les moustiques, les punaises, les puces hématophages et les poux sont ainsi les véhicules utilisés par les agents de graves maladies infectieuses pour contaminer l'homme et les animaux.

Ça alors ! Agents pathogènes et insectes vecteurs de maladies pour les humains

Maladie	Vecteur	Pathogène
Paludisme (malaria)	Moustiques *Anopheles*	Parasite unicellulaire *Plasmodium* du sang
Chikungunya	Moustiques *Aedes*	*Alphavirus*
Dengue	Moustiques *Aedes*	*Flavivirus*
Fièvre jaune	Moustiques *Aedes*	*Flavivirus*
Encéphalite japonaise	Moustiques *Culex*	*Flavivirus*
Filaire de Bancroft	Moustiques *Culex* et *Anopheles*	Ver nématode
Filaire de Malaisie	Moustiques *Culex* et *Anopheles*	Ver nématode
Maladie du West Nile	Moustiques *Culex*	*Flavivirus*
Loase	Taons *Chrysops*	Ver nématode
Onchocercose	Moucherons *Simulies*	Ver nématode
Trypanosomiase africaine (maladie du sommeil)	Glossines (mouche tsé-tsé)	Parasite unicellulaire *Trypanosoma* du sang
Leishmaniose, kala-azar	Moucherons phlébotomes	Parasite unicellulaire
Trypanosomiase américaine (maladie de Chagas)	Punaises réduves *Triatoma*	Parasite unicellulaire *Trypanosoma* du sang
Peste	Puces du rat	Bacille de la peste *Yersinia pestis*
Fièvre des tranchées	Poux	Bactéries *Bartonella*
Typhus	Poux	Bactéries rickettsies

Les chiffres font froid dans le dos ! Chaque année, un demi-milliard d'êtres humains contracte une maladie par suite d'une piqûre d'un insecte hématophage. Toutes maladies confondues, le bilan annuel est de près de 2 millions de morts. Le moustique est un véritable tueur en série qui foudroie 80 000 fois plus de victimes que les requins ! L'affection la plus meurtrière est le paludisme (la malaria), transmise par des moustiques anophèles, qui cause 800 000 décès par an, majoritairement des enfants de moins de 5 ans et des femmes enceintes. En Afrique subsaharienne, un enfant meurt toutes les 30 secondes du paludisme. Les historiens estiment que les anophèles et le paludisme ont provoqué la moitié des morts humaines depuis les origines de l'homme ! 40 % de la population mondiale vit en contact permanent avec cette menace.

La maladie du sommeil, transmise par la mouche tsé-tsé, causait plus de 250 000 morts en 1901. Elle avait quasiment disparu dans les années 1960, mais elle tue à nouveau 8 000 personnes par an aujourd'hui. Les puces du rat ont propagé la funeste peste noire qui a dévasté l'Occident au milieu du xive siècle, éradiquant 25 millions d'Européens (entre 30 et 50 % de la population européenne), avec des contrecoups géopolitiques tangibles sur plusieurs siècles. Malgré les progrès de l'hygiène, les antibiotiques et les campagnes de dératisation, la peste n'est toujours pas éradiquée, notamment en Afrique.

Pour ou contre l'éradication des moustiques ?

En propageant le paludisme, la fièvre jaune, la dengue, l'encéphalite japonaise, le chikungunya, le virus du West Nile, les filaires, ainsi que de nombreuses maladies du bétail, les moustiques ont un coût pour la santé publique et l'économie très élevé. Selon l'OMS, sans le coût du paludisme, les pays d'Afrique subsaharienne pourraient augmenter de 1,3 % leur croissance économique annuelle.

Si elle était possible, l'éradication des moustiques serait-elle pour autant une idée judicieuse ? Les moustiques sont sur Terre depuis plus de 100 millions d'années et contribuent à réguler les populations de grands mammifères depuis longtemps. Sur 3 500 espèces de moustiques, seules 200 s'attaquent aux humains, et la majorité nous occasionne des piqûres seulement inconfortables. Les problèmes sanitaires sévères concernent donc une minorité de moustiques.

Les moustiques jouent-ils un rôle irremplaçable dans les écosystèmes, comme proies, comme régulateurs ou comme pollinisateurs ? Dans les zones humides, ils représentent des proies abondantes pour les insectivores. Dans la toundra arctique du nord du Canada à la Russie, pendant une brève période après la fonte des neiges, les moustiques *Aedes* forment d'épais nuages et constituent une très forte proportion de la biomasse. Les caribous en migration les évitent. Beaucoup d'oiseaux migrateurs les mangent, et le nombre de ceux qui nichent dans la toundra pourrait chuter de plus de 50 % sans moustiques à manger.

Ce constat scientifique est controversé. Certains biologistes estiment en effet que les oiseaux compenseraient en reportant leur régime vers d'autres insectes. En Camargue, les chercheurs qui ont suivi les hirondelles insectivores après la démoustication d'un secteur ont constaté qu'elles produisaient en moyenne 2 oisillons par nid dans les sites pulvérisés, alors qu'elles en pondaient 3 dans les sites non démoustiqués. Les effets en cascade dans les chaînes alimentaires sont d'ailleurs imprévisibles. D'autre part, quel serait l'impact sur les loups, les lichens et les autres organismes vivants, si les caribous pouvaient changer drastiquement la trajectoire de leurs longs itinéraires de migrations ?

Dans les écosystèmes aquatiques stagnants, les larves de moustiques sont une part importante de la biomasse. Elles s'y nourrissent de déchets organiques et de micro-organismes. En leur absence, les insectes, poissons et batraciens prédateurs perdraient une source de nourriture.

Les mâles de moustiques, qui ne se nourrissent pas de sang, mais visitent les fleurs à la recherche de nectars sucrés, participent à la pollinisation. Avec d'autres petites mouches, certains moustiques cératopogonides sont d'ailleurs les pollinisateurs du cacaoyer. Pas de moustique, pas de chocolat ?

Anéantir une ou plusieurs espèces de moustiques pourrait laisser une cicatrice écologique dont on présage mal l'empreinte et la cascade d'effets. Comme la nature a horreur du vide, la niche écologique des moustiques piqueurs serait colonisée par d'autres espèces. Qui est prêt à tenter l'expérience ?

Certaines affections sont devenues rares grâce aux progrès de l'hygiène et des vaccinations (encéphalite japonaise, typhus, peste). À partir de la découverte du rôle des insectes dans la transmission de pathogènes au XIXe siècle, puis de la découverte des insecticides au XXe siècle, des campagnes de prévention et des programmes de lutte ont été menés avec succès.

D'autres maladies sont, à l'inverse, en expansion, du fait de l'urbanisation, de la mondialisation des échanges commerciaux, du changement climatique et des modifications de la distribution géographique des insectes vecteurs. L'extension aux régions « tempérées » de maladies auparavant endémiques des régions chaudes est un risque croissant. Un exemple récent est l'introduction en 1999 à New York du virus de la fièvre West Nile, par des oiseaux ou des moustiques *Culex* infectés importés. Depuis 2000, la maladie cause chez l'homme plus d'une centaine de morts par an aux États-Unis. De même, chez les animaux domestiques, la maladie de la langue bleue des ruminants (transmise par les moustiques *Culicoides*) s'est répandue récemment. Chez l'homme, les extensions de la dengue, autrefois limitée à l'Indonésie et dont la forme dangereuse est mortelle dans 20 % des cas, et du chikungunya sont également impressionnantes. Depuis 1970, leur vecteur, le moustique tigre (*Aedes albopictus*), originaire d'Asie du Sud, s'est installé à travers le monde, notamment grâce au commerce international de pneus usés. En 2010, il a été inculpé de cas autochtones de dengue et de chikungunya dans le sud de la France, où il est désormais présent dans 17 départements…

Ça alors ! Myiases et scarabiases

Les mouches qui entretiennent des myiases sur la peau des grands herbivores (cf. chap. 10) pondent accidentellement sur l'homme, parfois à la faveur d'une plaie mal soignée. Le ver de Cayor, appelé aussi ver macaque ou ver des cases, asticot de *Condylobia anthropophaga*, est fréquent en Afrique de l'Ouest. La mouche femelle pond parfois sur les vêtements en cours de séchage à l'extérieur. Si le vêtement est porté sans avoir été repassé, les œufs sont encore vivants et éclosent au contact de la chaleur de la peau. Les asticots pénètrent et s'installent dans la peau (parfois dans le nez ou le rectum…) ou s'enkystent dans un furoncle.

La littérature médicale rapporte des cas d'insectes autres que les asticots de mouches qui pénètrent accidentellement dans un des orifices du corps humain (scarabiases ou canthariases). L'histoire du capitaine Speke, célèbre explorateur qui découvrit le lac Victoria en Afrique de l'Est, est fameuse. Rendu fou par un « scarabée » entré dans son oreille, il s'est vigoureusement mutilé au couteau pour l'extraire ! En Inde, à Ceylan ou en Afrique, peut-être à la faveur des latrines sèches, on a enregistré des cas de petits scarabées coprophages, vivant habituellement dans les excréments, qui ont remonté pour pénétrer et vivre dans le rectum d'un homme. Au XVIIe siècle, le savant italien Aldrovandi raconte l'accouchement d'un scarabée par une femme, en fait la simple expulsion d'un insecte s'étant aventuré seul dans un vagin à l'hygiène défectueuse…

Ça alors ! Les mouches parasites piquent moins les zèbres

Les mouches et taons piqueurs et vecteurs de parasites semblent être le principal facteur évolutif à l'origine de l'apparition des rayures chez les zèbres. Une expérience récente a démontré que ces mouches se posaient moins souvent sur des surfaces rayées de noir et de blanc que sur des surfaces unies. De fait, le tube digestif des mouches tsé-tsé contient rarement du sang de zèbre et la « maladie du sommeil » est bien plus rare chez le zèbre que chez le cheval domestique. Par ailleurs, aucune observation ne vient rigoureusement étayer les autres hypothèses sur le bénéfice des rayures des zèbres (camouflage, évasion facilitée face aux prédateurs et régulation thermique dans la savane).

Insectes piqueurs et venimeux : nuisances et mortalités

La piqûre des insectes n'est pas toujours associée à la transmission d'une maladie, mais elle est souvent une évidente source de désagrément (cf. échelle de la douleur des piqûres, chap. 20). Dans l'hôtellerie mondiale, l'essor des punaises de lit (cf. chap. 6) qui transitent avec les valises des voyageurs est une nuisance reconnue. Leur piqûre n'est ni venimeuse ni vectrice de parasites, mais ces démangeaisons internationales sont inconfortables. En Écosse, les piqûres des moustiques *Culicoides impunctatus* peuvent être tellement gênantes que les activités d'extérieur sont impossibles sans protection. On estime qu'elles réduisent de 20 % l'activité des industries forestières en été. Au Québec et en Écosse, ces moustiques *Culicoides* (dits *midges* en anglais) rendent le camping désagréable, voire intolérable, en juillet ! Sans la démoustication continuelle du littoral languedocien depuis les années 1960, les stations balnéaires et touristiques n'auraient pas pu s'y développer. Comme d'autres piqueurs, les moustiques nous localisent par la chaleur et le dioxyde de carbone (cf. chap. 10). De plus, les femmes enceintes, les individus de groupe sanguin O, les personnes qui transpirent généreusement et les buveurs de bière sont des cibles privilégiées ! D'autres insectes piqueurs causent de fâcheuses nuisances professionnelles. Les menuisiers et les restaurateurs de meubles anciens sont régulièrement agressés par une minuscule guêpe béthylide (*Scleroderma domesticum*) qui chasse les coléoptères vivant dans le bois et n'aime pas être dérangée ! Certains insectes injectent un venin en plantant leur aiguillon et peuvent être meurtriers. En France, les piqûres d'hyménoptères (abeilles, guêpes et frelons) causent une quinzaine de décès par an, principalement de personnes allergiques attaquées par un escadron. Dans le monde, elles tuent 400 personnes par an, 2 fois plus que les lions et 4 fois plus que les méduses, mais 10 fois moins que les scorpions et 250 fois moins que les serpents ! Au palmarès des tueurs, les frelons géants japonais sont responsables de 30 à 50 décès par an, les abeilles tueuses africanisées (cf. chap. 34) de plus de 50 décès par an aux États-Unis et au Brésil, et les fourmis siafu et les fourmis de feu, de plus de 20 décès par an, principalement en Afrique centrale.

Ça alors !

Insectes et accidents de la route

En Angleterre, la compagnie d'assurance Ensure a conduit une enquête sur le rôle des insectes dans les accidents de la route. En distrayant les conducteurs, les insectes seraient responsables de 650 000 accidents de voiture par an. En présence d'un insecte intrus dans l'habitacle, 4 % des pilotes pilent et 21 % lâchent le volant (sans freiner !) pour tenter de l'évacuer...

Les insectes urticants

Beaucoup de chenilles sont recouvertes de poils urticants. Dans nos régions, la chenille processionnaire du pin, la processionnaire du chêne et celle du bombyx cul-brun sont les plus connues. Les premières se nourrissent des aiguilles des pins. Et comme ces arbres sont fréquemment plantés dans les parcs et jardins, les chenilles ont du pin sur la planche... En hiver, elles tissent un volumineux nid en forme de boule de soie, dans lequel elles passent la journée, avant de sortir en « procession » la nuit pour s'alimenter. Au printemps, les chenilles quittent en procession leur arbre pour s'enfouir et se transformer en chrysalide dans un terrain ensoleillé. Elles ne sont urticantes qu'à partir du 3e stade larvaire. Leurs 600 000 poils urticants sont minuscules et regroupés dans des cuvettes sur le dos mais, lorsque la chenille est dérangée, ces cuvettes s'ouvrent et projettent les poils. Ces poils, qui peuvent être transportés sur de longues distances et conservent leur pouvoir urticant pendant des mois, ressemblent à des harpons, avec une pointe dotée de crochets qui facilitent la pénétration dans la peau et les muqueuses, mais empêchent leur retrait, comme un hameçon. Lorsque le poil se brise, il libère une substance qui provoque de vives démangeaisons, des réactions allergiques et des troubles oculaires ou respiratoires sévères. Un chien atteint à la langue, après avoir imprudemment léché ses démangeaisons par exemple, est souvent condamné…

25

Petits mais utiles,
des alliés de l'homme

« Que penseras-tu des animaux plus grands, lorsque de si petites créatures peuvent te servir ou te nuire, afin de t'apprendre à respecter le créateur jusque dans ses moindres ouvrages ? »

Tertullien, *Adversus Marcionem*

« Chaque pomme est une fleur qui a connu l'amour. »

Félix Leclerc, *Le Calepin d'un flâneur*

Où l'on découvre que le grillon domestique, éboueur du métro parisien, est en voie de disparition. Que les bousiers africains ont évité à l'Australie de se changer en désert de bouse sèche. Que les chats des vieilles Anglaises ont favorisé les bourdons et la marine nationale. Que la plantation de tilleuls ornementaux exotiques peut tuer les abeilles indigènes en Europe. Que la coccinelle asiatique harlequin croque autant les coccinelles indigènes que les pucerons.

E N 2006, DEUX CHERCHEURS américains ont estimé la valeur de quatre services, particulièrement cruciaux pour l'homme, rendus par les insectes sauvages au fonctionnement des écosystèmes : le contrôle biologique des ravageurs, la pollinisation des plantes cultivées, la décomposition des excréments du bétail et la provision alimentaire pour les insectivores (poissons pêchés et oiseaux chassés). Aux États-Unis, la valeur annuelle de l'ensemble de ces services avoisine 60 milliards de dollars ! Ce n'est pourtant qu'une fraction de l'ensemble des services assurés par les insectes, et elle n'inclut pas la contribution des insectes « domestiques » (abeilles mellifères, auxiliaires de lutte biologique élevés et lâchés par l'homme).

Des agents de recyclage des déchets de la nature

En étroite collaboration avec des bactéries, des champignons et d'autres arthropodes, les insectes recyclent la matière organique morte, végétale ou animale, à la surface de la terre. Divers groupes de spécialistes interviennent : les nécrophages enterrent les cadavres, les saproxylophages décomposent le bois, les saprophages la litière de feuilles mortes, et les coprophages enfouissent les excréments.

Ça alors ! Le grillon éboueur du métro

Le grillon domestique (*Acheta domestica*) est arrivé d'Afghanistan en Europe de l'Ouest au Moyen Âge. Aveugle et omnivore, il habite les immeubles, dont il recherche la chaleur, et se nourrit de détritus, de miettes, de papiers gras, de brins de laine... et de mégots. Il a colonisé les voies du métro parisien, où les mâles se défient au chant. Au moment de lancer une campagne d'éradication, la municipalité s'est aperçue que le grillon du métro parisien jouait un rôle fonctionnel important dans les tunnels. Véritable éboueur naturel, il consomme les déchets qui jonchent les voies. Le chant des grillons dans le métro parisien est toutefois en voie de disparition. Pour les protéger, la Ligue de protection des grillons du métro parisien (LPGMP), association créée en 1992, revendique la limitation des grèves qui font refroidir les galeries, l'assouplissement de la loi Evin qui prive les grillons de mégots et le maintien des ballasts en pierre plutôt qu'en béton massif.

Les plus actifs dans le recyclage des excréments abondants des herbivores, notamment des troupeaux de bétail, sont les asticots de mouches et les scarabées bousiers. Un kilo de crottin de cheval peut nourrir jusqu'à 8 000 asticots de mouche domestique ! Comme une vache produit annuellement 9 tonnes de bouses, soit environ 21 mètres cubes de matière solide, leur accumulation sur les sols conduirait à un blocage du recyclage de la matière organique et à une perte de surface en pâturages. L'activité des bousiers réduit de 20 % le temps d'exposition aérienne d'une bouse.

Les adultes transportent les matières fécales pour leur alimentation ou celle des larves, soit directement en profondeur sous la source, soit à distance, pour éviter de se faire voler leur pitance. On a pu démontrer récemment qu'ils ont le compas dans l'œil ! Ils s'éloignent de la source en ligne droite en s'orientant avec la trace lumineuse de la Voie lactée. Si on les coiffe d'une casquette à visière, ils sont déboussolés et tournent en rond. Avant d'enfouir leur récolte pour la consommer ou y pondre (cf. chap. 9), les bousiers creusent une cavité grâce à leurs pattes antérieures, puissantes et adaptées à l'excavation, puis transportent la matière par petits fragments, ou sous la forme d'une pilule, roulée ou tractée. L'enfouissement permet à la matière fécale de ne pas se dessécher trop rapidement, et de protéger son consommateur des prédateurs et des voleurs.

Ça alors ! Vol de bouse dans le Sahel

Comme chez les abeilles sauvages victimes de racket de pollen, ou chez les guêpes et les mouches voleuses de proies (cf. chap. 11 et 17), il existe du vol de bouse chez les bousiers ! Ce comportement s'observe chez les *Aphodius*, notamment au Sahel, mais seulement pendant la saison sèche. Ces *Aphodius* profitent de l'enfouissement rapide des excréments par d'autres coléoptères coprophages, pour pondre leurs œufs dans des cavités déjà remplies. Dans les nids, les larves des intrus se débarrassent des occupants légitimes en apportant des grains de sable abrasifs. Ces grains blessent, parfois jusqu'à leur mort, les larves hôtes, en griffant leur fragile tégument.

L'enfouissement aère les sols et la décomposition des excréments enfouis a un impact sur leur fertilité. Au Sahel, le simple dépôt de bouses de zébus, sans activité des bousiers, induit peu de modifications chimiques dans le sol. Les bouses sèchent rapidement et leurs potentialités organiques sont dissipées. En revanche, l'activité des coprophages avant la saison sèche entraîne une forte augmentation des teneurs en azote et en phosphore dans le sol. Cette action a de fortes implications agronomiques pour les peuples du Sahel. De plus, en enfouissant les germes fécaux et en détruisant les larves de certaines mouches, dont les futurs adultes sont piqueurs et vecteurs de pathogènes, les bousiers réduisent les maladies du bétail et de l'homme. En éliminant directement certains parasites du bétail (comme des vers nématodes intestinaux), ils participent à la réduction des risques de ré-infestation.

Cependant, les traitements antiparasitaires administrés aux troupeaux de bétail menacent la diversité et l'activité de la faune coprophage. Rémanentes ou retrouvées sous forme de résidus dans les excréments, ces molécules peuvent être toxiques pour les bousiers. L'ivermectine administrée aux moutons et aux chevaux est lentement relarguée dans leurs excréments, puis se dégrade dans l'environnement, où elle demeure toxique pour les larves de mouches et de bousiers. Au cours des dix premiers jours qui suivent un traitement au dichlorvos vermifuge, l'ensemble du crottin émis par un seul cheval peut potentiellement tuer jusqu'à 20 000 bousiers ! En conséquence de ces mortalités et de la raréfaction de certaines espèces sensibles, la décomposition des bouses et autres crottins est nettement ralentie. Dans le causse du Larzac, la durée de disparition des excréments d'animaux traités au dichlorvos est presque doublée.

Ça alors ! **Les bousiers au secours des éleveurs australiens**

Dans les vastes territoires d'Australie, l'introduction du bétail au milieu du XIXe siècle a posé un profond problème écologique. En effet, aucune des 200 espèces de scarabées bousiers indigènes, qui étaient adaptés aux crottes des kangourous, wallabys et autres wombats, n'a pu assumer l'enfouissement des excréments des troupeaux importés de millions de bovins et d'ovins. Au début des années 1960, l'accumulation des bouses non enfouies conduisait, chaque année, à une perte d'environ 1 million d'hectares de pâturages, stérilisés sous une croûte de bouses sèches. Ce couvert de bouse favorisait également la pullulation de mouches parasites qui attaquaient le bétail et d'infections épidémiques.
À partir de 1965, les scientifiques et les éleveurs australiens ont donc lancé un vaste programme pour introduire et acclimater des bousiers venant du sud de l'Afrique et du bassin méditerranéen. L'entomologiste hongrois George Bornemissza avait dressé une liste de 80 espèces de bousiers potentiellement adaptées aux conditions climatiques australiennes. Une cinquantaine d'espèces furent introduites de 1970 à 1985, avec un succès inégal. Ce pont aérien a coûté plusieurs millions de dollars aux éleveurs. Mais la fertilité des pâtures a été restaurée. D'autre part, les populations de la mouche *Musca vetustissima*, vecteur de multiples agents pathogènes, ont été réduites de 80 % après l'introduction des bousiers. Bornemissza a été récemment médaillé par le gouvernement australien, en reconnaissance de ses services à la nation !

Les abeilles au service de l'agriculture

Sauf chez les plantes à fleurs autofertiles, le pollen, élément mâle porté par les étamines, doit être transporté sur le pistil d'une autre fleur pour féconder un ovule. Un agent vecteur du pollen est nécessaire à cette pollinisation croisée. Cela peut être le vent pour les conifères et les graminées, ou l'eau. Mais, dans la plupart des cas, le vecteur est un animal, souvent un insecte, une mouche, un papillon, un scarabée, mais surtout une abeille ou un bourdon. La reproduction de plus de 80 % des espèces de plantes à fleurs dépend des 20 000 espèces d'abeilles dans le monde. En France, environ 1 000 espèces d'abeilles sauvages côtoient l'abeille mellifère domestiquée. Certaines plantes à fleurs, comme les orchidées, ont évolué étroitement avec leurs pollinisateurs, et développé des stratégies complexes pour les attirer (cf. chap. 6). De nombreux pollinisateurs ne sont pas spécifiques et visitent de nombreuses espèces végétales. Aux îles Galapagos, une seule espèce d'abeille, un xylocope, pollinise plusieurs centaines de plantes.
La contribution des abeilles et des bourdons est considérable sur le rendement quantitatif et qualitatif de trois quarts des plantes cultivées par l'homme. La production de graines de plantes fourragères et d'autres légumes ou condiments dépend également de ces insectes. Rapportées au tonnage, les cultures pollinisées par les abeilles représentent ainsi 35 % de la production mondiale de nourriture, et environ 10 % du chiffre d'affaires de l'agriculture mondiale. En s'appuyant sur le cours marchand des cultures et sur leur dépendance vis-à-vis des pollinisateurs, la valeur mondiale et annuelle de ce service de pollinisation rendu gratuitement par les abeilles a été évaluée à environ 153 milliards d'euros en 2005 : 100 milliards d'euros pour les fruits et légumes (abricots, amandes, cerises, pêches, poires, pommes,

prunes, courges, tomates, fraises et petits fruits…), 39 milliards pour les oléagineux (colza, tournesol, etc.) et 14 milliards pour le café, le cacao et les épices. Rappelons que 25 % des cultures (les céréales surtout) font toutefois confiance au vent pour leur pollinisation et assurent 60 % de la production alimentaire mondiale.

Ça alors !

Secrets de vanille : l'abeille et l'orchidée

La vanille est une liane grimpante originaire d'Amérique centrale, la seule des 20 000 orchidées au monde à offrir un fruit comestible. En 1520, Montezuma, empereur aztèque du Mexique, offrit des gousses de vanille au conquistador Hernán Cortés, qui introduisit les fèves de cacao et la vanille en Europe. Le chocolat chaud à la vanille fit alors fureur dans les cours européennes. Pendant plus de deux siècles, aux XVIIe et XVIIIe siècles, le Mexique a conservé le monopole de la vanille.

Jusqu'au XIXe siècle, les vanilles cultivées dans les serres horticoles hors de l'aire naturelle de la plante demeurèrent stériles. On ignorait alors qu'une abeille *Melipona* indigène joue un rôle pollinisateur indispensable à la formation du fruit. Un jardinier de Liège réussit la première pollinisation artificielle en 1836. Mais ce n'est qu'en 1841 qu'un jeune esclave de 12 ans de l'île Bourbon (aujourd'hui La Réunion), Edmond Albius, créa un procédé de pollinisation manuelle, encore utilisé de nos jours. Cette méthode fit de l'île Bourbon le premier centre vanillier de la planète, quelques décennies seulement après l'introduction de l'orchidée sur place en 1819.

L'abeille mellifère domestique et les abeilles sauvages livrent un service très complémentaire. En Wallonie, l'abeille mellifère ne serait responsable que de 15 % de la pollinisation des cultures entomophiles. L'apport de ruches, système artificiel d'introduction de cheptels de pollinisateurs d'élevage, montre ses limites, et la demande d'activité pollinisatrice augmente plus vite que les populations d'abeilles domestiques. Les atouts de l'abeille domestique, généraliste et populeuse, ne doivent pas faire oublier que son activité pollinisatrice est deux fois plus faible que celle d'une ouvrière de bourdon, notamment en raison de sa vitesse de butinage plus faible et de sa sensibilité à la pluie et au froid.

Mais la pollinisation constitue un service écologique fragile. Dans la plupart des pays industrialisés, les populations d'abeilles sont en rapide déclin depuis une cinquantaine d'années. Aux États-Unis, l'effectif d'abeilles domestiques aurait chuté de 30 % depuis vingt ans. Entre 2005 et 2007, les ruches auraient connu 30 à 50 % de mortalité à la sortie de l'hiver, contre 5 à 10 % en situation normale. Des phénomènes similaires ont été observés en Europe. La diversité spécifique des abeilles sauvages a également décliné de 25 % en France et en Belgique, ainsi qu'en Grande-Bretagne et en Hollande.

Il est peu probable qu'une seule cause explique ce « syndrome d'effondrement des colonies ». Les chercheurs entomologistes penchent plutôt pour la synergie d'un ensemble de petites perturbations d'ampleur unitaire moyenne. La mutation des paysages agricoles est l'un de ces facteurs : disparition des milieux naturels refuges (haies, landes…), fauche précoce et désherbage systématique des bords de route et de champ, réduction des cultures de légumineuses fourragères traditionnelles (trèfle, sainfoin, luzerne…), fumure azotée des prairies permanentes artificialisées, au profit des graminées mais au détriment de nombreuses plantes à fleurs… L'expansion universelle de maladies virales, de prédateurs et de parasites spécifiques (*Varroa, Nosema, Aethina*…) et l'application d'insecticides en sont deux autres. Enfin, d'autres causes mineures, comme l'accroissement des champs d'ondes électromagnétiques perturbant leur orientation, sont aussi invoquées.

Ça alors ! Une démonstration écologique historique

Les bourdons et la pollinisation figurent au cœur d'une célèbre et savoureuse démonstration de la complexité des interactions entre les plantes, les animaux, leurs habitats et l'homme, souvent attribuée à Darwin, partiellement à tort. Elle met en relation le nombre de vieilles filles et la puissance de la marine dans l'Angleterre victorienne du XIXe siècle.

Une interdépendance d'ordre écologique existe entre le trèfle rouge, les bourdons, les mulots, les chats, le bœuf, les marins et les vieilles filles anglaises. En effet, ces vieilles filles ont de nombreux chats, qui chassent les mulots, qui sont des destructeurs des nids souterrains de bourdons. Comme les bourdons assurent la pollinisation du trèfle rouge, les chats garantissent la réussite du trèfle. Or les bovins se délectent des trèfles et fournissent alors beaucoup de viande, partiellement transformée en corned-beef à longue conservation, chargé sur les bateaux pour alimenter de vaillants marins durant les voyages au long cours. CQFD : plus il y a de vieilles filles, plus il y a de marins…

Ça alors ! Quand les plantes empoisonnent leurs butineurs

Le pollen de certaines plantes, comme l'anémone des bois, la renoncule à tête d'or ou le tilleul à larges feuilles, a la réputation d'être toxique pour les abeilles. Les insectes butineurs connaissent la toxicité de ces plantes indigènes. Mais deux tilleuls introduits en Europe de l'Ouest, le tilleul argenté (*Tilia tomentosa*) et le tilleul de Crimée (*Tilia euchlora*), inquiètent les naturalistes. Pour des causes mal connues, ils entraînent une hécatombe chez plusieurs espèces locales d'abeilles et de bourdons, des individus étant retrouvés morts par dizaines au pied des arbres. La toxicité du nectar de leurs fleurs n'a pas pu être démontrée. Mais leur forte attractivité pourrait être un piège lors des sécheresses d'été. Plus il fait chaud et sec, plus leur parfum floral est propagé loin et attire les abeilles. Mais moins il dispose de ressources en eau, moins il produit de nectar. Les abeilles s'obstinent à visiter ces fleurs jusqu'à l'épuisement, et mourraient en fait d'inanition…

L'interaction entre certaines causes mérite d'être signalée. Alors que le parasite *Nosema* et l'insecticide imidaclopride n'ont aucun effet quand ils sont isolés, leur nocivité augmente quand ils sont combinés. Leur association dans l'abeille provoque en effet une baisse notable de la production d'un enzyme impliqué dans la production d'antiseptiques dans le miel, et donc une vulnérabilité accrue de la colonie aux pathogènes.

Des insectes ennemis naturels des ravageurs

Depuis un siècle, l'homme a appris à utiliser les insectes auxiliaires comme agents de lutte biologique pour maîtriser un autre organisme, nuisible, sans faire appel à des pesticides. Les nombreux exemples d'application sont à ranger dans deux cas de figure. Dans le moins commun des cas, des insectes herbivores sont recrutés pour lutter contre une plante envahissante. Ces dernières années, la ville de New York a par exemple lâché plusieurs milliers de charançons *Rhinoncomimus latipes* pour combattre la plante *Persicaria perfoliata* qui envahit ses parcs. Dans le second type, des ennemis naturels, prédateurs ou parasitoïdes, si possible spécifiques d'un herbivore cible, sont mobilisés pour combattre ses ravages sur les plantes cultivées. Cette version est la plus commune. L'homme joue à l'apprenti sorcier en procédant à des élevages massifs de l'insecte auxiliaire, puis à des lâchers inondatifs ciblés. Les difficultés résident dans la maîtrise des conditions d'élevage, le choix de la période du lâcher pour être synchrone avec le coupable des dégâts, la réussite de l'acclimatation de l'auxiliaire, et ses effets collatéraux sur les autres espèces indigènes.

Sans aller jusqu'à l'introduction d'un agent extérieur, il s'agit parfois simplement d'optimiser les conditions environnementales pour renforcer naturellement les effectifs d'un auxiliaire local. Les coccinelles, les larves de mouches syrphes et de chrysopes, les punaises anthocorides et mirides exercent une pression de prédation significative sur les populations de pucerons, de psylles, de cochenilles et d'acariens. Une larve de syrphe et une coccinelle peuvent respectivement dévorer 50 et 150 pucerons par jour. Aux États-Unis, la valeur économique du contrôle naturel des ravageurs par les insectes auxiliaires locaux est estimée à 5 milliards de dollars par an. Les deux groupes les plus couramment introduits pour la protection des cultures contre les herbivores sont les coccinelles, prédateurs voraces de pucerons et d'acariens, en vente dans les jardineries, et les guêpes parasitoïdes, comme les trichogrammes parasites de chenilles de pyrale du maïs.

En France, la lutte biologique a été inaugurée par les essais de P. Marchal (cf. chap. 8) au début des années 1920. Marchal participait alors à un réseau mondial d'expériences sur la régulation d'*Icerya purchasi*, cochenille australienne des acacias, introduite accidentellement et menaçant les plantations d'agrumes sur différents continents. En Californie, Charles Riley avait démontré l'action efficace de la coccinelle australienne *Rodolia cardinalis* sur la cochenille dans les orangeraies. La cochenille a débarqué en France en 1913 à Saint-Jean-Cap-Ferrat. En réponse, l'introduction de la coccinelle australienne fut un événement historique. Prédatrice spécifique de cette cochenille, la coccinelle n'induit pas d'effets secondaires notoires sur d'autres espèces de la faune locale ; elle a même été lâchée pour lutter contre *Icerya* dans les fragiles îles Galapagos !

En France, entre 1915 et 1925, une série d'autres essais d'acclimatation fut entreprise. Deux d'entre eux donnèrent des résultats encourageants : la coccinelle *Cryptolaemus montrouzieri*, prédatrice de diverses cochenilles, et la guêpe *Aphelinus mali*, parasitoïde du puceron lanigère américain du pommier, introduit en France au début du XIXe siècle. À cette époque, un réseau de stations entomologiques et d'insectariums publics (Menton, Montargis, Antony, Saint-Genis-Laval…) expérimentait les premiers élevages de masse. Après la Première Guerre mondiale, la lutte biologique semblait particulièrement séduisante pour les arboriculteurs, sans arme chimique efficace. Le développement de l'agrochimie après la Seconde Guerre mondiale a changé la donne pour la lutte biologique, qui connaît cependant aujourd'hui un regain d'intérêt…

Ça alors !

La coccinelle asiatique, amie ou ennemie ?

La grande coccinelle asiatique arlequin, *Harmonia axyridis,* a été au XXe siècle la coccinelle la plus étudiée dans le monde, d'abord à partir d'échantillons de souches indigènes chinoises. Les États-Unis l'avaient enrôlée dès 1916 pour lutter contre les pucerons. Elle fut ensuite utilisée en Europe à partir de 1982, puis en Amérique du Sud quatre ans plus tard. Cette arme biologique performante s'est toutefois retournée contre les agriculteurs et les jardiniers. Au lieu de se contenter de croquer des pucerons, elle s'attaque aux larves de ses cousines autochtones, et s'est lancée, depuis vingt ans, dans une invasion hors de contrôle. En Grande-Bretagne, les populations de sept coccinelles indigènes majeures ont baissé de moitié entre 2004 et 2012 !

26

Des fournisseurs officiels
de l'humanité

> « Abeille : petit insecte capable de fabriquer du ciel. »
> **Pef**, *Dictionnaire des mots tordus*

> « Fourmis, petites perles noires dont le fil est cassé. »
> **Jules Renard**, *Journal*

Où l'on apprend qu'un pot de miel requiert 7 000 heures de récolte de nectar pour 20 000 voyages d'abeilles. Que les insectes comestibles pourraient faciliter la lutte contre la faim. Que le carmin des costumes prestigieux du Moyen Âge et le rose de la saucisse de Francfort proviennent de pigments de cochenilles. Que le cocon d'un ver à soie est un unique fil de 1 500 mètres. Que les buprestes rutilants sont enfilés comme des perles pour confectionner des colliers et que les femmes créoles accrochent des vers luisants dans leur noire chevelure.

Les abeilles en connaissent un rayon

Les produits de l'abeille *Apis mellifera* intéressent les hommes depuis très longtemps. Dans la grotte des araignées près de Valence en Espagne, la récolte de miel sauvage est dépeinte sur un pétroglyphe. On pratiqua l'apiculture dès l'Antiquité, en conservant l'essaim des abeilles sur sa branche porteuse. La ruche de paille, puis la ruche de bois à cadres et rayons mobiles furent respectivement introduites aux XVIIIe et XIXe siècles.

Parmi les produits de la ruche, le miel a constitué pendant des millénaires en Occident la seule source abondante de sucre. Les Grecs et les Romains conservaient déjà les fruits et les viandes en les immergeant dans du miel. Il est un aliment pur pour les Juifs, et seuls les végétaliens s'interdisent de le manger par principe (car il repose sur l'exploitation des abeilles !). En 2005, la production mondiale atteignait 1,4 million de tonnes, la Chine étant le premier producteur mondial et l'Union européenne un importateur majeur.

Le miel n'est pas une production des abeilles au sens propre, comme la gelée royale. Il résulte de la transformation des récoltes des butineuses car le miel n'est pas produit à partir du pollen, mais du nectar sucré, sécrété par les plantes, et du miellat, excrété par les pucerons qui pompent la sève des plantes, absorbent les nutriments qu'ils peuvent et rejettent les autres, notamment des sucres. Ce miellat est récolté par les abeilles et les fourmis (cf. chap. 12). Les abeilles butineuses pompent nectar et miellat avec leur langue, les stockent dans leur jabot, poche transitoire au début du tube digestif, dans lequel commencent les premières réactions chimiques avec les enzymes salivaires. À chaque voyage, une butineuse peut collecter au maximum 70 mg de nectar dans son jabot pour environ 500 fleurs butinées. Sachant que 70 mg de nectar ne donneront que 20 mg de miel, un pot de 500 g de miel requiert 20 000 voyages, soit 10 millions de fleurs visitées et 7 000 h de travail de récolte ! Une colonie produisant en moyenne 10 kg de miel par an, ses butineuses auront réalisé près de 400 000 prospections pour 140 000 h de labeur !

De retour à la ruche, la butineuse régurgite sa récolte à une des ouvrières, qui l'échange avec les autres par trophallaxie pour continuer à transformer les sucres. Le miel est ensuite stocké dans les alvéoles, mais le travail n'est pas fini. Pour réduire sa concentration en eau, les abeilles vont le ventiler en battant des ailes, pour l'assécher. D'un mélange de nectar et miellat à 80 % d'eau, le miel final stabilisé en comporte moins de 18 % pour se conserver plus longtemps. Quand une ouvrière estime que le miel est « à point », elle ferme la cellule par un bouchon de cire. Cet opercule est imperméable à l'eau et à l'air. Le miel ne devient cependant pas complètement inerte : un enzyme appelé invertase, que les abeilles y introduisent, continue son activité dans le pot et le fait progressivement cristalliser. En effet, le miel se conserve longtemps mais réabsorbe facilement l'humidité s'il est maintenu à l'air ambiant. En raison de sa concentration élevée en sucre, il tue la plupart des bactéries par osmose : l'eau de la bactérie en sort par la paroi pour diluer le sucre du milieu extérieur, plus concentré (cf. chap. 28). Des archéologues ont retrouvé du miel comestible dans les tombeaux des pharaons égyptiens.

Certaines plantes vénéneuses, comme la belladone, donnent un miel toxique pour l'homme, les abeilles n'étant pas sensibles au venin. Une anecdote historique rappelle cet état de fait. Le peuple de Colchide (dans l'actuelle Géorgie) aida Mithridate, roi d'Asie mineure, lors de sa fuite face à l'empereur romain Pompée, en abandonnant sur sa route des amphores pleines de miel de *Rhododendron ponticum*, aux effets hallucinogènes et laxatifs. Tombés dans le piège et malades, les légionnaires romains furent défaits par les troupes de Mithridate.

La fermentation alcoolique de miel liquide dilué en hydromel (ou en chouchen breton si la fermentation implique également du jus de pomme) constitue une des plus anciennes boissons alcooliques (née en Chine il y a 9 000 ans). Dans la mythologie nordique, les Walkyries remplissent les cornes d'hydromel, durant le festin des dieux.

Parmi les autres produits comestibles de la ruche, citons la propolis et la gelée royale. La propolis est une résine que les abeilles récoltent sur les bourgeons des arbres et qu'elles appliquent, pour ses vertus antiseptiques, autour des cellules de couvain. Les apiculteurs la collectent dans la ruche en grattant la périphérie de certains cadres, et fabriquent de la gomme à mâcher ou du sirop soignant notamment les maux de gorge. La gelée royale est sécrétée par les jeunes abeilles nourrices pour alimenter la reine et les jeunes larves. Elle est dérivée des protéines et des nutriments présents dans le pollen qu'elles ont ingéré, et fournit une source de protéines directement assimilable.

Bref tour du monde des insectes comestibles

Mais la consommation des insectes paraît exotique et répugnante à la majorité des Occidentaux, qui se régalent pourtant de crustacés, crevettes, crabes, ou encore de mollusques... Au début du XXIᵉ siècle, les peuples de 36 pays d'Afrique, 29 pays d'Asie et 23 pays des Amériques mangent régulièrement des insectes, plus de 1 400 espèces au total. Les enfants et les femmes jouent un rôle très actif dans la chasse aux insectes, souvent peu dangereuse. Les insectes comestibles font partie du régime alimentaire de 80 % de la population mondiale. Le Mexique est par excellence un pays où les insectes sont très prisés, avec plus de 200 espèces consommées. À tel point que 40 espèces y sont désormais menacées !

Tous les insectes ne se mangent pas : certaines espèces sont toxiques. Souvent, seul l'abdomen, moins sclérifié, est consommé, cru ou cuit. Sur le plan organoleptique, les fourmis auraient un goût de citron, les chrysalides des fourmis de feu un goût de pastèque, et les larves de capricornes du bois un goût d'amande ou de noisette. Les criquets et les sauterelles font partie du régime des peuples du désert depuis des millénaires, dans la tradition arabo-islamique et juive, cette dernière interdisant pourtant la consommation des insectes d'après le *Lévitique*. Les Romains auraient mangé des chenilles de *Cossus* (un papillon dont les larves vivent dans le bois mort) d'après Pline l'Ancien, et les Grecs des cigales. Les beondegi, pupes de ver à soie cuites à la vapeur ou bouillies et assaisonnées, sont un en-cas populaire de la cuisine coréenne. Les larves de capricornes et autres coléoptères vivant dans le bois sont un mets recherché par de nombreux peuples. Le ver de bancoule, larve de longicorne longue de 8 cm vivant dans le bois de bancoulier, est dégusté en grande pompe en Nouvelle-Calédonie, dans la province du Sud, le 2e dimanche de septembre, et consommé cru, grillé ou cuit après avoir dégorgé dans la noix de coco râpée. Le ver palmiste, larve des charançons du palmier, est très répandu dans les régimes alimentaires en Amazonie, en Nouvelle-Guinée, en Inde.

Les bergers de Corse et de Sardaigne apprécient un fromage fermenté et ramolli par l'action des asticots des mouches *Piophila*. Officiellement interdit, ce fromage que les Sardes désignent sous le nom de *casu marzu* se vend toujours au marché noir… Dans certaines régions d'Afrique, les *kungu cakes* à base de moucherons, constituent un plat délicat. Les fourmis « pots de miel », individus sédentaires au jabot dilaté par le stockage de nectar servant de réserve pour la colonie (cf. chap. 23), sont une friandise recherchée en Australie et au Mexique. Les Aborigènes creusent le sol jusqu'à 2 m de profondeur pour les trouver dans les colonies souterraines.

En Amazonie, les lourdes fourmis reproductrices *Atta*, grasses des réserves accumulées avant l'essaimage, sont récoltées par de nombreux Amérindiens. Dans le monde, plusieurs sociétés rizicoles consomment des libellules et d'autres insectes aquatiques. En Asie orientale, les bélostomes, punaises-scorpions d'eau (cf. chap. 9), sont séchées et réduites en une poudre fréquemment employée comme condiment. Thaïlandais et Laotiens mangent les libellules adultes frites ou rôties. À Bali, jusqu'à la fin des années 1970, les insectes représentaient une part indispensable des apports journaliers en protéines. À chaque repas, une vingtaine d'insectes étaient servis avec le riz. Cette consommation a régressé du fait de la raréfaction des libellules décimées par les insecticides et de l'accès généralisé aux viandes de porc et de poulet. Et les enfants, traditionnels chasseurs de libellules, sont dorénavant plus prompts à jouer aux jeux vidéo à la sortie de l'école…

Ça alors ! Insectes et diététique

Par rapport aux autres ressources alimentaires, les insectes peuvent constituer une riche source de vitamines et de minéraux. Certains contiennent davantage de protéines que la viande ou le poisson. La concentration en protéines des chenilles consommées au Zaïre atteint 64 %, contre 35 % pour une escalope de porc cuite ou un morceau de fromage. Selon des chercheurs japonais, un régime constitué de riz, de soja, de patates douces, de légumes verts, de vers à soie et de poissons remplirait tous les besoins nutritifs humains. La surface de culture requise pour fournir 50 g de vers à soie par personne et par jour, serait de 64 m² seulement.

La consommation d'insectes représente une approche prometteuse pour faire face aux besoins alimentaires d'une population mondiale en croissance, notamment dans les pays du Sud frappés de malnutrition. En 2008, une conférence de la FAO a eu lieu en Thaïlande pour étudier le potentiel nutritionnel des insectes. Seuls les préjugés occidentaux semblent limiter aujourd'hui la place des insectes dans l'aide humanitaire. Depuis quelques années, des chips de sauterelles et des burgers de vers de farine sont vendus dans les grandes chaînes de supermarchés en Belgique et aux Pays-Bas, tout comme des pâtés pour toasts à base d'insectes, dans lesquels on ne trouve pas de morceaux d'insectes apparents, pour ne pas rebuter le consommateur… Dans les camps spatiaux, on envisage d'utiliser les insectes à la fois comme source de nourriture et pour éliminer les déchets. En outre, des restaurants servant des plats à base d'insectes s'ouvrent dans les grandes métropoles du monde. Les insectes constituent aussi une réelle opportunité pour alimenter les animaux d'élevage. Des bioraffineries d'insectes à l'échelle industrielle sont actuellement à l'étude pour remplacer une partie des actuelles farines destinées à l'élevage par des farines produites à base d'insectes, provenant d'élevages entretenus pour convertir des résidus organiques.

Matières premières pour toutes les beautés

Teintures et pigments : les insectes au service de la couleur

Les rouges de cochenilles

La couleur rouge vif du sang est attachée à une symbolique riche et très ancienne. Le sang lui-même perd en séchant son rouge initial et vire au brunâtre. Pour produire un rouge vif, on a eu tôt recours à une autre matière vitale : le suc des mollusques à pourpre (*Murex* sp.). D'abord incolore, le suc des murex passe au verdâtre sous l'effet de l'air et de la lumière, puis vire à cet indéfinissable rouge-brun sombre et violacé qui fit sa gloire. La pourpre de Tyr teignait la toge des empereurs romains, dont ils se réservaient l'usage. Au Moyen Âge, en Occident, on est coupé des sources de coquillages, on a perdu la technologie de la teinture à la pourpre et, pour teinter les draps de laine et la garde-robe des princes, on se rabat sur un autre colorant prestigieux, le rouge de kermès, écarlate, couleur symbole de pouvoir et de prestige.
Sur le chêne kermès *Quercus coccifera,* petit arbre méditerranéen, vit une cochenille à laque, *Kermes vermilio*, immobile, de forme sphérique et de petite taille (6 à 8 mm). Cette cochenille a longtemps été assimilée à un fruit, si bien qu'on attribuait à ce chêne la capacité de produire à la fois des glands et des baies. 5 kg d'insectes récoltés fournissent 50 à 55 g d'un pigment rouge sang

à base d'acide kermésique. Le rouge de cochenille était usité comme teinture dite de « grand teint », ou mêlé à du talc ou à de l'amidon pour confectionner des fards, ou encore pour colorer des sirops pharmaceutiques. La manufacture de tapisserie des Gobelins lui doit ses rouges éclatants. Les teintes obtenues varient du rouge vif au rouge sombre ou violacé et, vertu suprême : elles ne passent pas.

Dès la fin du XVIe siècle, une autre cochenille rouge devient l'un des principaux produits importés des Amériques, se substituant en partie au *Kermes vermilio*. La cochenille rouge *Dactylopius coccus,* qui vit sur les cactus nopals du genre *Opuntia* (les figuiers de Barbarie), est originaire d'Amérique du Sud et du Mexique. Elle a été introduite avec son hôte en Espagne, aux îles Canaries, en Algérie et en Australie pour la production de teinture. La femelle, au corps mou porteur d'une écaille dorsale plate et ovale, mesure environ 5 mm de long. Immobile et plaquée contre le cactus, elle plante son rostre dans la plante pour en consommer la sève. Les mâles adultes sont minuscules et ailés, et vivent le temps de s'accoupler avec des femelles. Après l'accouplement, la femelle grossit et sécrète une substance blanche semblable à de la cire afin de se protéger de la pluie et des excès de chaleur. Son corps produit à l'intérieur un pigment rouge à base d'acide carminique pour se protéger des prédateurs.

Les insectes sont tués par différentes méthodes qui produisent des pigments de couleurs différentes : immergés dans l'eau chaude puis séchés, ou exposés au soleil, tués à la vapeur ou au four. Il faut environ 70 000 insectes pour produire une livre de teinture de cochenille. L'extrait de cochenille est le colorant brut tiré des insectes séchés et pulvérisés, alors que le carmin est une préparation par extraction à partir des insectes séchés dans différents bains chimiques. Les cochenilles ont une teneur en acide carminique de 19 à 22 %.

Avant l'avènement des colorants artificiels, le marché du carmin était florissant. Ces dernières années, il a été dopé par l'interdiction de plusieurs colorants de synthèse et par la demande croissante du client pour des produits d'origine naturelle. En 2005, les principaux producteurs étaient le Pérou surtout, et l'île Lanzarote aux Canaries. La France est le plus gros importateur mondial, le secteur de la pâtisserie-confiserie représentant un consommateur important. Le colorant (E120) issu des cochenilles est utilisé dans l'industrie agroalimentaire, mais aussi dans l'industrie pharmaceutique et cosmétique. Il donne leur couleur rosée aux saucisses de Francfort, à l'Orangina rouge, à l'apéritif italien Campari et aux biscuits boudoirs « roses ». En 2011, une pénurie de colorant rouge E120 a été déclenchée par l'abandon partiel d'un rouge concurrent (E124), suspecté de provoquer l'hyperactivité chez les enfants. Elle a été aggravée par l'abandon de certains éleveurs, le mauvais temps, la mauvaise gestion des stocks. Les prix ont flambé et on s'est remis à planter et à infester des cactus...

Le noir de galle

Le chêne pubescent méridional réagit à la piqûre des petites guêpes *Cynips* en produisant des galles (cf. chap. 14), excroissances sphériques riches en tanins galliques (de 50 à 70 %). Associée à du sulfate de fer, la poudre de noix de galle réagit pour donner une teinture de couleur noire traditionnellement utilisée pour noircir la soie et fabriquer les encres de la plupart des manuscrits entre le XIIe et le XIVe siècle. Les couleurs obtenues sont très stables au lavage et à la lumière. Les tannins galliques sont également employés pour le tannage du cuir.

Ça alors ! Recyclables, les nids d'insectes sociaux !

La cire, produite par les glandes cirières des abeilles sous forme de petites écailles, est malaxée par leurs mandibules avec de la salive, pour constituer le matériau des alvéoles. C'est un mélange complexe de plus de 300 composés organiques ! Matière plastique et combustible, elle était principalement employée pour les bougies d'éclairage et, aujourd'hui encore, pour la protection des surfaces (meubles, maisons, chaussures) et en cosmétique. En Afrique de l'Ouest, les parpaings qui sont posés à la base des murs des cases sont taillés dans le mélange très dur de salive et d'argile qui constitue les murs de termitières.

Textiles et accessoires : les insectes au service de la mode

Les sociétés ont toujours été fascinées par la diversité des matériaux naturels et les ont employés pour leurs vertus décoratives. Les insectes ont tôt fait partie du lot... Aujourd'hui encore, en Asie du Sud-Est, les insectes impressionnants sont ramassés par les indigènes, exportés par les marchands chinois puis utilisés dans la confection de bijoux ou l'agrément de parures.

La soie, un coup de fil du bombyx

Le bombyx du mûrier (*Bombyx mori*) est un papillon domestique originaire du nord de la Chine, inconnu à l'état sauvage. Il s'hybride avec le papillon sauvage *Bombyx mandarina* qui vit dans le nord de l'Inde, en Chine, en Corée et au Japon, et dont il est peut-être un cousin. La chenille de *B. mori*, le ver à soie, a été sélectionnée pour être élevée et produire ladite soie depuis trois mille ans en Chine. La découverte est attribuée à l'impératrice Leizu. Une des légendes raconte qu'elle buvait du thé sous un mûrier lorsqu'un cocon tomba dans sa tasse. En voulant le récupérer, un fil de soie douce s'en détacha et plus elle tirait, plus le fil s'allongeait... L'enroulant autour de son doigt pour pouvoir tirer encore, elle ressentit une chaleur agréable. La sériciculture était née. L'élevage fut préservé comme un secret d'État et un monopole chinois lucratif pendant près de trente siècles, mais la soie circulait vers l'Occident par la « route de la soie ».

Il existe une grande variété de lignées de bombyx qui diffèrent par la couleur et la qualité de leur soie, la dimension et la forme du cocon, le nombre de générations annuelles. D'autres grands papillons saturnides, comme le bombyx chinois du chêne *Antherae pernyi*, les *Philosamia* ou les *Telea* en Extrême-Orient et en Inde, fournissent une soie « sauvage » dite shantung ou tussor. *Bombyx mori* assure toutefois à lui seul la quasi-totalité de la production mondiale de soie (160 000 t en 2006), dont 2/3 proviennent de la filière industrielle chinoise. La France produisait en 1853, à l'apogée de la filière, 2,4 tonnes de soie, mais la production s'est éteinte. Le déclin a d'abord été provoqué par des maladies de la chenille dans les élevages, la pébrine et la flacherie (sujets des premiers travaux microbiologiques de Pasteur), puis par l'évolution du contexte économique (exode rural, coût croissant de la main-d'œuvre et essor des fibres artificielles concurrentes).

Dans les élevages, les feuilles du mûrier blanc, du mûrier noir ou les feuilles de troène peuvent servir de nourriture au ver à soie. Quand la chenille sort de l'œuf, elle est longue de 2 mm et pèse 0,5 mg. Après quatre mues et une croissance considérable, la chenille mesure 80 mm et pèse 9 500 mg ! Elle tisse alors un cocon à l'intérieur duquel elle se transforme en chrysalide. Pour fabriquer son cocon, elle dispose de chaque côté du corps d'une glande séricigène qui produit un fil de soie. Les deux fils se soudent dans la filière et y sont recouverts d'un vernis brillant le protégeant de l'humidité. Le fil de soie qui forme un seul cocon mesure entre 800 et 1 500 mètres de long. Ce fil est dévidé après passage dans un bain chauffant. Autrefois, on préparait, directement à partir des glandes séricigènes, du crin de Florence, qui servait de fil de suture en chirurgie et de fil de pêche. On trempait dans un bain acidulé les chenilles sur le point de fabriquer leur cocon, pour extraire les glandes, les étirer légèrement et fabriquer alors un fil de 30 à 40 centimètres de long.

Aujourd'hui, le ver à soie sert de modèle biologique aux chercheurs. Son génome fait l'objet de nombreuses expérimentations dans l'espoir de produire un fil aux qualités innovantes. Certains cocons modernes issus de la recherche génétique sont si durs que les papillons ne peuvent s'en échapper que s'ils sont aidés.

Les scarabées-bijoux : tout ce qui brille n'est pas or !

L'usage des insectes vivants ou morts comme bijoux a été pratiqué et l'est encore dans de nombreuses régions du monde, de l'Amazonie à la Thaïlande du Nord, dans les forêts d'altitude de Nouvelle-Guinée, au Mexique et en Amérique centrale, en Inde et dans l'Égypte ancienne. Les coléoptères sont les principaux insectes utilisés dans cette fabrication : bousiers à cornes, chrysomèles et cassides, cétoines, buprestes et charançons, scarabées rutélines (comme le fameux scarabée d'or qui inspira Edgar Poe).

Les autres groupes sont moins usités, en raison de la fragilité et de l'instabilité de leurs couleurs. Toutefois, les ailes bleues resplendissantes des papillons *Morpho* d'Amérique du Sud sont utilisées pour confectionner des colliers ou des boucles. Le prix de certaines variétés chromatiques atteint plusieurs centaines d'euros. Certaines espèces de *Morpho*, menacées par les captures à grande échelle (cf. chap. 32), ont été sauvées par l'essor des élevages de papillons. L'irisation de leurs ailes est due à l'interférence de la lumière et à la diffraction dans le réseau de leurs écailles microsculptées, apposées sur les ailes comme de minuscules ardoises (cf. chap. 29).

Ça alors !

Précieux fourreaux

Les larves aquatiques des *Phryganes* se fabriquent un étui rigide de débris divers pour s'abriter du courant et des prédateurs. Dans les années 1980, l'artiste Hubert Duprat a eu l'idée de débarrasser des larves de leur fourreau naturel et de les placer dans un aquarium dont le fond était recouvert de paillettes d'or, de miettes de pierres semi-précieuses et de perles. L'insecte bâtisseur s'est mué en joaillier : *Sept tubes de trichoptères* est une œuvre d'art automatique (« ready-made »), luxueuse et symbolique.

De même, les couleurs rutilantes des carapaces de scarabées sont souvent dues non pas à des pigments chimiques instables, mais à l'orientation des couches supérieures non parallèles de leur cuticule. La teinte et l'intensité de leur brillance métallisée, bronzée, cuivrée varient donc avec l'angle d'incidence des rayons de lumière. Des insectes naturalisés aux couleurs chatoyantes sont donc montés en épingles de cravates, sur bagues ou boutons de manchette, dans des médaillons, des bracelets, enfilés comme des perles sur des colliers, des pendants d'oreilles ou des broches, en remplaçant parfois leur ventre et leurs pattes par de l'or ou de l'argent.

Au XIXe siècle, les bijoutiers n'employaient guère que sept ou huit espèces de coléoptères exotiques, ainsi que les scarabées européens hoplies aux élytres bleus. Ces hoplies sont de petits hannetons communs, qui doivent leurs reflets à une poussière bleue faiblement adhérente, donc instable.

Les nombreuses espèces de coléoptères buprestes, en anglais *jewel beetles*, ont été largement exploitées en joaillerie. En Inde et au Sri Lanka, les femmes portaient un bupreste cuivré *Chrysochroa ocellata* vivant accroché par une chaînette à leur robe lors des festivités.

Ça alors !

Tout pour la musique !

Il semble que le didgeridoo existe depuis l'âge de pierre. Dans les savanes sèches du nord de l'Australie, les Aborigènes le fabriquent à partir d'un tronc, souvent d'eucalyptus, évidé par les termites. Pour compléter cet instrument de musique, au tube de plus d'un mètre de longueur, ils ajoutent une embouchure en cire d'abeilles.

Morts ou vifs, ils font des parures exotiques

L'ornementation des parures a largement fait appel à la diversité des insectes. Les tribus des monts Hagen, en Nouvelle-Guinée, ajoutent des coléoptères brillants à leurs ornements pour afficher leur puissance et leur richesse, mais aussi pour attirer la prospérité. En Amazonie, les Jivaros améliorent le pouvoir magique de leurs pendeloques en incluant des élytres brillants avec d'autres éléments naturels, comme des plumes de toucan, des dents de singes, des cheveux, des os d'oiseaux, pour se protéger des influences mystérieuses et des forces de la nature. En Équateur, les casques d'honneur destinés au chef de la tribu comportent de rutilants scarabées Rutelinae combinés à des graines multicolores. En Inde, les élytres brillants de coléoptères sont traditionnellement fixés sur les pièces de mousseline. Au XIXe siècle, les chasseurs de forêts montagneuses de Birmanie alimentaient le marché de Calcutta de millions d'élytres de buprestes *Chrysochroa*. Aux XVIIIe et XIXe siècles, de pair avec la vogue des cabinets de curiosités, un goût pour l'exotisme se développa en Europe, inspirant notamment la mode vestimentaire. Par exemple, on se mit à créer des costumes intégrant des éléments exotiques provenant des contrées en cours d'exploration. En France, les mondaines portaient des chapeaux ornés de papillons vernis par les modistes, et certaines se lancèrent dans l'élevage de puces, qu'elles portaient vivantes dans un médaillon de cristal.

Aux Antilles et à Cuba, les élégantes femmes créoles rehaussaient leurs charmes en fixant des sachets de taupins pyrophores lumineux dans les plis de leur robe blanche ou dans leurs cheveux noirs (cf. chap. 4). Au retour de leurs soirées, les belles les rafraîchissaient en les plongeant dans un verre d'eau, puis les plaçaient dans une petite cage avec des morceaux de canne à sucre à sucer.

27

Insectes de compagnie
et entomophobie

« Certaines personnes croient qu'une coccinelle, lorsqu'une jeune femme l'observe, s'envolera directement à l'endroit où se trouve un garçon prometteur, aidant ainsi les filles à se trouver un mari. La coccinelle ne fait rien de tel. Elle a ses propres problèmes ! »

Will Cuppy, *Comment attirer le wombat*

Où l'on découvre que les fourmis sont des instruments de torture en Afrique et d'initiation en Amazonie. Que les enfants japonais élèvent un scarabée de compagnie comme gladiateur miniature. Que les grillons chanteurs encagés accompagnaient le sommeil des dames de la cour impériale en Chine. Que les entraîneurs de grillons les secouent pour les exciter avant un combat. Que les cafards géants sont de nouveaux animaux de compagnie en Australie et en Thaïlande. Et qu'un bon insecte est un insecte mort pour les entomophobes.

Insectes récréatifs et entomomachie

Dans beaucoup de sociétés à travers le monde, les insectes vivants peuvent constituer des jouets rudimentaires : cirques de puces, boîte-lampe à lucioles, lancer d'insectes à l'envol, insectes cerfs-volants. Les enfants s'amusent ainsi à attacher une ficelle à la patte d'un gros insecte ailé, et courent après ce cerf-volant improvisé, ou fixent un drapeau léger à une patte arrière pour convertir l'animal volant en aéroplane publicitaire. Dans *La Gloire de mon père*, Pagnol raconte comment son petit frère insérait une feuille d'amandier dans le derrière des cigales afin de voir si ce gouvernail améliorait leurs performances en vol ! En Europe, au temps où des campagnes de hannetonnage étaient mises sur pied pour réduire leurs dégâts cycliques, les lourds hannetons vrombissant au crépuscule étaient des jouets de choix.

Ça alors !

Chenilles et pois sauteurs

Le pois sauteur du Mexique, en réalité la graine d'une euphorbe mexicaine, *Sebastiana palmeri*, occupée par une chenille du carpocapse *Laspeyresia saltitans*, a été largement popularisée auprès de toute une génération de lecteurs du magazine *Pif Gadget* : son numéro 137 du 4 octobre 1971 qui proposait ce mystérieux cadeau a été tiré à 1 million d'exemplaires ! Lorsque la chenille a consommé la graine et qu'il ne reste plus que l'enveloppe du fruit, elle se détend brusquement dans sa loge, ce qui détache le fruit et le fait sauter à distance du plant mère. La chenille se tortille jusqu'à ce que le fruit soit arrivé sur un site favorable à sa nymphose.

Gladiateurs miniatures

Coléomania

Les Japonais ont la passion des insectes depuis plusieurs siècles, et les enfants japonais sont traditionnellement très intéressés par les insectes en élevage, malgré leur faible retour affectif ! Les *ohkuwagata*, des lucanes vivant dans le bois pourri, sont chassés et domestiqués depuis des générations. Il y a une vingtaine d'années, ces animaux étaient devenus une marchandise précieuse et se vendaient jusqu'à 7 000 dollars pièce, parfois davantage en cas de singularité morphologique (les yeux blancs par exemple). Il en existait même des distributeurs automatiques ! Dans les années 1990, la crise et la dépréciation générale de tous les investissements des Japonais, ainsi que l'accroissement de l'offre ont fait chuter le cours du scarabée et causé l'éclatement de la « bulle entomologique ». Deux facteurs ont fait exploser l'offre : la réussite de l'élevage des *ohkuwagata* et le marché parallèle des scarabées chassés ailleurs en Asie (comme le combatif lucane turc *Lucanus cervus akbesianus*, long de 9 cm !) et importés en contrebande. La plupart des spécimens sont aujourd'hui affichés à moins de 100 dollars pièce. Mais des perles existent encore, comme ce mâle japonais du lucane *Dorcus hopei binodulosus* vendu plus de 62 000 euros au cours des années 2000.

Depuis quelques années, un jeu vidéo, des cartes de collection et un dessin animé, *MushiKing* (« Le roi des scarabées »), basés sur des duels de lucanes (les *kuwagata*), ont ravivé l'intérêt des jeunes Japonais pour l'élevage de coléoptères. Nombre d'entre eux élèvent leur lucane de compagnie, pour posséder un bel insecte vivant ressemblant à leur héros virtuel. L'insecte adulte se nourrit de miel et de sève et vit environ cinq ans. Les enfants le baladent dans un terrarium portable, le laissent parcourir leurs bras et organisent de modestes combats.

Cette coléomania existe dans d'autres régions d'Asie. À Taïwan, un chercheur en entomologie a estimé le marché annuel des coléoptères et des produits afférents, des aliments spécifiques aux jouets, à 66 millions d'euros ! Dans le nord de la Thaïlande, les habitants de la province de Chiang Mai, épris de jeux et de paris, délaissent les combats de coqs en septembre pour organiser des joutes de coléoptères gladiateurs miniatures. Un festival de rencontres officielles est alors diffusé à la télévision nationale. Capturés dans la nature, les scarabées mâles (*Xylotrupes* sp.) subissent une sélection rigoureuse en fonction de leur taille (près de 7 cm de long) et de la forme de leurs deux cornes. Lors du combat, les adversaires cherchent à se déséquilibrer sur un ring en rondin de bois, à la manière de lutteurs, stimulés par des phéromones libérées par deux femelles captives placées à l'intérieur du rondin.

Combats de grillons

De tels combats d'entomomachie sont organisés avec des grillons en Chine, en Indonésie, au Vietnam et à Madagascar. En Chine, le combat de grillons est vécu intensément depuis des siècles. Dans la province de Shandong, au sud de la Chine, depuis deux mille ans, des grillons sont élevés en vue de combats non clandestins dans tout le pays, notamment à Shanghai et à Pékin, où de fortes sommes sont pariées. Avant un duel, les combattants mâles sont gardés trois jours dans une petite jarre, avec nourriture et compagne ! Dans chaque catégorie (poids léger, moyen et lourd), le combat se déroule selon une séquence stéréotypée : escrime avec les antennes, prise de mandibules, corps à corps : perd celui qui se sauve. Pour réactiver l'agressivité d'un grillon défait, l'entraîneur le secoue entre ses mains jointes, excitant ses ganglions thoraciques !

Chanteurs en cage

La coutume d'avoir chez soi des grillons pour les combats, ou simplement pour le chant, était clandestine pendant la révolution culturelle, qui la considérait comme un passe-temps bourgeois réservé aux riches oisifs. Autrefois, c'était d'ailleurs pour favoriser le sommeil des dames de la cour impériale que de petits grillons étaient enfermés dans des cages dorées près de leur lit. Mais le chant du grillon domestique élevé dans de petites cages reste très apprécié des Chinois. Et, dans leurs contrées respectives, le grillon-cloche (*suzumushi*) du Japon et le grillon de Tanana des tribus amazoniennes sont toujours populaires.

Cafards de compagnie

À côté des lucanes et des grillons traditionnels, de nouveaux animaux de compagnie (NAC) ont fait leur apparition. Dans les années 2000, la vente de cafards géants comme animaux domestiques a bondi en Australie et en Thaïlande ! En Australie, cette tendance serait liée à la baisse de la taille moyenne des logements, qui complique l'adoption des mammifères domestiques traditionnels. Les Australiens ont adopté le plus gros cafard du monde, le cafard creuseur ou cafard-rhinocéros, originaire de la province du Queensland, qui mesure environ 80 mm, pèse 35 g et vit jusqu'à dix ans.

Les Thaïlandais ont quant à eux jeté leur dévolu sur de grands cafards africains, notamment le « cafard sifflant de Madagascar », qui atteint 10 cm de long et vit sept ans. Le trafic de ces insectes importés frauduleusement sur les marchés de Bangkok est dorénavant interdit par les autorités, inquiètes de la propagation de la typhoïde.

Des cibles de jeux

Les insectes sont des cibles sportives ou cynégétiques qui se prêtent à des concours de chasse ou de capture plus ou moins saugrenus. Parmi les plus originaux, citons le championnat de capture de moustiques en Estonie et en Finlande, dont l'objectif est d'attraper sur son propre corps transpirant un effectif maximal de moustiques morts ou vifs en un temps limité. Le championnat du monde des tuteurs de grillons est organisé depuis 1981 à Lavardens, dans le Gers : lesdits tuteurs, munis d'une paille et d'une cage, doivent faire sortir de leur trou dans un pré trois grillons et les ramener vivants dans la cage le plus rapidement possible (pour information, la première place s'est jouée autour de 20 minutes en 2002).

Les insectes sont également des cibles pour l'initiation des jeunes chasseurs en herbe. En Amazonie, les insectes fournissent un objectif privilégié pour les très jeunes archers débutants, car ils constituent des proies faciles à atteindre. En langue chacobo, ethnie amérindienne de l'Amazonie bolivienne, les grands papillons bleus du genre *Morpho* s'appellent d'ailleurs *awabë* (littéralement « obtiens des tapirs »), car un enfant assez habile pour les atteindre deviendra un bon archer adulte pour tuer des tapirs.

Entomophobie et supplices d'insectes

Résister aux fourmis pour devenir adulte

Les insectes peuvent servir d'instruments de rites initiatiques ou de rites de passage, de l'enfant à l'adulte, ou du célibataire à l'homme marié. Les pouvoirs chamaniques des insectes piqueurs et venimeux sont alors mis à contribution. Ainsi, toujours en Amazonie, certaines populations indigènes du Brésil et de Guyane se servent intentionnellement de fourmis *Paraponera* pour éprouver leur bravoure et marquer leur changement de statut sexuel. La piqûre des *Paraponera* est l'une des plus fortes sur l'échelle de la douleur (cf. chap. 20). Pour démontrer leur capacité à résister à la douleur de façon stoïque, les jeunes initiés doivent supporter un « plastron » de vannerie sous lequel gravite une quinzaine de ces fourmis, ou maintenir leurs bras croisés près de l'entrée du nid de fourmis pendant plusieurs minutes.

Supplices guerriers

Du rite au supplice, il n'y a qu'un pas, ouvertement franchi par une humanité cruellement inventive. Le folklore du monde raconte ces victimes attachées et ainsi offertes à l'appétit ou à la piqûre des insectes : gavées ou enduites de miel chez les Perses pour être livrées aux asticots (scaphisme) ou aux guêpes (cyphonisme), nues face aux piqûres des taons et autres moustiques en Sibérie, sur une fourmilière chez les Apaches d'Amérique du Nord ou sur le passage d'un raid de fourmis nomades avec les Baoulés en Afrique, ou prisonnières enfermées avec des réduves, punaises prédatrices vulnérantes chez les Ouzbeks, en Asie centrale. Parmi les techniques d'interrogatoire, des rapports de la CIA récemment rendus publics évoquent le confinement de certains condamnés terroristes avec des insectes au camp de Guantanamo, pour exploiter leur entomophobie.

Phobies et délires d'insectes : un bon insecte est un insecte mort

Les phobies des insectes ne sont pas récentes, mais leur fréquence a augmenté durant les derniers siècles, voire les dernières décennies, en partie en raison de la généralisation d'un mode de vie occidental aseptisé dans les sociétés urbaines modernes. Les phobies sont d'ailleurs plus fréquemment observées dans les régions urbaines que dans les zones rurales, et dans les pays du Nord que dans les pays du Sud, où la tolérance aux insectes est souvent plus grande, par probabilité ou par nécessité de cohabitation.

En fait, les insectes sont très présents dans l'imaginaire collectif (cf. chap. 30). Dans un ouvrage d'entomologie forestière, Coulson et Witter ont classé la réaction des personnes aux insectes selon cinq degrés : panique hystérique et incontrôlable ; souhait fort de la mort des insectes, car un bon insecte est un insecte mort ; tolérance aux insectes et à certains de leurs effets (comme les dégâts sur les plantes), une fois que le risque pour l'homme a été écarté ; indifférence ; attitude environnementale, en faveur de la protection des insectes au crédit du bénéfice de leurs actions, et dénonçant les produits nuisibles aux insectes.

Cette réponse dépend évidemment des antécédents et du niveau des connaissances entomologiques, la peur de l'inconnu étant un des moteurs principaux des désordres psychologiques. Ceux-ci sont d'intensité variable, de l'entomophobie au délire de parasitose. Les peurs se fondent sur des croyances populaires reliées à certains insectes, notamment un dégoût collectif de certaines espèces, sur un déficit des connaissances concernant notamment l'agressivité des insectes, et sur de réelles expériences personnelles traumatisantes de parasitose, comme les poux et les myiases humaines (cf. chap. 24). Elles peuvent profiter d'un terrain physique propice aux délires ou aux démangeaisons, sous l'influence de drogues, de carences en vitamine B12, du diabète ou de la syphilis.

La personne atteinte, bien qu'elle soit parfois consciente que les insectes sont inoffensifs et que sa peur est déraisonnable, n'arrive pas à contenir ses craintes. Dans la plus sévère des trois pathologies, le délire de parasitose, aussi connu sous le nom de syndrome d'Ekbom ou de Morgellon, les patients croient que des insectes rampent sous ou sur leur peau, et se plaignent de démangeaisons, de piqûres ou de sensations de fourmillements. Profondément convaincus d'être infestés, ils s'acharnent à vouloir extraire le parasite imaginaire de leur corps, en se creusant la peau ou en s'aspergeant de pesticides, ou tentent d'éradiquer la source des parasites en brûlant leur domicile !

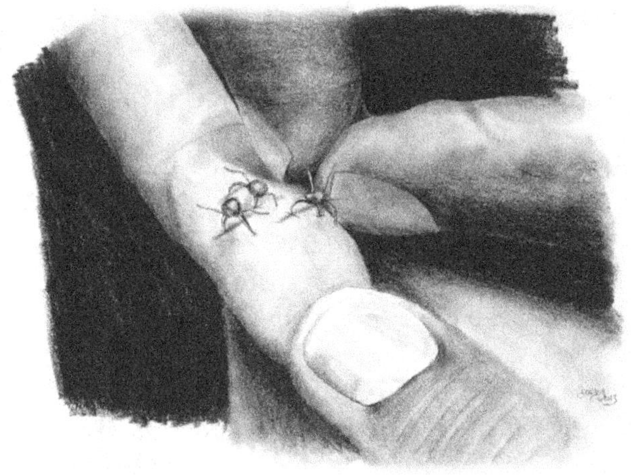

28

Des recrues de choix en pharmacie, chirurgie et médecine légale

« Les mouches bourdonnaient sur ce ventre putride,
D'où sortaient de noirs bataillons
De larves, qui coulaient comme un épais liquide
Le long de ces vivants haillons. »

Charles Baudelaire, *Les Fleurs du mal*

« La mort est le commencement de la vie. Proverbe asticot »

François Cavanna

Où l'on découvre que les soirées libertines du marquis de Sade doivent leur succès à des biscuits à la toxine de scarabée. Que la médecine place ses espoirs dans les antibiotiques des cafards ou les antiviraux du venin d'abeille. Que les mandibules de fourmis font des points de suture nets. Que des athlètes se dopent avec des produits de larves de frelons. Que les asticots aident à cicatriser les plaies et sont des indicateurs de l'horloge de la décomposition des cadavres.

Insectes de la pharmacopée populaire universelle

Ingérer des insectes ou leurs produits à des fins médicinales est une tradition universellement connue. Certaines fourmis ou la tête de certains termites sont utilisées comme aphrodisiaques en Amérique du Sud. Les venins de certaines espèces, en particulier de fourmis, sont d'utilisation courante dans les pharmacopées amazoniennes. La médecine traditionnelle chinoise emploie de nombreux insectes. Par exemple, une espèce de cigale rouge est utilisée encore aujourd'hui, en Chine, dans le traitement du cancer.

Au XVIIIe siècle, la pharmacologie populaire française comportait des hannetons séchés ou de l'huile de hanneton dans la lutte contre différentes maladies (rage, goutte…). Dans le sud de la France, pour guérir les verrues, le suc de la chélidoine, l'herbe à verrue, a parfois été remplacé par la morsure d'une sauterelle (*Decticus verrucivorus*). Au XVIIIe siècle, le naturaliste Linné a raconté que les paysans suédois manipulaient cette sauterelle pour lui faire mordre leur verrue. Le suc intestinal noirâtre qui s'écoule alors de la bouche de la sauterelle aurait un pouvoir corrosif.

Deux produits majeurs de la pharmacopée traditionnelle occidentale méritent quelques commentaires.

Le coléoptère le plus utilisé en médecine, jusqu'à une date récente, était un méloïde appelé « mouche de Milan » ou « mouche espagnole » (*Lytta vesicatoria*). Hippocrate et les Romains préconisaient déjà son emploi comme aphrodisiaque. Les élytres de ces insectes, séchés et réduits en poudre, contiennent en forte concentration une molécule appelée cantharidine (cf. chap. 5). Son action principale est d'irriter les muqueuses de l'urètre, ce qui peut en effet provoquer une forte érection, un priapisme insistant et un gonflement du gland par une excitation réflexe. Le marquis de Sade, grand libertin, se plaisait à distribuer des « dragées d'Hercule » et autres biscuits chocolatés à la cantharidine lors de ses orgies. Chez l'homme, la dose efficace et la dose mortelle sont toutefois dangereusement proches…

Dans l'Égypte ancienne, on utilisait déjà le miel pour se soigner et embaumer les morts. Quant à Hippocrate, il en vantait les vertus cicatrisantes dans le traitement des plaies et des brûlures. L'action du miel repose en fait sur différents principes. Sa concentration saturée en saccharose entretient une pression osmotique très basse, défavorable à la croissance des microbes. D'autre part, il stimule la production de collagène qui bâtit la cicatrice. Enfin, il contient un principe actif bactéricide proche de l'eau oxygénée.

Le miel de théiers de Nouvelle-Zélande offre des propriétés anti-inflammatoires et un effet antibactérien remarquables, dont le méthylglyoxal serait responsable. Dans ce miel, sa concentration atteint 300 à 700 mg par kg (au lieu de 1 à 5 mg par kg dans les miels classiques) ! Les éventuels dangers pour l'homme d'une telle concentration restent d'ailleurs à évaluer… En anglais, l'hydromel (*mead*), mélange fermenté d'eau et de miel et l'une des premières boissons alcoolisées que l'homme ait bue (cf. chap. 26), aurait la même étymologie que le « médicament » (*medicine*).

Des sources de nouveaux médicaments

L'exceptionnelle diversité des insectes se traduit par une grande diversité de productions chimiques. Les insectes résistent à de multiples agressions dans des conditions variées. Leur système immunitaire est puissant et inclut un grand nombre de molécules défensives (cf. chap. 21). Une société de biotechnologies, Entomed, a même été créée à Strasbourg en 1999, à l'initiative du professeur français Jules Hoffmann (prix Nobel de physiologie-médecine en 2011), pour gérer une banque de molécules obtenues à partir d'insectes récoltés dans le monde entier et isoler des substances d'intérêt thérapeutique, antimicrobiennes ou anticancéreuses, parfois suggérées par les pharmacopées traditionnelles. D'autres animaux sécrétant des toxines, parmi lesquels les grenouilles et les mollusques cônes, sont aussi fréquemment étudiés par les médecins et les pharmacologues. La Convention internationale sur la diversité biologique a d'ailleurs rappelé, en 2008, que nous sommes « actuellement en train de détruire à un rythme extraordinaire le "disque dur" de la nature, sans aucun espoir de restaurer les données perdues ». Des perspectives prometteuses de nouveaux produits pharmaceutiques disparaissent avec leurs espèces porteuses…

Peu d'exemples de substances actives tirées des insectes sont parvenus au stade des essais cliniques ou de la mise sur le marché. Citons pour l'exemple deux études en cours : des antibiotiques de cafards et des toxines antivirales du venin d'abeille.

Les cafards vivent dans des environnements considérés comme sales, où ils sont exposés à un grand nombre de bactéries contre lesquels ils ont développé des moyens de protection. Des chercheurs britanniques ont identifié jusqu'à neuf molécules antibiotiques dans les tissus nerveux de cafards. Ces concentrés antibiotiques sont capables de tuer plus de 90 % des souches d'*Escherichia coli* et des staphylocoques dorés résistants à la méticilline, sans endommager les cellules humaines.

Autre recherche en cours, des virologues américains ont fixé une protéine toxique du venin d'abeille, la melittine, à des nanoparticules, équipées de structures qui les empêchent de s'attacher à la membrane des cellules humaines. La melittine a une forte action antivirale sur le VIH responsable du sida, en causant des perforations dans sa capside protéique. La conception d'un gel vaginal antiviral est envisagée.

Dopage au vomi de larves de frelons ?

Les ouvrières du frelon géant japonais (*Vespa mandarinia japonica*) sont des prodiges d'endurance. Elles volent au moins 100 km par jour à des vitesses allant jusqu'à 40 km/h. Elles consomment un mélange d'acides aminés produit par leurs larves, qui n'est peut-être pas étranger à ces exploits. Cette substance, connue sous le nom de VAAM (*Vespa Amino Acid Mixture*), permettrait l'activité musculaire intense sur de longues périodes, peut-être en augmentant le métabolisme des graisses. Une entreprise japonaise a commencé à la commercialiser pour améliorer la performance des athlètes.

Fourmis-sutures, asticothérapie et ver salutaire

Les insectes peuvent jouer les auxiliaires du chirurgien de trois façons : comme matériaux, comme accessoires ou comme assesseurs.

Les Égyptiens utilisaient déjà les pattes de grandes fourmis pour suturer des plaies béantes. Ils appliquaient la fourmi à cheval sur les bords de la plaie, de telle façon que leurs pattes accrochent chaque bord. Puis ils lui coupaient la tête tout en la maintenant accrochée, provoquant une contraction réflexe de ses pattes qui rapprochait les bords de la plaie. En Amazonie et ailleurs en Afrique, ce sont les mandibules de fourmis qui sont utilisées comme agrafes. Les Massaï et les Pygmées se servent de grosses fourmis soldats. On fait mordre à la fourmi la peau de chaque côté de la coupure et on lui détache le corps en tournant. Les mandibules restent en place, servant de suture temporaire et naturelle.

La cicatrisation par les asticots de la lucilie soyeuse a de nouveau la cote ! Au XVIe siècle, le chirurgien Ambroise Paré avait déjà remarqué la rapide cicatrisation des plaies en présence de larves de mouche. L'asticothérapie a été mise au point après la Première Guerre mondiale par le chirurgien américain William Baer, et a évité de nombreuses amputations. L'essor des antibiotiques après la Seconde Guerre mondiale la fit toutefois tomber dans l'oubli. Elle a récemment fait sa réapparition en raison des fréquents phénomènes de résistance des microbes aux antibiotiques. Sur les 80 000 espèces de mouches, une seule est utilisée : la lucilie soyeuse (*Lucilia sericata*). Les asticots sont élevés en conditions stériles et déposés sur les plaies difficiles à soigner par d'autres moyens (gangrène, infection bactérienne osseuse…). En se nourrissant exclusivement des tissus morts, ces asticots éliminent les tissus nécrosés et leurs microbes, et désinfectent les plaies grâce à la sécrétion d'allantoïne. Leurs mouvements stimulent également la cicatrisation.

Enfin, une protéine présente dans la cuticule des insectes, au niveau des articulations, la résiline, pourrait être utilisée par les chirurgiens pour restaurer des artères défaillantes. Elle assure la souplesse de jonctions qui se plient à fréquence et intensité élevées, lors des mouvements de vol ou de saut par exemple. Ses propriétés élastiques sont inégalées. Des chercheurs australiens ont isolé le gène de cette protéine, et réussi à le « greffer » à des bactéries *Escherichia coli* en culture pour leur faire produire de la résiline OGM.

À qui profite le crime

La première affaire criminelle résolue avec l'aide des insectes date du XIIIe siècle en Chine : l'assassin d'un paysan dans une rizière fut confondu par les mouches, attirées par l'arme du crime, sa faucille. L'enquêteur avait fait déposer toutes les faucilles des ouvriers devant lui et les insectes avaient détecté l'odeur du sang sur la lame, malgré le nettoyage du coupable !

Mais les bases scientifiques de l'entomologie criminelle n'ont été posées qu'au XIXe siècle par des travaux de médecins, de vétérinaires ou de zoologistes en Europe. En 1850, à Arbois dans le Jura, le corps d'un nourrisson fut découvert derrière une cheminée après des travaux de rénovation d'une maison que plusieurs familles successives avaient récemment occupée. Le médecin Bergeret estima la date de la mort du nouveau-né à partir de pupes de mouche. Il innocenta les nouveaux habitants, mais se trompa de famille coupable, faute de savoir que ces mouches font plusieurs générations annuelles.

À l'occasion de la réforme du système funéraire allemand, en 1880, des cimetières entiers furent exhumés en Saxe, ce qui fournit aux zoologistes l'accès à des séries de cadavres. *La Faune des cadavres,* publiée en 1894 par le vétérinaire Mégnin, décrivit les huit vagues d'insectes (les « escouades ») qui se succèdent sur les cadavres en décomposition et permettent de dater la mort. Après la Seconde Guerre mondiale, les recherches ralentirent. Les connaissances s'affinèrent lentement au cours du XXe siècle. En France, la Gendarmerie nationale dispose aujourd'hui de son propre laboratoire de recherche et d'expertise en entomologie légale. L'Allemagne en compte deux. Et la Ferme des cadavres, où l'on étudie la décomposition de cadavres humains placés dans différentes conditions, est devenue célèbre aux États-Unis.

Les entomologistes sont surtout consultés pour dater la mort de corps en état de décomposition avancée, en fait au-delà de 72 heures lorsque l'examen médico-légal classique (température, biochimie) n'est plus possible. Dans cette tâche, le détective utilise plus d'une centaine d'espèces d'insectes indicateurs, dont la nature des larves, le degré de développement et l'emplacement sont autant d'indices. Il connaît la succession des espèces sur le cadavre au cours de sa décomposition, des premières larves de mouches qui apparaissent au bout d'un quart d'heure par temps chaud, aux scarabées dermestes et anthrènes sur les cadavres desséchés. Les femelles pondeuses repèrent à des centaines de mètres, voire à des kilomètres, le cadavre au degré de décomposition qui convient à leurs larves. Les premières arrivées peu après la mort sont les mouches mordorées, noires et bleues, des familles Calliphoridae ou Sarcophagidae.

Pour déterminer le moment précis où l'horloge de la succession s'est enclenchée, les entomologistes prennent en compte l'influence des conditions météorologiques, de la luminosité, de l'humidité et de la température sur la durée des stades larvaires. Par temps chaud et humide, les larves de la mouche bleue peuvent débarrasser un corps de toutes ses chairs en deux semaines, tandis qu'il faudra deux ans si la température est fraîche. La précision est meilleure dans les premiers jours qui suivent le décès. Après 40 jours de décomposition, la date de la mort peut être estimée avec une précision de 1 à 4 jours. Pour un décès plus ancien, seul le mois, voire la saison, peut être déterminé. Pour vérifier l'espèce de l'insecte recueilli, on laisse parfois quelques larves se développer en laboratoire dans des conditions contrôlées, car les mouches adultes sont plus faciles à identifier. Depuis quelques années, l'identification des larves progresse aussi avec le code-barres ADN de l'espèce.

L'expertise d'entomologie légale s'applique à d'autres objectifs que la datation du délai *post mortem*. La présence d'asticots sur les escarres de corps vivants signale la négligence de soins aux personnes : l'âge des larves de lucilie soyeuse permet même d'évaluer la durée d'abandon. Comme le cadavre est un substrat nourricier pour les larves, qui absorbent les éventuels produits toxiques contenus dans le corps (drogues, barbituriques, poisons) et les stockent dans leur organisme, les insectes peuvent livrer des indices toxicologiques sur les causes de la mort (signalons au passage que certains asticots se développent plus vite sous l'influence de la cocaïne…). On peut aussi récupérer l'ADN humain contenu dans le tube digestif des larves pour identifier la victime quand le cadavre a disparu mais que des insectes nécrophages sont encore présents.

Enfin, la connaissance de la distribution géographique des espèces d'insectes peut aider à relier un suspect et un crime, par localisation. En Allemagne, l'entomologie judiciaire fit l'actualité en 1997 avec l'affaire d'une femme de pasteur découverte morte, en pleine forêt, la tête fracassée par un morceau de bois. La même espèce de fourmi, *Lasius fuliginosus,* fut retrouvée sur le cadavre et sur l'une des bottes du mari. Or, une des rares colonies de cette fourmi dans les environs se trouvait précisément dans l'arbre d'où provenait le morceau de bois impliqué dans le crime. Le mari pasteur succomba à l'accumulation des éléments et avoua son forfait.

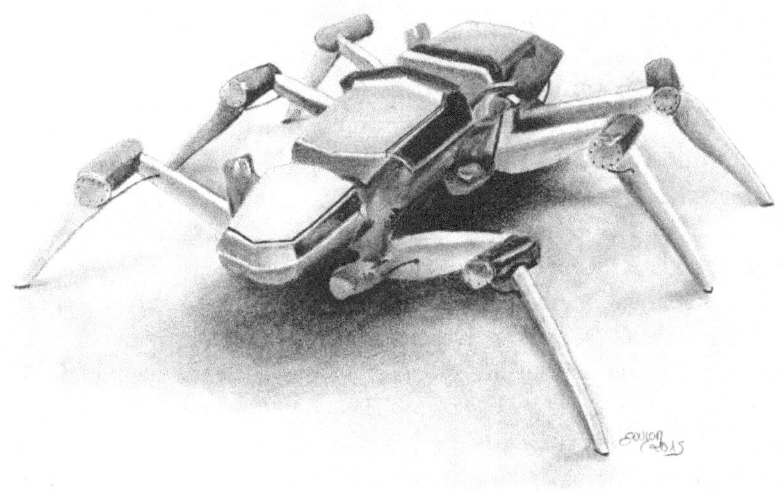

29

Quand la technologie imite les insectes

« Les fourmis parasols transportent des feuilles en forme de parapluie, sauf quand il pleut. »

Will Cuppy, *Comment attirer le wombat*

« Il faut des monuments aux cités de l'homme ;
autrement où serait la différence entre la ville et la fourmilière ? »

Victor Hugo, *Littérature et philosophie mêlées*

Où l'on découvre que la bionique collabore avec le service R&D de la nature. Que des gratte-ciel au Zimbabwe ont été conçus pour être climatisés comme des termitières. Que des abeilles sont dressées à renifler les mines. Que les nids de guêpes ont inspiré la création du papier. Que des insectes servent de modèles à des prothèses auditives, des programmes informatiques d'optimisation des trajets, des robots, des microdrones et de nouveaux écrans plus lumineux.

LES RAPPORTS ENTRE LES INSECTES ET LA TECHNOLOGIE sont multiples. Ce qui nous intéresse ici concerne les insectes comme modèles naturels inspirant à la bionique (ou au biomimétisme) des innovations majeures. Le biomimétisme, ainsi baptisé par Otto Schmitt dans les années 1950, est le fait d'imiter les inventions de la nature, des plantes comme des animaux. Il rapproche ainsi les sciences du vivant et les disciplines de l'ingénierie (aérodynamique, optique, informatique, énergétique…). Un exemple fameux est celui du Velcro, inventé par l'ingénieur suisse Georges de Mestral il y a soixante ans en observant le mécanisme d'accrochage des fruits secs de la bardane.

Cette discipline, longtemps empirique, imite les formes, les matériaux et les processus naturels, décrypte l'intelligence de la nature dans sa résolution des problèmes. Elle permet aux ingénieurs et aux architectes d'imaginer des innovations de rupture en médecine, en électronique et en nanotechnologies : des technologies non polluantes, des matériaux recyclables, des énergies renouvelables performantes, en empruntant des idées sophistiquées et efficaces au « service Recherche & Développement de la nature [qui] a 3,8 milliards d'années d'avance sur ceux de nos entreprises », comme le rappelle la naturaliste américaine Janine Benyus.

Ça alors ! Insectes et « bugs » électroniques

Le terme populaire « bug » pour désigner les erreurs d'un programme informatique vient du fait que des insectes (en anglais, *bugs*), coincés dans les composants des premiers ordinateurs électromécaniques des années 1940, qui occupaient une pièce entière, causaient des courts-circuits et des pannes.

Ces « bugs » sont toujours d'actualité. En 2008, de minuscules fourmis rouges (*Nylanderia fulva*) ont endommagé les circuits électroniques des machines de la Nasa au Texas. Les fourmis grillées attiraient leurs congénères avec des phéromones d'alerte, si bien que leurs agrégats créaient de graves courts-circuits.

Des termitières aux bâtiments bioclimatiques

En s'inspirant des insectes bâtisseurs, le biomimétisme s'applique à rendre l'architecture des bâtiments plus économe en énergie et plus efficace en climatisation. Pour dénoter l'enjeu, rappelons que la majorité de la consommation d'énergie en France vient de l'utilisation des bâtiments. À cet égard, les termitières peuvent servir d'exemples de bâtiments bioclimatiques. En zone tropicale, elles sont construites en un temps très court avec un matériau produit à température ambiante, à base de terre, de poussière de bois et de salive des insectes. Elles atteignent 6 m de haut, soit environ 600 fois la taille des termites, et leurs parois, épaisses de 45 cm, sont cuites par le soleil pour devenir aussi dures que du béton. Pour des proportions analogues, des gratte-ciel construits par l'homme de 600 fois sa taille dépasseraient 1 000 m, alors que le plus haut, la tour Burj Khalifa à Dubaï, ne s'élève qu'à 828 m.

Le système de climatisation de ces cathédrales à l'aspect extérieur chaotique est un chef-d'œuvre de conception, dont les principes de ventilation se rapprochent de ceux des puits canadiens et provençaux. La température interne de la termitière est maintenue constante, autour de 30 °C, malgré des températures extérieures dans la savane variant entre 0 °C la nuit et 40 °C le jour. Les conditions de vie sont ainsi optimisées pour la reine pondeuse, les termites ouvriers, et surtout pour cultiver le champignon dont ils se nourrissent (cf. chap. 12).

L'air chaud et vicié chargé du CO_2 émis par le métabolisme des termites africains *Macrotermes* et de leurs jardins de champignons s'élève par une cheminée centrale et s'échappe à travers les parois poreuses du haut de la termitière, tandis que de l'air pur et frais arrive par une chambre souterraine ou par des trous d'aération placés en bas de la structure. Les termites ouvrent ou ferment ces trous pour réguler la température. Pour contrôler le taux d'humidité, ils font remonter l'eau des profondeurs par un système de galeries ou en déposant à la base de la termitière un tas de bois mâché et d'herbe, qui agit comme une éponge d'une capacité de 80 L, absorbant ou relarguant de l'eau. En Australie, les termites-boussoles *Amitermes* utilisent le champ magnétique terrestre pour orienter leur monticule sur un axe nord-sud. Les larges faces est et ouest s'exposent aux doux rayons du soleil levant et couchant, alors qu'une surface restreinte subit le pic solaire de midi.

La conception extraordinaire de la termitière a servi de modèle à l'architecte Mike Pearce, qui a conçu en 1996 le bâtiment de bureaux Eastgate à Harare au Zimbabwe. En établissant un système passif de régulation thermique analogue à celui des termitières, Eastgate économise 35 % d'énergie par rapport à un bâtiment similaire et offre des loyers réduits de près de 20 % !

Des scarabées du désert aux pièges à brume

Pour recueillir l'eau de la brume, les coléoptères ténébrions du désert du Namib soulèvent leur abdomen dans la direction du vent (cf. chap. 2). Leur cuticule abdominale est constituée de minuscules bosses hydrophiles, qui captent les gouttelettes d'eau de l'air, alternant avec des creux hydrophobes, qui la font couler vers la bouche de l'animal. Deux chercheurs américains du Massachusetts Institute of Technology (MIT) ont réussi à créer artificiellement une toile de texture hybride comme la carapace du scarabée, en accumulant des couches de polymères pour créer une surface poreuse, puis des nanoparticules de silice pour augmenter la rugosité qui piège les gouttelettes d'eau de l'air ambiant, et enfin une couche de Téflon pour rendre le matériau très hydrophobe. La toile obtenue capte l'humidité atmosphérique dans la couche poreuse avant de la transporter sur la section lisse. Ce dispositif permettrait de récolter de l'eau dans les régions arides. Dans les montagnes du Guatemala, l'expérience a montré que 1 m² de toile capte 1 L d'eau par jour ; 36 toiles apportent dorénavant de l'eau à 150 habitants, comme les « distilles » au peuple Fremen dans le désert de la planète Dune du fameux roman de science-fiction de Frank Herbert.

À l'origine de matériaux innovants

La science des matériaux profite aussi de l'expérience des insectes. Les matériaux en nid-d'abeilles, inspirés des alvéoles d'abeilles et de guêpes, sont composés d'alvéoles hexagonales juxtaposées verticalement, renforçant la résistance ou l'absorption des chocs tout en garantissant la légèreté. Ces structures sont déjà utilisées dans l'industrie, pour le remplissage des volumes creux dans les bateaux, les trains et les avions, pour les emballages ou dans les travaux publics.

L'imitation de la flottabilité des insectes patineurs pourrait donner naissance à des tissus industriels imperméables ou des matériaux anti-adhérents glissant sans frottement. Les *Gerris* sont des insectes patinant à la surface des eaux douces (cf. chap. 2 et leurs cousins marins). Des chercheurs chinois ont récemment montré que leur flottabilité était davantage influencée par la nanostructure physique que par la sécrétion de cire hydrophobe sur les pattes. La patte est couverte de milliers de micropoils très fins et rainurés de quelques centaines de nanomètres de diamètre. Des coussins d'air piégé dans les espaces entre les micropoils et dans les nanorainures se forment à l'interface patte/eau, et permettent aux *Gerris*, non seulement de flotter, mais aussi de rebondir à la surface, même sous une averse, ou de glisser à grande vitesse à la recherche d'une proie.

L'élaboration de matériaux synthétiques ultrablancs pourrait s'inspirer de la carapace, d'une blancheur éclatante, des coléoptères asiatiques *Cyphochilus*, constituée d'un chevauchement d'écailles dix fois plus fines qu'un cheveu, qui diffuse très efficacement la lumière.

Le procédé Imod, qui émet de la couleur à partir de dizaines de milliers de microscopiques doubles miroirs commandés électriquement, imite l'agencement de micro-écailles qui diffractent la lumière et rendent les papillons *Morpho* et de nombreux carabes brillants, sans faire intervenir de pigment. Des écrans Mirasol™ basés sur Imod sont déjà produits pour des téléphones portables, des consoles de jeux et des ordinateurs.

Ça alors !

Les guêpes et l'invention du papier

La légende veut que l'inventeur du papier, le Chinois Cai Lun, au Ier siècle, ait été inspiré par l'observation de guêpes construisant leur nid dans une matière mélangeant du bois mastiqué avec leur salive.

En s'inspirant de la cornée des papillons de nuit, très faiblement réfléchissante, composée de rangées de bosses microscopiques disposées en hexagones, des chercheurs américains ont fabriqué un panneau solaire en silicium qui réfléchit, donc gaspille, moins de 3 % de la lumière (contre 35 % pour un panneau standard). Enfin, l'homme imite parfois la nature à son insu ! Des chercheurs britanniques ont récemment découvert un système d'émission optique sur les taches bleues ou vertes brillantes des ailes du papillon africain *Papilio nereus*, qui absorbe la lumière, émet et redirige une fluorescence selon un principe très proche, mais moins efficace, que les diodes électroluminescentes (LED).

Insectes mécaniques et minirobots

Minirobots coureurs

VelociRoAch, le robot le plus véloce par rapport à sa taille, a été inspiré à des chercheurs de l'université de Californie par la morphologie du cafard. Cet insecte mécanique à 6 pattes, long de 10 cm, court à la vitesse de 2,7 m/s, soit près de 10 km/h, soit 27 fois la longueur de son corps en une seconde. C'est comme si un homme de 1,80 m pouvait courir à 175 km/h ! Il est très stable grâce à la présence à chaque instant de trois pattes au sol. Des légions de ce petit robot construit à partir de matériaux recyclés pourraient être envoyées pour explorer les éboulis causés par des catastrophes et retrouver des victimes. Des chercheurs français ont même rendu un robot-insecte capable de surmonter seul la perte d'une patte comme un insecte mutilé.

Minidrones à ailes battantes

Pour inventer des microdrones à ailes battantes inspirés du vivant, des chercheurs du monde entier reprennent aujourd'hui le projet d'ornithoptère de Léonard de Vinci et réhabilitent les travaux d'Étienne Oehmichen du début du XXe siècle.

Oehmichen, ingénieur des usines Peugeot dans le pays de Montbéliard, a passé sa vie à tenter de reproduire le vol des insectes. Titulaire de la chaire d'aérolocomotion mécanique et biologique au Collège de France, il fut l'un des inventeurs de l'hélicoptère. En France, l'Office national d'études et de recherches aérospatiales (Onera) s'est inspiré de la mécanique du vol de la libellule, moins sophistiquée que celle de la mouche, pour réaliser un prototype de drone à ailes battantes d'une quinzaine de centimètres d'envergure pour une vingtaine de grammes.

Extrêmement maniable, très stable en vol stationnaire à la différence du drone à voilure fixe (type avion), rapide et silencieux contrairement au drone à voilure tournante (type hélicoptère), ce drone à ailes battantes est miniaturisable à l'extrême pour s'adapter aux espaces confinés, et plus économe en énergie. Chez les libellules, aucun muscle n'anime les ailes. C'est la déformation vibratoire du thorax qui les fait battre en utilisant un minimum d'énergie. De même, le dos du drone est composé d'une plaque courbe, qui se déforme et fléchit de haut en bas en fonction du champ électrique appliqué. Les ailes battent à une fréquence dépendant directement du signal électrique envoyé. Ces drones volants sont destinés à des missions d'observation (explorer la surface de Mars, surveiller les taux de pollution, explorer les lieux d'une catastrophe ou d'un champ de bataille) ou à remplacer les abeilles pour polliniser les cultures...

De l'eusocialité à la coopération des robots

La modélisation des échanges d'information entre individus chez les insectes sociaux a inspiré une robotique collective, dite intelligence en essaim ou coopération auto-organisée chez les communautés de robots. Les Swarmbots de l'École polytechnique fédérale de Lausanne, en Suisse, dotés chacun de simples réflexes, peuvent se coordonner de façon autonome pour réaliser ensemble une tâche complexe (tracter un objet, franchir un fossé). Certains programmes informatiques sont également basés sur l'observation de l'intelligence collective des fourmis et des abeilles.

Ça alors !

Pour ne pas y aller par quatre chemins...

Un des programmes fondés sur l'imitation de l'intelligence collective des insectes sociaux (cf. chap. 23) concerne le problème du voyageur de commerce, qui doit visiter de nombreuses villes avec le cheminement le plus court. Utiliser un ordinateur permet de créer et de mesurer les millions de solutions, mais exige beaucoup de temps de calcul. Des programmes fondés sur le comportement collectif des fourmis à la recherche de nourriture simplifient le problème. Imaginons des fourmis en quête de provisions par deux chemins possibles. Sachant qu'elles déposent une phéromone pendant leur parcours, si un chemin est plus court, davantage d'ouvrières feront le trajet et davantage de phéromones seront déposées. Après quelque temps, le plus court chemin sera le plus chargé en phéromones. Les fourmis préféreront ce trajet, ce qui renforcera la différence de concentration phéromonale entre le chemin court et les chemins longs. Ces observations ont inspiré le développement d'algorithmes, aujourd'hui employés par la grande distribution pour optimiser la livraison entre leurs succursales, notamment des denrées périssables.

Insectes téléguidés et renifleurs

Plutôt que de construire des robots-scarabées miniatures qui filment ou qui mesurent, d'autres ingénieurs envoient des pulsations sur des électrodes posées sur les muscles gauches ou droits du vol d'un scarabée, porteur d'une caméra miniature ou d'un détecteur, pour le téléguider !

Des factions d'insectes, plus petits et moins coûteux qu'un nez artificiel ou un chien renifleur, sont par ailleurs enrôlées pour détecter des odeurs. Des insectes d'élevage sont conditionnés en quelques minutes, grâce à une récompense, à réagir à une molécule odorante. Les insectes choisis, comme les abeilles domestiques ou de petites guêpes parasitoïdes, sont capables de discriminer par l'olfaction des produits chimiques très précis. Ils sont placés sous l'œil d'une caméra dans un tube qui aspire l'air ambiant au survol de la zone à explorer. Si l'odeur est détectée, les insectes tirent la langue ou se dirigent vers la source de l'odeur. Ces capteurs biologiques se mettent au service de la détection de champignons toxiques dans les stocks de céréales, ou bien d'explosifs, de certains cancers humains, de maladies vétérinaires et de cadavres enfouis. En Croatie, des chercheurs ont formé une équipe d'abeilles, capables de détecter des odeurs à plus de 4,5 km, à renifler le TNT des mines terrestres.

Avec un procédé moins technologique, certains récolteurs de truffes du midi de la France savent identifier les mouches truffières et les suivent sur leur lieu de ponte, pour repérer l'endroit où sont enfouies les truffes dont les larves se nourrissent...

On copie leurs capteurs « image et son »

L'œil composé des insectes contient une multitude d'unités optiques, chacune orientée dans une direction différente. Les images produites par chaque lentille se combinent pour former une grande vue en mosaïque, remarquablement efficace pour repérer le mouvement (cf. chap. 11). Différents yeux biomimétiques multicapteurs ont été inspirés par le système visiomoteur des insectes. Afin de fabriquer des détecteurs d'objets en mouvement rapide et des caméras multidirectionnelles ultrafines, des bio-ingénieurs ont reproduit un œil composé de plus de 8 500 microlentilles agglomérées dans le volume d'une tête d'épingle (l'œil de libellule en contient 30 000 !).

Pour mettre au point des prothèses auditives ou des micros directionnels plus performants, des ingénieurs cherchent à copier l'appareil auditif d'une petite mouche *Tachinide* nocturne, *Ormia ochracea*, dont la femelle pond ses œufs sur les mâles de grillons à Hawaï et repère ses hôtes potentiels grâce à leurs stridulations. Le système auditif de la mouche repose sur un système de double tympan et localise les sons très précisément, avec un procédé similaire aux deux oreilles et au cerveau humains. Quand une onde sonore atteint la membrane du tympan, elle est convertie en signal électrique et immédiatement transmise au minuscule système nerveux central de l'*Ormia*. Il évalue – en seulement 50 nanosecondes, 1 000 fois plus vite que nous – la différence de temps entre le son ayant atteint chacun des deux tympans, situés à un demi-millimètre d'écart, et détermine ainsi sa direction.

Insectes et cultures : symboles et savants

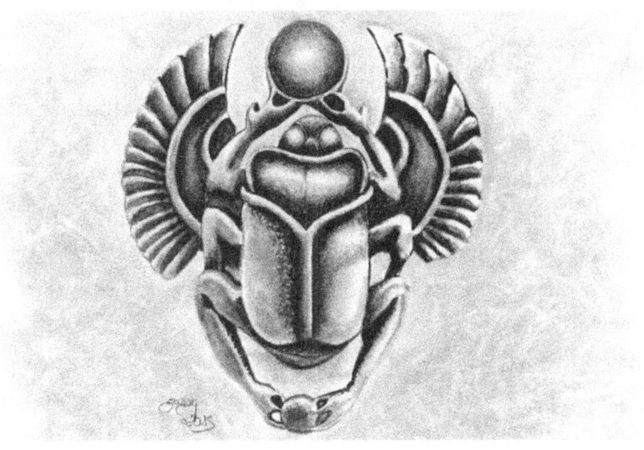

30

L'insecte, sujet et objet d'art

« Un bon petit diable à la fleur de l'âge,
[…]
Allait à la chasse aux papillons. »

Georges Brassens, *La Chasse aux papillons*

« Parfois il prend, sachant mon grand amour de l'Art,
La forme de la plus séduisante des femmes,
Et, sous de spécieux prétextes de cafard,
Accoutume ma lèvre à des philtres infâmes. »

Charles Baudelaire, *Les Fleurs du mal*

Où l'on découvre que l'imaginaire collectif englobe l'insectoïde Alien et l'aimable Maya l'abeille. Que des papillons côtoient les bisons sur les fresques préhistoriques. Que les fourmilières sont des républiques communistes. Que la mue nymphale du scarabée bousier a inspiré la momification aux prêtres égyptiens. Que des œuvres d'art contemporain composées d'élytres d'insectes se vendent plusieurs millions d'euros. Que la mouche Loki a raccourci le manche du marteau de Thor. Que deux entomologistes célèbres ont orné les billets de banque suisses et allemands.

Les insectes, petits et innombrables, robustes mais fragiles, nécessaires mais gênants, sont à la fois omniprésents dans la nature et peu familiers à l'humanité. Leur taille dérisoire les rend aussi méprisables que fascinants. Patients et laborieux, ils sont capables de véritables prodiges, de prouesses architecturales, d'exploits géométriques, relativement à leur taille. Leur univers est éloigné du nôtre, ne serait-ce qu'à cause des contrastes d'échelle, dans l'espace et dans le temps. Leur stratégie comportementale et morphologique dans la lutte pour la survie est sensiblement différente. Non doués de sentiments ni de raison, ils sont campés sur la force de leurs instincts. Leur taille souvent insignifiante, la brièveté de leur vie, leur grande fécondité, leur multiplicité et leur extraordinaire diversité suscitent nos méditations. Souvent monstrueux vus d'un œil humain, partenaires imprévisibles et incontrôlables ou adversaires nuisibles à contenir, ils éveillent la méfiance, le dégoût et la terreur plus souvent que la compassion et l'admiration. Ennemis des hommes et de leurs produits, ils disputent leur place dans les environnements hygiéniques et stériles de nos sociétés industrielles urbanisées.

Dans la culture occidentale, les insectes sont rarement les protagonistes principaux des œuvres d'art. Mais, en dépit de leurs appendices et de leur carapace, ils ont servi de modèles à la mythologie, aux écrivains, aux philosophes et aux moralistes. L'imaginaire collectif regorge d'archétypes : la beauté fragile des papillons, le chant des cigales, l'incessant labeur des fourmis et des abeilles, la noirceur crasseuse des cafards, les grouillants asticots de la mort, la lumière des lucioles, le saut des puces, la digne cruauté de la mante religieuse…

Comme vous le lirez dans le bestiaire égrené ci-dessous, les insectes présents dans la culture universelle ne sont pas très diversifiés, et reflètent partout les mêmes choix biaisés : sauterelles, criquets, fourmis, abeilles, papillons, cigales et mouches, surtout.

Chronologie express des insectes dans l'art

En raison de leur rôle dans l'environnement direct de l'homme, de leur symbolisme ou simplement de leurs couleurs et de leurs formes curieuses, les insectes ont très tôt figuré dans les œuvres d'art. Les papillons au milieu des lions et des rhinocéros sur les peintures rupestres de la grotte Chauvet il y a trente mille ans, en Ardèche, la sauterelle gravée sur un os de la grotte des Trois-Frères, en Ariège, la coccinelle en ivoire de la grotte de Laugerie-Basse, en Dordogne, ou le coléoptère bupreste en lignite de la grotte d'Arcy-sur-Cure sont quelques exemples du Paléolithique. Certains insectes furent ensuite assimilés par l'écriture et convertis en hiéroglyphes et en pictogrammes dans l'Égypte ancienne, ou par les Mayas et les Chinois.

À la Renaissance, Albrecht Dürer et Matthias Grünewald disposèrent des scarabées lucanes, des papillons ou des mouches allégoriques au sein de leurs peintures religieuses, Hieronymus Bosch (*Le Jugement dernier*) et Pieter Brueghel l'Ancien (*La Chute des anges rebelles*) ajoutèrent des démons insectoïdes dans leurs œuvres fantastiques fourmillantes.

Au XVIIe siècle, les peintres hollandais inclurent des insectes symboliques dans leurs natures mortes. À la même époque, en Inde, les peintres de miniatures de l'école Basohli utilisaient des ailes de coléoptères pour représenter l'effet des émeraudes. Au siècle suivant, deux artistes naturalistes allemands produisirent des recueils de peintures très détaillées et originales pour l'époque. Maria Sibylla Merian, lasse de dessiner à partir des naturalisations dans les collections des musées, partit au Surinam à l'âge de 52 ans pour y étudier des spécimens vivants de la faune. Elle en tira un chef-d'œuvre du naturalisme représentant les papillons sur leur support végétal, *Metamorphosis insectorum Surinamensium*. Quelques années plus tard, August Rösel von Rosenhof s'inspira de l'ouvrage de Merian pour commettre un recueil similaire de peintures sur la faune allemande et, hommage posthume à cette artiste, à la fin du XXe siècle, l'Allemagne décida d'apposer son portrait sur les billets de 500 Deutsche Mark.

Au XXe siècle, les peintres surréalistes aussi furent fascinés par les atours surprenants des insectes. Salvador Dali usera de sauterelles, de fourmis et de mouches.

En musique, les chansons populaires (comme *La Cucaracha*, « le cafard », au Mexique) et les compositeurs modernes se sont inspirés des sons des insectes, le plus célèbre étant le *vibrato* rapide du *Vol du bourdon* de Rimski-Korsakov. *La Coccinelle* de Georges Bizet, *Le Papillon et la Fleur* de Gabriel Fauré, *Le Grillon* de Maurice Ravel, *La Libellule* de Joseph Strauss sont d'autres pièces associées à des poésies. Dans l'opéra *Madame Butterfly* de Puccini, le papillon en question n'est que le sobriquet de l'héroïne.

Ça alors !

Les insectes, matériaux d'art contemporain

Le plasticien belge contemporain Jan Fabre, influencé par les travaux de Jean-Henri Fabre, l'entomologiste français (dont il prétend descendre), décore ses sculptures avec des élytres de scarabées. Insecte roi de l'Égypte antique, le scarabée incarne son obsession pour les métamorphoses, les effets du temps, le passage de la vie à la mort et de la mort à la vie. De plus, les effets bleu, vert et or de ses élytres métalliques magnifient les couleurs de ses compositions. Parmi ses œuvres célèbres, citons le plafond de la salle des Glaces du Palais royal de Bruxelles (2002), qu'il a recouvert de 1,4 million de carapaces, et *Le Bousier* (2001), une sphère parfaite recouverte d'élytres miroitants.

Trois millions d'euros, c'est le prix d'un tableau rectangulaire de 5 m², intitulé *Ascended* et signé Damien Hirst, un patchwork géométrique entièrement réalisé avec des ailes de papillon soigneusement collées et vernies, vendu aux enchères chez Sotheby's à Londres, en 2008. De cet artiste contemporain très coté, chef de file des YBA (Young British Artists), les 33 autres *butterfly paintings* ont également trouvé acheteurs à beau prix...

En littérature, les insectes font surtout acte de symbole dans des œuvres satiriques ou allégoriques, voire politiques (cf. ci-après). La comédie grecque antique d'Aristophane *Les Guêpes* est une satire de l'organisation judiciaire d'Athènes : les citoyens jurés, déguisés en guêpes, assaillent de leur aiguillon les victimes accusées, et bâclent leur mission au tribunal pour toucher l'indemnité mise en place par Périclès. Dans la pièce *La Comédie des insectes*, écrite en 1921 par les frères Karel et Josef Capek (inventeurs du terme « robot » dans une autre de leurs pièces !), les personnages sont des insectes à forme humaine, inspirés aux auteurs par la lecture des *Souvenirs entomologiques* de Fabre (cf. chap. 31), pour moquer la société tchécoslovaque, la futilité des guerres et l'égoïsme après la Première Guerre mondiale. Quelques années plus tôt, Byatt avait de même critiqué la société victorienne avec un regard d'entomologiste dans son roman *Des anges et des insectes*.

Les insectes ne sont que rarement les personnages des fictions. Toutefois, le Gregor Samsa de *La Métamorphose* de Kafka est bel et bien transformé en un monstrueux scarabée, le « scarabée d'or » d'Edgar Allan Poe est résolument un trésor, et son « sphinx » à tête de mort, un monstre effrayant. *L'Empire des fourmis* de H. G. Wells narre l'invasion réelle de fourmis intelligentes d'Amazonie et Bernard Werber fait de leurs congénères ses héros dans sa trilogie des *Fourmis*. *Les Mouches* de Sartre sont davantage concrètes que celles de *Sa Majesté des mouches,* de Golding, mais tout aussi emblématiques (cf. ci-dessous). Parce qu'il est obsédé par sa propre métamorphose, le tueur du *Silence des agneaux* de Thomas Harris place de vraies chrysalides dans la gorge de ses victimes.

Les œuvres de science-fiction regorgent d'insectes ou d'animaux insectoïdes géants, agressifs, venimeux, dangereux, piqueurs isolés ou en essaim, capables d'injecter des toxines mortelles. Les prototypes favoris d'insectoïdes détiennent les attributs de l'insecte réel : yeux à facettes, corps articulés, carapaces, mandibules acérées et antennes chercheuses... Souvent aux antipodes de la ronde coccinelle des bandes dessinées de Gotlib ou de Maya l'abeille.

Leçons de spiritualité entomologique

L'incroyable diversité des formes et des mœurs des insectes a suscité de vives interrogations chez les théologiens, qui n'ont pas hésité à invoquer la raison divine. Au XVIIe siècle, Malebranche comparait ainsi la résurrection du Christ à la métamorphose d'une chenille. Les insectes, coupables de méfaits, et présumés dotés d'une âme, ont même été jugés, excommuniés, voire exorcisés (cf. chap. 24). À l'inverse, d'autres penseurs, observant leurs mœurs parfois cruelles, ont jugé que ces atrocités ne pouvaient pas avoir été planifiées par Dieu et constituaient un brillant argument en faveur de la théorie de l'évolution.

La civilisation chinoise, qui place la nature au même rang que l'homme, a comparé la vie humaine à celle des insectes, pour l'encourager à renoncer à la poursuite matérialiste de la réussite sociale et de l'accumulation de biens. *La Fable de Fuban Fu,* du poète Liu Zhongyuang au VIIIe siècle, met en scène l'insecte Fuban qui a la fâcheuse habitude de transporter tout ce qu'il trouve, au point d'en mourir écrasé ! En Inde, le respect de la vie animale s'est exprimé différemment. Les Jaïns, par exemple, refusent l'idée d'écraser un moustique autant que celle d'égorger un cochon. Certains ascètes jaïns portent sur le visage un masque de coton afin de ne pas avaler d'animaux, et se déplacent en balayant devant eux pour ne pas en écraser.

En Occident, la fable a fréquemment recouru aux insectes pour moquer la vanité des grandeurs humaines. Des observateurs ont emprunté des anecdotes au monde naturel pour en tirer des leçons de morale. Les fables d'Ésope et de La Fontaine font la part belle aux insectes, à leurs vertus et à leurs défauts : *La Colombe et la Fourmi*, *La Cigale et la Fourmi*, *Les Frelons et les Mouches à miel*, *La Mouche et la Fourmi*, *L'Homme et la Puce*, *Le Lion et le Moucheron*, *Le Coche et la Mouche*, *L'Aigle et le Scarabée*…

Quand la politique cherche des modèles

Les insectes, en particulier ceux qu'on appelle « sociaux », ont par ailleurs été l'objet de nombreuses méditations sociopolitiques. Leurs colonies montrent que le collectif peut réussir là où l'individu échoue seul. Dès 1714, dans *La Fable des abeilles*, Mandeville avançait que les lois sociales et le bien public résultent de la volonté égoïste et vicieuse des faibles de se soutenir mutuellement pour se protéger des plus forts. Pour Eugène Bouvier (*Le Communisme chez les insectes*, 1926), « les insectes communistes vivent sans chefs, sans guides, sans police, sans lois dans une anarchie admirablement coordonnée ». Pour Géo Favarel (*Démocraties et dictatures chez les insectes*, 1945), la dictature de la termitière et la monarchie matriarcale de la ruche s'opposent aux républiques loyales et tolérantes des fourmis. En entomologie même, les termes anthropomorphiques employés pour décrire les insectes sociaux prêtent à confusion (reine, ouvrière, caste…). Les sociétés d'insectes, harmonieuses et stables, fondées sur le labeur et la mutualisation, sont paradoxalement profondément inégalitaires. La place limitée des mâles, sauf chez les termites (cf. chap. 22), soutiendrait les aspirations des féministes.

La biologie des animaux sociaux, la sociobiologie, conceptualisée au XXe siècle par le spécialiste des fourmis Edward Wilson, connut quelques dérives politiques et morales lors de son transfert à l'analyse des sociétés humaines. Auguste Forel, éminent spécialiste suisse des fourmis (son portrait figure sur les billets de 1 000 francs suisses), devint psychiatre (on l'accueillit d'ailleurs ainsi : « Après vous être voué si longtemps à des "fous-remis", vous allez vous consacrer désormais aux fous à remettre »). Il combina dangereusement ses connaissances biologiques pour soutenir l'eugénisme et l'épuration sociale.

Insectes dans les récits des origines

Les insectes, avec leurs métamorphoses spectaculaires et leur cycle annuel, ont été logiquement appréhendés comme des symboles astraux, lunaires ou solaires.

Ça alors !

Les mouches et la libération de l'âme

Chez les Mochicas, civilisation précolombienne du Pérou, les cadavres étaient laissés à l'air libre pendant plusieurs semaines avant d'être enterrés, pour attirer les mouches pondeuses, dont les asticots décomposeurs des chairs (cf. chap. 28) étaient censés libérer l'âme des morts.

En Égypte, au moins deux espèces de scarabées ont servi de modèles à la mythologie, le brillant *Kheper aegyptiorum* et le noir *Scarabaeus sacer*, mais seul le second y existe encore aujourd'hui. Ces scarabées façonnent une boule de matière fécale et s'enterrent avec, pour y pondre leurs œufs. Les larves s'en nourrissent avant de se transformer en scarabées adultes qui émergent de terre. Pour les prêtres égyptiens, la boule fécale du scarabée était son œuf. Tous les scarabées étaient des mâles qui fabriquaient les œufs sans femelles. Les vieux mâles enterraient leur boule, dans laquelle l'embryon de coléoptère subissait des changements vitaux, passant d'une larve vermiforme à une nymphe immobile, semblable à un corps mort, pour renaître de la sphère. Le cycle solaire leur paraissait analogue : à la fin de la journée, le soleil s'enfonce dans le sol à l'horizon, comme le scarabée avec sa boulette, voyage d'ouest en est, en subissant des métamorphoses souterraines, pour se régénérer et émerger du sol au matin suivant, comme le dieu scarabée Khepri. Comme le modeste scarabée et le soleil pouvaient renaître du sol après avoir enduré la mort et de mystérieuses transformations, les prêtres avaient concocté une recette pour faire subir le même sort aux hommes. L'étape cruciale de la nymphe leur a inspiré le processus complexe de momification.

Un gros scarabée, dit scarabée de cœur, placé sur la poitrine de la momie, était assimilé au cœur du défunt et facilitait sa résurrection. Les amulettes et figurines en forme de scarabée, retrouvées par milliers dans les fouilles archéologiques, sont restées courantes au cours de l'histoire de l'Égypte ancienne. Peut-être sous l'influence de cette civilisation, le scarabée a été consacré par d'autres, comme les Minoens en Crète et les Phéniciens au Proche-Orient. Chez les Germains, le lucane était dédié au dieu Thor, et portait l'éclair, le tonnerre et le feu. Au IVe siècle, saint Ambroise a interprété un verset de la Bible en assimilant le scarabée à Jésus, association qui sera reprise par Dürer dans plusieurs peintures. En Chine, c'est la cigale et sa nymphe, symboles lunaires, qui ont établi le lien entre cycles naturels et résurrection magique, comme en témoignent les cigales de jade que l'on plaçait dans la bouche des morts. Pour les Aztèques, les guerriers morts glorieusement festoyaient aux côtés du dieu soleil jusqu'à midi, en l'accompagnant dans sa course quotidienne, puis se transformaient en papillons monarques redescendus sur Terre pour butiner le nectar des fleurs. Pour les Indiens Cochiti, dans le Sud-Ouest américain, les coléoptères ténébrions *Eleodes* renversèrent malencontreusement le sac d'étoiles qu'on leur avait confié et créèrent la Voie lactée. Depuis lors, c'est de honte qu'ils baissent la tête (alors qu'en fait ils lèvent leur abdomen pour cracher un répulsif ! cf. chap. 20).

Bestiaire légendaire et populaire

Ça alors !

Quelques figures de la mythologie grecque

Voici sept fables, légendes ou mythes grecs, où l'on croise des abeilles, des fourmis, des taons et des cigales, des envieux, des orgueilleux, des infidèles et des belliqueux.

• Aristée, fils d'Apollon, séduisit Eurydice, l'épouse d'Orphée. Pour se venger, ce dernier détruisit le rucher d'Aristée, qui sacrifia alors quatre taureaux et quatre génisses afin de calmer la colère des dieux. De leurs entrailles surgirent de nouveaux essaims, reconstituant le rucher. Aristée enseigna alors l'apiculture aux hommes (Virgile, *Les Géorgiques*). Ce mythe de la génération spontanée des abeilles à partir des cadavres persista longtemps dans les civilisations méditerranéennes.

• Les abeilles, lasses de céder leur miel aux hommes, prièrent Zeus de renforcer leurs aiguillons pour tuer ceux qui s'approcheraient de la ruche. Zeus, indigné de les voir envieuses, les condamna à perdre leur dard et à en mourir, toutes les fois qu'elles en frapperaient quelqu'un (Ésope, *Fables*).

• L'île d'Égine, non loin d'Athènes, avait été peuplée par Zeus de Myrmidons, fourmis transformées en hommes pour servir de sujets à son fils Eaque. Mesurant moins de 1 m de haut, ils avaient hérité de leurs ancêtres fourmis le goût du travail et une inlassable activité. Ils accompagnèrent leur roi Achille à la guerre contre Troie (Ovide, *Les Métamorphoses* ; Homère, *L'Iliade*). Le socle historique de cette légende a été ravivé par la découverte en 2003, en Indonésie, de petits squelettes d'*Homo floresiensis* datant de 18 000 ans. Cette espèce naine, proche d'*Homo habilis*, aurait évolué vers le nanisme sur l'île de Florès. Lors des dernières glaciations qui recouvrirent l'essentiel de l'Europe, des humains isolés sur une île auraient pu évoluer vers cette forme de Hobbit !

• Lorsque Midas était encore enfant, des fourmis moissonneuses amoncelèrent des grains de blé dans sa bouche pendant son sommeil. Devant ce prodige, les devins prédirent à ses parents qu'il deviendrait le plus riche des hommes. La richesse de Midas, roi opulent de Phrygie, dépassa en effet celle de beaucoup d'autres.

• Pour pouvoir continuer à rencontrer sa maîtresse Io sans éveiller les soupçons de son épouse Héra, Zeus transforma Io en belle génisse blanche et lui rendait visite en se transformant en taureau. Pour se venger, Héra envoya un taon harceler sans cesse la malheureuse Io.

• Lorsque l'orgueilleux héros Bellérophon eut dompté Pégase et tué la Chimère, il projeta de gravir l'Olympe grâce à Pégase pour aller narguer Zeus. Le roi des dieux, ulcéré et moqueur, se contenta d'envoyer un taon piquer Pégase, qui se cabra et désarçonna son cavalier en le précipitant dans le vide.

• Eos, déesse de l'aurore, enleva le Troyen Tithonos, l'épousa et obtint de Zeus l'immortalité de son époux. Comme elle avait oublié de réclamer en même temps la jeunesse éternelle, Tithonos vieillit, devint incapable de parler et se transforma en cigale, qui chante à l'aurore.

Voici un bestiaire sélectif mais représentatif d'insectes imprimant leur marque dans la mythologie, l'histoire et la littérature.

• L'abeille est un animal sacré chez les Mayas et chez les Celtes. Le tombeau du roi mérovingien Childéric Ier, roi des Francs et père de Clovis, découvert en 1653, recelait ainsi des dizaines d'abeilles en or et émail. Davantage qu'un symbole d'ordre et d'industrie, l'abeille était avant tout un emblème de résurrection et d'immortalité, et fut également associée à plusieurs divinités gréco-romaines. Comme elle possède six pattes, que son abdomen est divisé en six segments et que ses alvéoles sont hexagonales, le nombre 6 lui fut associé. Or l'hexagone est la figure géométrique dans laquelle peut s'inscrire une étoile à six branches, l'hexagramme, l'étoile de David, le sceau de Salomon, symbole judéo-chrétien du divin et du spirituel. L'hydromel, boisson celtique à base de miel, et les cierges en cire d'abeille furent successivement des produits sacrés. Napoléon choisit l'abeille comme un des symboles de l'Empire, pour le relier aux Mérovingiens, tandis qu'un second emblème, l'aigle, le rattachait aux Carolingiens de Charlemagne. L'abeille napoléonienne devint symbole impérial et supplanta la fleur de lys comme armoirie des rois.

• Chez de nombreux peuples tropicaux, les fourmis sont souvent associées aux termites, appelés fourmis blanches. Toutes deux sont présentées comme des ancêtres des hommes dans les mythologies aborigène, africaines et sud-américaines. Elles sont associées à la fécondité et à la construction. La société des fourmis industrieuses et économes a offert un modèle de société fonctionnaliste à plusieurs romanciers, comme l'auteur de science-fiction H.G. Wells lorsqu'il décrivit la civilisation souterraine des Sélénites dans *Les Premiers Hommes dans la Lune*.

• La mouche rejoint les symboles plutôt négatifs. Bourdonnant en nuées importunes, harceleuse infatigable, elle est associée à la mort et à la décomposition des cadavres. Belzébuth (« Seigneur des mouches », en hébreu) est le prince des démons pour les chrétiens. Dans la mythologie germanique, Loki, dieu rusé de la discorde, se transforma en mouche pour gêner les nains dans la fabrication des attributs divins. C'est à cause de lui que le marteau de Thor sera doté d'un manche trop court ! Dans le roman *Sa Majesté des mouches* publié par l'auteur anglais William Golding en 1954, elles représentent métaphoriquement l'ensauvagement et la montée d'un despotisme violent, au sein d'une société d'enfants échoués sur une île après l'accident de leur avion. Enfin, pour le philosophe Sartre, les mouches (dans la pièce éponyme, en 1943) symbolisent les remords qui envahissent la ville d'Argos, où Agamemnon a été assassiné à son retour de la guerre de Troie.

• Les Amérindiens sont fascinés par d'autres diptères, les moustiques, dépourvus d'hémoglobine mais suceurs avides de celle des autres, comme s'ils aspiraient leur force vitale.

Comme dit le proverbe...

Les insectes alimentent des expressions quotidiennes et des proverbes plus ou moins fondés sur des réalités biologiques. En voici un florilège.

Le miel est doux, mais l'abeille pique	Il faut parfois souffrir pour profiter d'un plaisir
Quand on se couche avec des chiens, on se lève avec des puces	Il faut accepter les conséquences de ses actes
On ne prend pas les mouches avec du vinaigre	On réussit mieux en affaires par la douceur que par la violence
Avoir le bourdon	Être triste, mélancolique
Avoir des fourmis dans les jambes	Avoir envie de bouger
Marché aux puces	Marché d'antiquités en plein air
Avoir une taille de guêpe	Avoir une taille fine
Être laid comme un pou	Être très laid
Avoir le cafard	Être déprimé
Chercher des poux dans la tête de quelqu'un	Harceler sur des points de détail
Faire mouche	Atteindre la cible
Être la mouche du coche	S'attirer tous les honneurs sans les mériter
Ne pas faire de mal à une mouche	Être inoffensif
Prendre la mouche	S'offusquer pour un prétexte souvent futile
Regarder voler les mouches	Ne pas être attentif
Tomber comme des mouches	Mourir en nombre
Entendre une mouche voler	Avoir du silence
Avoir la puce à l'oreille	Se douter de quelque chose
Écrire en pattes de mouche	Écrire avec de petits caractères illisibles
Quelle mouche l'a piqué ?	Il est devenu fou
Pas piqué des hannetons	Dans un état impeccable ou dans un langage salace
Pas folle la guêpe	Avoir une attitude intelligente

• À l'inverse, le papillon est une figure universelle plutôt favorable et positive, des jeux de l'enfance, de la légèreté mais aussi de l'inconstance (« papillonner »). En Asie, les papillons incarnent l'immortalité et l'amour éternel. Au Japon, deux papillons personnifient le bonheur conjugal. Associé à la déesse Psyché, le papillon est une signature de l'âme libérée. La métamorphose de la chenille en papillon reflète le cheminement de l'homme. Au Burkina Faso, les masques papillons, parés de grandes plaques horizontales évoquant des ailes déployées, recouverts de motifs concentriques en allusion aux ocelles, sont revêtus lors des rites agraires pour invoquer le retour des pluies à la fin de la saison sèche.
• Par leurs dons de mimétisme, leurs postures anthropomorphiques, successivement immobiles et très rapides, dressées sur leurs pattes arrière et tournant la tête pour percevoir ce qui les entoure, leurs accouplements cruels (cf. chap. 6),

les mantes bénéficient, en Afrique comme en Occident, d'une « capacité lyrique », comme l'écrivait Roger Caillois. Elles sont vénérées par les conteurs africains et ont fasciné les artistes surréalistes.

• Les cigales, chanteuses insouciantes et nonchalantes dans les pays méditerranéens, laissent, après leur nymphose, une coque solide mais vide et transparente qu'on retrouve sur les arbres ou dans les herbes. Elle a la forme de leur corps et est appelée exuvie. En Chine, cette observation de l'abandon de la cuirasse a servi à baptiser une des 36 tactiques guerrières pour échapper au danger.

• Enfin, les criquets constituent une des plaies symboliques judéo-chrétiennes, en raison de leurs ravages périodiques sur les cultures africaines.

31

Un peu de littérature buissonnière...

« Qui a bien lu les *Souvenirs entomologiques* ne peut plus jeter sur la nature un regard d'indifférence et de dédain. Il en sait à jamais l'étrange et inépuisable ressource. »

Jean Rostand

Où l'on découvre que l'écrivain Jünger a chassé les insectes en parcourant le monde avec l'armée allemande. Que le prix Nobel de littérature 1911 a opposé en duel francophone l'entomologiste-écrivain Jean-Henri Fabre et l'écrivain-entomologiste Maeterlinck. Que la spectrale mante religieuse fascinait les artistes surréalistes. Que le romancier Nabokov a démontré que le héros de Kafka se métamorphose en scarabée et non en cafard.

LA RENCONTRE ENTRE LES ÉCRIVAINS, par nature curieux et créatifs, et le monde foisonnant et déroutant des insectes, devait logiquement être fertile. Aristote encourageait déjà ce rapprochement : « Il n'est pas d'un homme raisonnable de blâmer par caprice l'étude des insectes, ni de s'en dégoûter par la considération des peines qu'elle donne. La nature ne renferme rien de bas. Tout y est sublime, tout y est digne d'admiration. »

Leurs rapports ne sont en fait pas si nombreux. Certains auteurs ont directement mis à profit leur expérience d'entomologiste chasseur-collectionneur, d'autres ont écrit leur curiosité à l'égard des mœurs des insectes. Tous expriment leur fascination pour la diversité de ce microcosme de formes. Voici quelques portraits d'écrivains chasseurs, observateurs ou collectionneurs.

Fabre : et l'entomologie devient littérature

L'entomologiste écrivain par excellence est Jean-Henri Fabre. Fils de cafetier, cet autodidacte passionné par la nature devint un homme de sciences et un écrivain éminents au XIXe siècle. À partir des années 1860, ses talents de vulgarisateur comme auteur de livres scientifiques et scolaires lui assurèrent un succès populaire important. Ses cours du soir pour adultes à Orange connurent un succès phénoménal, attirant des intellectuels comme Mallarmé ou Mistral. Ce n'est qu'à presque 60 ans qu'il put acheter une propriété, « L'Harmas », à Sérignan-du-Comtat, en Provence. Dans son jardin, Fabre approfondit ses études des insectes et s'attela rapidement à la rédaction de sa grande œuvre, *Souvenirs entomologiques : études sur l'instinct et les mœurs des insectes,* une balade poétique autant que scientifique en 15 tomes sur la vie des insectes. L'un de ses biographes, Yves Delange, parle d'une « vaste épopée du minuscule ». Il y consacrera dix-sept années de sa vie, malgré l'âge et les difficultés matérielles.

À contre-courant de la plupart de ses prédécesseurs, qui pratiquaient surtout la collection et la description des espèces, Fabre préféra l'étude des comportements des animaux dans leur milieu. Plusieurs de ses découvertes sur le rôle des phéromones et les hyménoptères parasitoïdes font toujours autorité et le consacrent comme l'un des pionniers de l'éthologie. « Observateur inimitable », pour son contemporain Darwin, il fut l'un des premiers à décrire précisément la vie du scarabée sacré ou du géotrupe, du minotaure typhée ou de la guêpe maçonne, au moyen de descriptions enthousiastes et lyriques qui ont inspiré de nombreuses vocations naturalistes (y compris la mienne !). Son œuvre a nourri l'imaginaire de Proust, de Maeterlinck, des surréalistes, de Jünger, et figure même dans l'œuvre du dessinateur Gotlib ! Pour Victor Hugo, Fabre est « l'Homère des insectes ». Edmond Rostand consacra plusieurs sonnets dithyrambiques à celui qu'il baptisa « le Virgile des insectes ».

Pour le biologiste Jean Rostand, Fabre est « un grand savant qui pense en philosophe, voit en artiste, sent et s'exprime en poète ». La verve poétique de ses *Souvenirs entomologiques*, traduits en quinze langues, valut à Fabre d'être candidat au prix Nobel de littérature en 1904 et 1911, malheureusement sans succès. Fabre est encore tenu en haute estime en Russie, aux États-Unis et surtout au Japon, où il est considéré comme un modèle de synthèse entre l'homme de sciences et l'homme de lettres. Il y figure au programme des enseignements de l'école primaire, et la visite bucolique de L'Harmas à Sérignan fait partie de l'itinéraire culturel de certains touristes nippons.

Les écrivains chasseurs-collectionneurs

Les détracteurs de Fabre lui reprochent ses descriptions d'espèces et ses dénominations parfois imprécises. Il fut en effet un piètre collectionneur, peu attaché à la systématique et à la nomenclature. D'autres écrivains célèbres, passionnés d'entomologie, furent en revanche d'assidus chasseurs et collectionneurs d'insectes. Leur panthéon accueille entre autres Nabokov et Jünger, Nodier et Gide.

Quelques décennies avant Fabre, Charles Nodier, bibliothécaire à l'Arsenal à Paris, fut un fervent amateur d'insectes avant de devenir un érudit poète romantique, un romancier bourgeois et un auteur de pamphlets politiques. C'est pendant la Terreur, réfugié dans un village jurassien proche de Besançon, qu'il commença ses études et ses collections entomologiques, sous la houlette d'un ami de son père. Une anecdote biographique nous révèle l'adolescent naturaliste éclairé. Il publia à 17 ans, avec son condisciple Luczot, une dissertation sans nom d'auteur, dans laquelle il analysait le sens de l'ouïe chez les insectes. Lorsque Duméril, un savant parisien de carrière, en revendiqua la paternité, Nodier, alors âgé de 24 ans, répliqua dans le journal *Le Citoyen français*. Les deux hommes firent les concessions nécessaires pour clore le débat. Quelques années plus tard, ils participèrent ensemble à l'inauguration de la statue de Cuvier à Montbéliard. Sa passion d'adolescent imprègne les écrits de Nodier, de *Trilby* à *La Fée aux miettes* ou à *L'Homme et la Fourmi*.

Ça alors !

Lettres entomologiques à ces dames

Étienne Mulsant, entomologiste lyonnais contemporain de Nodier, publia en 1830 un ouvrage au service de l'histoire naturelle des insectes, *Lettres à Julie sur l'entomologie*, qui réunit 70 longues lettres de l'auteur à sa jeune épouse pour l'inciter, dans un style romantique, à la contemplation des beautés des insectes. L'auteur s'adressait plus généralement aux dames : « Depuis qu'un écrivain célèbre du siècle dernier nous a révélés, dans ses "Lettres sur la botanique", tout l'attrait que peut offrir cette aimable science, son étude est devenue [...] pour les femmes [...] un passe-temps aussi varié qu'amusant. Pourquoi l'Entomologie, cette autre partie de l'Histoire générale de la Nature, n'obtiendrait-elle pas la même faveur ? »

À l'aube du xxᵉ siècle, Nabokov avait 7 ans lorsqu'il commença à collectionner les papillons. À 11 ans, il consultait les périodiques spécialisés dans plusieurs langues, et harcelait les plus grands entomologistes avec de prétendues découvertes d'espèces nouvelles. En mars 1918, à 19 ans, alors qu'il ne faisait que chasser avec son filet au bord de la mer Noire, il fut soupçonné d'adresser des messages à un navire britannique ! Dans les années 1940, après son arrivée aux États-Unis, Nabokov classa les collections de l'université de Harvard et passait l'été à sillonner les Rocheuses avec femme et enfant. Il admit plus tard que ces années de pérégrinations entomologiques furent « les plus délicieuses et les plus excitantes de toute sa vie d'adulte ».

Bien qu'il ne possédât aucun diplôme, Nabokov se situait à mi-chemin entre l'amateur éclairé et le savant professionnel. Ses travaux sur les papillons lycénidés firent autorité. Des pairs donnèrent son nom à plusieurs espèces de papillons (cf. chap. 32). Toute sa vie, il s'obstina à inclure dans ses bibliographies la liste complète de ses articles sur les lépidoptères. Pendant les seize dernières années de sa vie, passées dans un palace à Montreux (Suisse), il s'acharnait sur un énorme ouvrage de taxinomie, au détriment de son dernier roman – les deux livres ne parurent jamais… Il empruntait régulièrement le périphérique pour partir à la chasse aux papillons dans les montagnes. Sa riche collection a été léguée au Musée de zoologie de Lausanne.

Ça alors ! La Métamorphose : cafard ou scarabée ?

L'entomologiste Nabokov analysa *La Métamorphose* de Kafka dans le but de déterminer en quelle espèce d'insecte se transforme Gregor Samsa. Il démentit les commentateurs qui évoquaient un cafard, insecte plat pourvu de grosses pattes : Gregor est « tout ce que l'on veut sauf plat, il est convexe des deux côtés, ventre et dos, et ses pattes sont petites [...]. Gregor appartient à la famille des scarabées ». « C'est un scarabée gigantesque, dont les antennes pouvaient atteindre la poignée de la porte, et qui possédait, dissimulée sous la carapace de son dos, une paire d'ailes qui lui aurait permis de voler des kilomètres. Ni Gregor ni son créateur ne se sont rendu compte qu'il aurait pu s'échapper lorsque la bonne nettoyait la chambre en laissant la fenêtre ouverte. »
Et Nabokov d'ajouter « c'est là, de ma part, une fort jolie observation, que vous pourrez garder à tout jamais au fond de vos cœurs ; il y a des Gregor, des Jean et des Jeanne, qui ne savent pas qu'ils ont des ailes ». Littérature…

Avec la même précocité, la même constance, la même compétence, le même goût de la collection que Nabokov, un autre grand écrivain du xxᵉ siècle, l'Allemand Ernst Jünger, a nourri une passion durable pour les coléoptères. Depuis Goethe et les poètes romantiques passionnés par les plantes et les roches, l'éducation des enfants en Allemagne incluait la découverte de la nature, et le filet à papillons trônait sur le coffre à jouets du jeune Jünger. L'élève rêveur de Hanovre s'est rapidement passionné pour l'univers infini des insectes et n'a cessé de les recueillir. Homme de guerre, curieusement docile et détaché, promené par son armée de Verdun au Caucase, de la Transylvanie à l'Afrique, de l'Anatolie au Caucase, Jünger a parcouru la Terre avec la Légion, à la recherche de ses émotions d'enfant. Il a chassé au plus fort des deux guerres mondiales, grattant la mousse sur le front ou dans les champs de manœuvre, en quête de quelque rare scarabée. Sa vie a les atours d'une longue promenade, au cours de laquelle la chasse aux insectes, aventure de chaque instant, s'inscrit dans l'horizon de son *Traité du rebelle* et de son « recours aux forêts » et s'apparente tout à la fois au jeu et au refuge. Son recueil *Chasses subtiles* en dresse un émouvant tableau.

Des écrivains observateurs et curieux

Roger Caillois, poète et essayiste curieux, compagnon des artistes surréalistes, fut aussi un collectionneur fasciné par les insectes et les minéraux, réservoirs de formes fantastiques à inventorier. Adepte des « sciences diagonales » et de l'analogie entre les disciplines, il était préoccupé par l'unité entre les figures de l'imagination et les formes souvent troublantes du monde naturel. Dans le cadre de cette poétique généralisée, il décrivit par exemple les mirages du mimétisme des insectes, l'esthétique des dessins luxueux des ailes de papillons (*Méduse et Cie*) et les mœurs cruelles de la mante religieuse. Caillois a raconté qu'il faisait collection d'insectes quand il était enfant en Champagne, et qu'il n'avait pu capturer « avec émotion » un spécimen de mante que des années plus tard à Royan. Avec Breton (qui en avait un spécimen « séché » dans un tiroir de son bureau), ils évoquèrent la dimension « objectivement émouvante et évocatrice » de sa posture spectrale.

À deux époques successives, deux écrivains français reconnus, amateurs d'insectes, ont livré des écrits mi-descriptifs, mi-lyriques, sur le monde des insectes.

À plus de 50 ans, Jules Michelet, privé de sa chaire d'historien au Collège de France et de son poste aux Archives nationales par Napoléon III à qui il refusait de prêter serment, s'éloigna alors plus fréquemment de Paris pour retrouver la nature et ses mystères. L'intercalant dans la publication de ses œuvres majeures sur l'histoire de France, il écrivit une série sur la nature en quatre chants lyriques, parfois naïfs. Dans *L'Insecte* en 1867, il exprime son étonnement sur les organes, les parures et les mœurs des insectes. Naturaliste autodidacte, Michelet conçut ce « livre d'un ignorant destiné à des ignorants » en s'inspirant d'anciens et célèbres entomologistes comme Réaumur, Huber, Malpighi, Swammerdam, si bien que *L'Insecte* prend le caractère d'une brève histoire de l'entomologie jusqu'à la moitié du XIXe siècle.

La curiosité de Michelet à l'égard des insectes sociaux le rapproche de Maurice Maeterlinck, apiculteur campagnard pendant vingt ans, fasciné par « l'esprit social de la ruche », qui analysa les principales sociétés d'insectes dans quelques chroniques « scientifiques » : *La vie des abeilles* (1901), *La vie des termites*

(1926) et *La vie des fourmis* (1930). Maeterlinck, qui a écrit ces ouvrages en se fondant sur quelques observations personnelles de terrain mais surtout en compilant de nombreuses lectures spécialisées, s'est accordé des interprétations anthropomorphes très personnelles et une conceptualisation souvent maladroite. Pour son œuvre de poète et de dramaturge, Maeterlinck fut élu prix Nobel de littérature en 1911, devant un autre candidat nommé Jean-Henri Fabre !

32

L'entomologiste sous la loupe

« Dans ma pauvre collection, combien m'était plus précieux chacun de ces insectes que j'y avais épinglés moi-même, après les avoir moi-même capturés. Ce que j'aimais, ce n'était pas la collection, c'était la chasse. »

André Gide, *Si le grain ne meurt*

Où l'on découvre que les entomologistes sont des collectionneurs de cabinet, des aventuriers chasseurs ou des marchands éclairés. Qu'un chasseur de papillons français a redécouvert les vestiges d'Angkor dans la jungle cambodgienne. Qu'un commerçant d'insectes parisien a fait fortune au début du XXe siècle en vendant des millions de papillons *Morpho* capturés par les bagnards de Cayenne. Qu'un petit coléoptère slovène au nom dédié à Hitler agite le marché noir des militants néonazis. Que Schwarzenegger et Beyoncé ont un insecte à leur nom.

Savant poussiéreux ou explorateur vagabond ?

Dans l'imaginaire collectif, l'entomologiste est souvent perçu comme un personnage méticuleux, obsédé par le rangement de sa collection de cadavres desséchés. Son regard est froid, rigoureux et analytique. Il vous cloue dans une case comme il pique un insecte. L'autre archétype est celui du chasseur de papillons batifolant le filet à la main. En fait, tout comme il existe une grande diversité d'espèces d'insectes, il y a de nombreux types d'entomologistes. Les différents traits de l'entomologiste peuvent être regroupés dans les catégories suivantes : le collectionneur, l'explorateur-chasseur, le commerçant et l'observateur (*Les Entomologistes peints par eux-mêmes,* Achille Guenée, 1842).

L'entomologiste collectionneur est un savant de cabinet. Il amasse avidement le plus d'échantillons possible, les étiquette et les range soigneusement, comme il le ferait de coquillages ou de livres. En philatéliste, il remplit de quelques exemplaires des cases prévues à cet effet. Cette manie peut virer à l'obsession, notamment lorsque l'entomologiste est un personnage littéraire. Dans le roman *L'Obsédé,* de John Fowles, en 1963, Frederick, le collectionneur de papillons psychopathe, séquestre la belle Miranda dans sa cave comme la plus belle pièce de sa collection. Le collectionneur d'insectes est par ailleurs confronté au tonneau des Danaïdes : il ne pourra jamais réunir les dizaines de milliers de représentants de son groupe d'intérêt. Pour de nombreux entomologistes, cette longue collecte est l'œuvre d'une vie. Pour faire corps avec son œuvre, un coléoptériste allemand, le docteur Kraatz, a récemment demandé par testament à ce que ses cendres soient déposées dans un carton à insectes rangé au milieu de sa collection conservée à l'institut d'Eberswalde ! Deux penchants caractéristiques sont liés à cette activité de collection : la recherche frénétique de la rareté et le souci de la classification. L'entomologiste classificateur complète l'étude de ses cadavres par celle des livres.

L'entomologiste commerçant, lui, applique aux insectes sa vocation pour le négoce. Il cote la valeur de chaque espèce ou de chaque variété et construit un réseau d'échanges et de correspondances. Cette activité lucrative se fait parfois sans intérêt pour la connaissance scientifique et au détriment de sa probité.

Ça alors ! **Insectes de collection : combien ça coûte ?**

La valeur des insectes secs est fixée selon leur rareté, leur taille, leur état de conservation, leur sexe. Depuis une trentaine d'années, la démocratisation des voyages et l'apparition de techniques de chasse plus performantes ont entraîné une baisse très sensible des prix. Des sommes de plusieurs dizaines de milliers d'euros sont cependant atteintes pour un exemplaire rare dans les ventes aux enchères (cf. chap. 27). Le peintre Simon Messagier, entomologiste à ses heures, a fréquenté la section d'entomologie du Muséum de Paris dans les années 1970. Au début des années 2000, alors qu'un exemplaire unique de papillon *Ornithoptera victoriae epiphanes* portant une aberration morphologique était mis en vente à Drouot, à Paris, il a décidé de le nommer « Révélaberration » et de le revendiquer comme œuvre d'art pour condamner ces comportements.

L'entomologiste voyageur, quant à lui, est parfois un marchand, fournisseur des collections privées (dont la sienne !) et des musées. Mais les insectes ne lui sont parfois qu'un prétexte pour explorer le monde. Aventurier, il laisse libre cours à son instinct primaire de chasse. Sa connaissance empirique du mode de vie des espèces est fondamentale pour ses exploits de collecteur, capable de localiser et de capturer les espèces dans leur habitat. Au-delà de cette qualification, sa persévérance et la chance nourrissent les récits quasi mythiques de ses prospections. Enfin, l'entomologiste observateur scrute minutieusement et patiemment les mœurs d'insectes parfois communs depuis son jardin. Il est souvent en admiration contemplative devant les prodiges simples de la nature.

Tout entomologiste se définit évidemment par une combinaison pondérée de ces différents attributs.

La tribu des entomologistes

Comme tout spécialiste, l'entomologiste adhère à des sociétés et publie ses découvertes dans des revues spécialisées. Il entretient avec ses pairs des rapports sociaux complexes. *L'Arbre de science,* roman de Maurice Maindron publié en 1906, propose un tableau pittoresque, plutôt satirique, et déformé par les rancunes de son auteur, des enjeux, des pratiques et des hommes, dans le microcosme des savants naturalistes en général, et des entomologistes en particulier. Ce portrait, brossé il y a cent ans, présente bien des ressemblances avec la situation actuelle. Les diverses études de l'anthropologue Yves Delaporte le confirment. Ethnologue des vêtements, des Lapons et de la langue des signes, Delaporte a aussi analysé scrupuleusement le monde des entomologistes. Si Maindron a dépeint l'arrivisme, le manque de scrupules et la bassesse de certains personnages prêts à tout pour nuire à leurs concurrents, cette peinture nous paraît toutefois transposable à d'autres univers professionnels…

De son côté, Delaporte a démontré que les associations d'entomologistes constituent un réseau complexe de circulation de l'information. Cette information concernant les localités, les dates de capture, les biotopes, les techniques de chasse, notamment des espèces rares et recherchées, est le bien le plus précieux pour l'entomologiste. Elle provient d'une profonde connaissance de la littérature spécialisée, mais surtout d'un savoir transmis oralement et de connaissances acquises à la suite de longues prospections personnelles. De « bonnes » captures doivent se mériter par des recherches personnelles et peuvent forger des chasses gardées. L'activité entomologique intègre ainsi des traits traditionnels tribaux, relatifs à l'activité de chasse et à la tradition orale de transmission du savoir.

La plupart des entomologistes vivent leur activité en compétition pour la capture des insectes les plus convoités, et pour le prestige que procure la description officielle d'une forme nouvelle. La plupart méprisent les amateurs de grosses bêtes et de familles faciles. Le principe de leurs échanges d'information est la réciprocité. Une information précieuse, voire exclusive, en demande une autre en retour, ce qui place évidemment le débutant dans une désagréable position d'infériorité. Rumeurs et ragots circulent sur la fiabilité des renseignements fournis par un pair. Certains se spécialisent parfois jusqu'au ridicule sur l'étude d'un groupe très limité d'espèces, pour pouvoir faire le tour de la question ! Les variétistes, apôtres de la description excessive de formes locales au sein des populations d'une même espèce, suscitent des querelles en encombrant la littérature avec leurs appellations secondaires inutiles. D'éternelles escarmouches opposent les nomenclateurs de musée et les naturalistes de terrain.

Ça alors ! Le général Dejean, la fleur au fusil

Auguste Dejean, général de division français, fut aide de camp de Napoléon Ier et prit part aux batailles de l'Empire, de Ligny à Waterloo. Lors de la bataille d'Alcanizas en 1809 en Espagne, Dejean était sur le point d'ordonner l'attaque lorsqu'il remarqua un coléoptère *Cebrio ustulatus* sur une fleur. Il descendit de cheval, le ramassa et le piqua au fond de son casque doublé de liège. Remonté sur son cheval, il lança la bataille, que ses troupes remportèrent après un dur combat. Son couvre-chef avait été déchiqueté par les tirs ennemis, mais son insecte était intact ! Sa collection, la plus riche de toute l'Europe en coléoptères exotiques, fut mise en vente vers 1840 au prix de 50 000 francs, soit près de 400 000 €, somme que le Muséum de Paris ne put réunir. La collection fut dispersée, et partiellement rachetée par le collectionneur Charles Oberthür (cf. ci-après).

Les collectionneurs cherchent la petite bête

La faute à leur petitesse, la collection d'insectes secs et épinglés est un préalable à leur étude. Pour des objectifs scientifiques, seuls quelques groupes de grosse taille peuvent être identifiés vivants assez facilement sur le terrain. Les boîtes d'insectes s'accumulent ainsi sur les rayonnages des laboratoires et des musées. Mais ils s'exposent parfois encore dans le salon des amateurs. La collection fut en effet une activité de loisirs très répandue en Europe au XIXe siècle. Même au début du XXe siècle, assembler un groupe important d'espèces de papillons ou d'autres insectes était du même acabit que collectionner l'art contemporain aujourd'hui. Lionel-Walter Rothschild, fils du banquier Nathan de Rothschild, créa à Londres une collection personnelle contenant 2 millions de papillons à sa mort, en 1937. Également occupation éducative, cette activité persiste en Asie, au Japon et en Corée notamment, où elle fait partie des programmes scolaires.

Au XIXe siècle, l'engouement pour la collection d'insectes chez les amateurs et le besoin d'échantillons pour les progrès scientifiques de la classification encouragèrent le développement d'expéditions de collecte et d'un commerce florissant des insectes de collection. L'éminent entomologiste danois Fabricius forma ainsi un réseau de correspondants à l'étranger pour explorer le continent américain. Les naturalistes allemands et anglais étaient très présents en Amérique du Sud, les français en Afrique et en Extrême-Orient. Parmi les amateurs actifs figuraient évidemment des amateurs fortunés, qui finançaient leur propre expédition, des officiers de marine profitant de leurs escales, des médecins de marine expatriés, des membres de l'administration coloniale et des missionnaires. Au début du XIXe siècle, des scientifiques mandatés participèrent à des missions officielles d'exploration. Mais seule une faible fraction des milliers d'espèces nouvelles d'insectes tropicaux décrites au XIXe siècle provient de ces missions scientifiques. L'essentiel fut acquis grâce à des initiatives individuelles et commerciales.

Ça alors ! Entomologie et archéologie

En 1861, au début de la conquête de la Cochinchine par la France, le naturaliste franc-comtois Henri Mouhot explorait la région à la chasse aux papillons, quand il découvrit le site d'Angkor, ancienne capitale de l'empire khmer, dans les jungles du Cambodge.

Dans la seconde moitié du XIXe siècle, les missions d'exploration officielles des institutions nationales se raréfièrent. Les initiatives privées d'amateurs fortunés ou de commerçants prirent le relais, et donnèrent naissance à de véritables professionnels de la chasse entomologique. Les expéditions de ces naturalistes à gages, entomologistes mercenaires, étaient financées par de riches collectionneurs. Marc Hue de Mathan, qui demeura plus de trente ans en Amérique du Sud, fut une figure exemplaire de ces négociants généralistes et naturalistes obscurs qui n'ont rien publié, tout en enrichissant considérablement les collections françaises. Eugène Le Moult fut une autre figure marquante de ces marchands-savants. Il créa en 1909 à Paris un « cabinet entomologique », qui devint la plus importante plate-forme commerciale d'insectes au monde. Passionné par les papillons depuis l'enfance, il avait séjourné en Guyane française pendant son adolescence, son père étant directeur des travaux pénitentiaires. Dans son premier catalogue d'insectes exotiques en 1913, il proposait un couple du grand longicorne guyanais *Titanus giganteus* au prix de 500 francs, soit 1 600 € aujourd'hui.

Marchand avisé, Le Moult fit fortune, à la veille de la Première Guerre mondiale, en vendant une multitude de *Morpho* qu'il avait fait capturer par les bagnards de Cayenne. Ces grands papillons d'un bleu métallique étaient alors prisés en décoration par les bourgeois férus d'exotisme colonial. Sous l'Occupation, Jünger vint rendre visite à Paris au célèbre colosse à la barbe de patriarche. Son entreprise vendit près de 20 millions de papillons et devint la troisième industrie de Guyane, avec des clients comme l'empereur du Japon Hirohito.

Eugène Le Moult avait commencé comme chasseur à la solde du collectionneur Charles Oberthür. Ce dernier appartenait à une grande famille d'imprimeurs rennais passionnés d'entomologie. Son père, François-Charles, avait créé avec succès l'Almanach des Postes, en 1854, et l'entreprise Oberthür, qui employa jusqu'à 2 000 personnes à Rennes dans les années 1930, était la première imprimerie de France. Or François-Charles était amateur de papillons. En 1884, il avait décidé de faire construire à côté de la maison familiale de Rennes un pavillon consacré à l'entomologie. Son fils aîné, Charles, reprit sa collection de papillons, tandis que son autre fils, René, se lança dans une collection de coléoptères. En 1925, à la mort de Charles, le Muséum de Paris ne put acheter sa collection de papillons, qui partit au Muséum de Londres. Le pavillon familial de Rennes fut alors entièrement à la disposition de René, qui acquit presque toutes les grandes collections mises sur le marché.

Les frères Oberthür entretenaient également des relations privilégiées avec les missionnaires des régions tropicales. Ils leur imprimaient gratuitement les missels, en échange de papillons et de coléoptères. Peu après la mort, en 1944, de René Oberthur (qui retira le tréma du « ü » pour franciser son nom en 1942 !), Jeannel, directeur du laboratoire d'entomologie du Muséum (cf. chap. 33), fit classer la collection comme « monument historique » pour empêcher sa sortie du territoire français. Il négocia ensuite son achat pour 32 millions de francs de l'époque, soit un peu moins de 1 million d'euros aujourd'hui (la collection avait coûté 20 fois plus…). Neuf jours furent nécessaires pour charger les 20 000 boîtes, contenant au moins 5 millions de spécimens, dans des camions de déménagement pour Paris !

Ça alors ! **Deux entomologistes dans la Seconde Guerre mondiale**

Philippe Henriot, homme politique d'extrême droite et figure de la collaboration, fut ministre de l'Information du gouvernement Laval pendant la Seconde Guerre mondiale. Il était aussi un avide collectionneur de papillons. Il fut exécuté par le mouvement de résistance Comac en juin 1944, mais non, comme c'était initialement prévu, au laboratoire d'entomologie du Muséum de Paris, où ont œuvré des entomologistes résistants comme Grassé ou Balachowsky. Sa collection fut récupérée au musée de Karlsruhe.

Szymon Tenenbaum était directeur du Lycée juif de Varsovie lors de l'invasion nazie. Passionné par l'entomologie, il continua à la pratiquer dans le ghetto de Varsovie, où il mourut faute de soins à 49 ans en 1941. Ses collections entomologiques exotiques, déposées chez le directeur du zoo de Varsovie, ont survécu à la guerre. En revanche, sa collection d'insectes du ghetto (principalement en provenance du cimetière) et son manuscrit de 1 000 pages sur « Les coléoptères des environs de Varsovie », résultat de vingt-cinq années de recherche, ont été détruits durant la guerre.

Sous l'Occupation, pendant la Seconde Guerre mondiale, un officier de l'armée allemande, Georg Frey, prit soin que le pavillon Oberthür de Rennes soit convenablement chauffé et entretenu. Frey, riche fabricant de lodens à Munich dans le civil, était lui aussi collectionneur de coléoptères. Durant cinquante ans, il a constitué la plus grosse collection privée, en finançant 40 expéditions, des Andes aux steppes de l'Asie en passant par l'Himalaya, en rachetant 65 collections privées et en correspondant avec les entomologistes du monde entier. Lorsque sa maison familiale de Bavière fut trop envahie, Frey fit construire un pavillon d'entomologie sur sa propriété pour abriter ses 6 500 boîtes. À sa mort, en 1976, sa collection fut rangée dans le grenier. À partir de 1986, le sort de cette collection alimenta un feuilleton juridique d'une dizaine d'années. En 1986, le responsable du service d'entomologie du Muséum de Bâle, Michel Brancusi, demanda en effet à la veuve de Frey de lui faire une offre de vente, qui se monta à 2,3 millions de Deutsche Mark, soit 2 millions d'euros actuels. Le Musée de Munich s'empressa de la faire inscrire sur la liste des biens culturels allemands pour empêcher son exportation et faire échouer la vente. La veuve Frey décida de braver les autorités allemandes, en concluant, en 1987, un contrat de location sur trente ans avec l'Association bâloise qu'elle rendait héritière de la collection. À sa mort, en 1992, le Musée de Munich s'appropria toutefois la collection. C'est seulement en 1997 que le tribunal de Bonn a finalement délivré l'autorisation de sortie pour cette collection, qui a été recueillie au Musée de Bâle.

D'où viennent les noms des insectes ?

Lorsqu'une nouvelle forme d'insecte (une espèce, une race) est mise en évidence, elle est affublée par son découvreur d'un nom latin en deux parties (genre et espèce) pour figurer dans la classification. Cette nomenclature, qui a pour point de départ le travail du Suédois Linné en 1758, a été peu encadrée jusqu'au code Strickland des années 1840, et surtout au code international de nomenclature zoologique de 1961. Le contenu sémantique des noms est laissé à l'entière liberté de chaque nominateur. La plupart des noms sont fondés sur une caractéristique de l'espèce, apparente (morphologie, couleur, nombre et forme des motifs superficiels) ou non (production olfactive, production auditive, mœurs, biotope). Dans un pamphlet sur le Muséum de Paris en 1847, Isidore Salles de Gosse a caricaturé ces pratiques, en faisant rebaptiser la carotte « Micromacroglucoxanthoerythroleucorhizos », pour la raison que ce tubercule est petit ou gros, jaune ou rouge ou blanc, et sucré ! Mais beaucoup de descripteurs ont abandonné les appellations descriptives pour refléter un jugement esthétique, ou emprunter un nom à la mythologie gréco-latine, voire former des noms complètement arbitraires (dès 1836). De toute façon, avec le développement du nombre d'espèces connues, le système aurait frôlé la saturation par limite des langues naturelles. L'entomologiste descripteur a donc dû et pu exercer librement son imagination créatrice. Anagrammes, jeux de mots, allusions, métaphores ont fait de la nomenclature une activité ludique et poétique. Les entomologistes facétieux ont satisfait leur propre fantaisie en attribuant des noms comiques. Le genre *Scatogenus* (du grec *scatos*, « excrément », et du latin *genus*, « origine »), autrement dit « fouteur de merde », a été accordé à un genre nouveau de coléoptères qui a obligé les scientifiques à réécrire leur article pourtant déjà terminé ! Les noms dédicatoires permettent d'immortaliser le nom d'un collègue ou d'un personnage admiré. La règle veut par ailleurs que l'auteur du nom, qui publie la description de l'insecte, ne puisse en être l'éponyme. Mais des moyens détournés ont été employés pour faire passer son propre nom à la postérité : il suffit par exemple de dédier l'insecte à un parent portant le même patronyme. C'est ainsi qu'on rencontre un scarabée *Cartwrightia cartwrighti* Cartwright (1967), dont le genre a été dédié à Cartwright qui, ensuite, a dédié l'espèce à son frère…

Certains noms peuvent devenir embarrassants avec le temps. En 1933, un entomologiste allemand a nommé un petit coléoptère carabique cavernicole *Anophthalmus hitleri* (« dédié au chancelier du Reich en témoignage de mon profond respect »). Ce petit carabe long d'un demi-centimètre n'habite que cinq grottes slovènes et fait aujourd'hui l'objet d'une traque active des militants fascistes. Les grottes sont fréquentées par un nombre croissant de visiteurs sauvages, qui tentent de capturer l'animal avec des pièges appâtés. En 2002, un exemplaire bien conservé se vendait presque 2 000 euros sur le marché noir ! Les autorités environnementales slovènes envisagent de fermer l'accès aux grottes pour éviter l'extinction de l'espèce. En 1984, cet insecte fut choisi par la poste yougoslave pour figurer, évidemment sans mention de nom, dans une série de timbres d'histoire naturelle…

Le nom peut être choisi comme arme dans une polémique. Un trichoptère *Rhyacophila* des États-Unis a ainsi été baptisé *tralala*, pour moquer l'habitude des entomologistes américains d'attribuer des noms arbitraires.

Pour renflouer leurs caisses, plusieurs musées font désormais payer la dédicace d'espèces ou la proposent aux enchères, comme celle des étoiles (c'est le National Museum of Natural History à Londres qui a commencé, dans les années 1990…). Pour une somme souvent importante, un individu ou un établissement choisit un animal qui sera nommé en son nom (ou de quelqu'un de son choix).

Ça alors ! Petit florilège de noms bizarres

Le nom propre et l'année correspondent à l'auteur et à l'année de première description de l'espèce.

• Des dédicaces à des personnages célèbres, historiques ou fictifs :

Macrostyphlus frodo Morrone, 1994 (Coleoptera Curculionidae)

Macrostyphlus gandalf Morrone, 1994 (Coleoptera Curculionidae)

Mozartella beethoveni Girault, 1926 (Hymenoptera Encyrtidae)

Cyranorogas depardieui Quicke and Butcher, 2015 (Hymenoptera Braconidae) : en raison de sa protubérance faciale, et en l'honneur de l'acteur Gérard Depardieu qui interpréta le célèbre Cyrano de Bergerac au long nez en 1990

Campsicnemius charliechaplini Evenhuis, 1996 (Diptera Dolichopodidae) : en raison de sa tendance à mourir avec les pattes arquées

Agra schwarzeneggeri Erwin, 2002 (Coleoptera Carabidae) : en référence aux fémurs gonflés des mâles, rappelant les muscles de l'acteur Arnold Schwarzenegger

Scaptia beyonceae (Diptera Tabanidae) : en référence au postérieur proéminent, comme la chanteuse, et aux poils dorés sur l'abdomen (!), et découvert en 1981, l'année de naissance de Beyoncé

• Des jeux de mots :

La cucaracha Bleszynski, 1966 (Lepidoptera Pyralidae)

Agra vation Erwin, 1983 (Coleoptera Carabidae)

Colon rectum Hatch, 1933 (Coleoptera Leiodidae)

Orizabus botox Ratcliffe and Cave, 2006 (Coleoptera Scarabaeidae) : lisse et sans rides, comme s'il avait subi une injection de botox

Aha ha Menke, 1977 (Hymenoptera Crabronidae) : en référence à l'exclamation poussée lors de sa découverte.

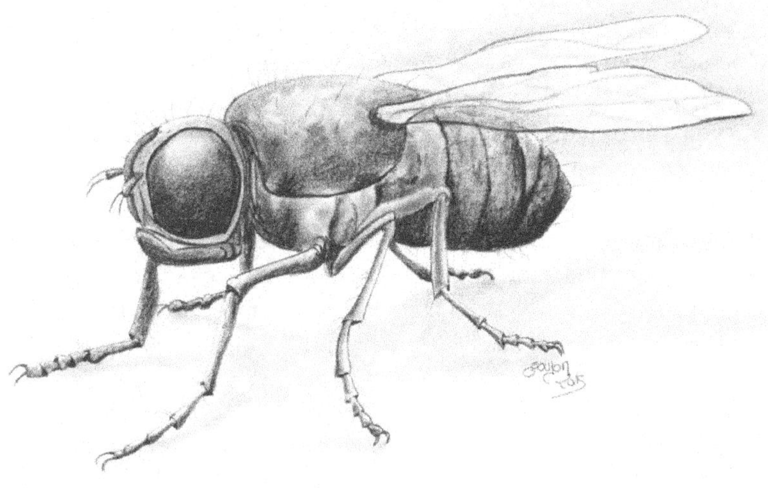

33

L'entomologiste dans l'histoire des sciences

Où l'on découvre que la mouche drosophile peut partager le prix Nobel de Thomas Morgan pour ses découvertes sur la transmission des caractères héréditaires, et l'abeille celui de Karl von Frisch pour son analyse des langages de communication dansants. Que Vacher de Lapouge, spécialiste des races de carabes, a conçu une typologie des races humaines qui a inspiré la vision nazie.

SI LE DÉVELOPPEMENT de l'imprimerie stimula la diffusion de connaissances auparavant dispersées sur le monde diversifié des insectes, il retarda paradoxalement l'avancée de l'ensemble de la zoologie, en particulier de l'entomologie. L'entomologie fut en effet dominée pendant plusieurs siècles par d'érudits naturalistes encyclopédistes, qui négligeaient l'observation pour compiler des écrits sous forme de sommes, de traités, de mémoires aux multiples volumes. Elle fut renouvelée entre autres par l'amélioration des outils, notamment des instruments d'optique. L'étude des innombrables insectes a ensuite joué un rôle pionnier dans le renouveau de la classification et l'observation des comportements animaux, dans des domaines tels que la biologie évolutive, l'écologie comportementale, la génétique moléculaire. Voici cinq portraits d'entomologistes dont les travaux sur les insectes ont influencé l'évolution d'une discipline scientifique.

Ça alors ! Les tribulations du premier traité d'entomologie

Gessner, auteur d'une monumentale *Histoire des animaux*, travaillait à un 6e volume complémentaire sur les insectes lorsque la peste eut raison de lui à Zürich en 1564. Le naturaliste allemand Joachim Camerarius le Jeune récupéra ses notes manuscrites et les envoya à son collègue anglais Thomas Penny. Penny avait déjà en sa possession le manuscrit d'Edward Wotton, naturaliste britannique et médecin du roi d'Angleterre, auteur d'un traité de zoologie incomplet.

Après avoir passé quinze ans à compléter et agréger les deux manuscrits inachevés, Penny s'éteignit en 1589 sans terminer son œuvre. Son compatriote Thomas Moufet acheta le manuscrit en l'état à un prix très élevé, apporta quelques corrections de forme et de style et ajouta 150 nouvelles gravures. Il mourut en 1604 alors qu'il s'apprêtait à le publier. Théodore de Mayerne, médecin du roi d'Angleterre, ressortit l'ouvrage de l'oubli et fit enfin imprimer ce premier traité d'entomologie illustré en 1634, sous le titre suivant : « Le théâtre des insectes » !

Morgan : la drosophile cobaye et la génétique

La biologie doit beaucoup à la petite mouche du vinaigre *Drosophila melanogaster*, un cobaye idéal pour la recherche génétique. Elle se reproduit très rapidement, avec une génération tous les 15 jours et une descendance nombreuse, évolue souvent en mutant, a une vie assez courte (80 jours), un faible nombre de chromosomes (4 chromosomes géants dans les glandes salivaires), des mâles et des femelles aisés à séparer, et s'élève facilement.

En 1900, les lois de l'hérédité mises en évidence par les croisements de petits pois du moine morave Mendel étaient redécouvertes sur d'autres plantes. Le biologiste américain Thomas Morgan, qui s'intéressait à l'hérédité et à l'évolution, souhaitait tester ces théories chez l'animal, et recherchait un modèle expérimental peu coûteux, qui se reproduise rapidement dans un élevage à espace restreint. Il porta son choix sur la drosophile et commença ses élevages. En 1910, après deux ans de recherches peu fructueuses, il remarqua fortuitement un mâle mutant aux yeux blancs parmi les individus sauvages aux yeux rouges. Son étude de la transmission de cette mutation visible de la couleur de l'œil, par divers croisements d'individus mâles et femelles, mutants ou sauvages, apporta la lumière sur les modalités de transmission des caractères. Le nombre des gènes étant beaucoup plus élevé que celui des chromosomes dans le noyau de chaque cellule, il conclut que les chromosomes sont les supports des gènes et de l'hérédité, que plusieurs gènes sont réunis sur un chromosome et qu'ils y sont alignés dans un ordre particulier. Comme la transmission de la couleur des yeux chez la drosophile est liée au sexe, il supposa que ce caractère était porté par le chromosome sexuel.

Morgan et ses étudiants analysèrent les caractères de milliers de drosophiles et dressèrent des cartes de localisation des gènes sur les chromosomes de la drosophile. Son travail lui valut le prix Nobel de physiologie et de médecine en 1933, comme certains de ses étudiants après lui. Il transforma la biologie en une science expérimentale et contribua à l'adoption de la drosophile comme l'un des principaux organismes modèles en génétique.

En France, dès les années 1930, L'Héritier et Teissier suivaient la transmission des caractères sous différentes pressions de sélection, au sein de petites colonies de drosophiles dans des cages d'élevage aux conditions contrôlées, appelées démomètres. Pour étudier l'effet des rayonnements, le premier animal envoyé dans l'espace en 1947 dans une fusée V2 allemande recyclée aux États-Unis fut une drosophile. Le génome de la drosophile est aujourd'hui entièrement séquencé et comporte 13 601 gènes.

Jeannel : des grottes à la dérive des continents

René Jeannel fut un célèbre professeur d'entomologie au Muséum national d'histoire naturelle à Paris durant la première moitié du XXe siècle. Érudit brillant, souvent concentré et perdu dans ses pensées au point d'être distrait, il a servi de modèle à des personnages de roman, de bandes dessinées, de film, au point de devenir légendaire... Si Hergé s'est inspiré du physicien suisse Auguste Piccard pour créer le professeur Tournesol des albums de Tintin, Arnould Galopin a pris Jeannel pour modèle du professeur Paturel dans ses romans pour la jeunesse au début du XXe siècle. Jeannel était un spécialiste mondialement reconnu des insectes des grottes (cf. chap. 2), dont il a décrit d'innombrables espèces nouvelles, en insistant sur un critère qui demeure prépondérant aujourd'hui pour distinguer les espèces, l'examen du pénis des individus mâles, une « clef qui ne peut ouvrir qu'une seule serrure » (cf. chap. 7). Il a participé à de nombreuses explorations spéléologiques en Europe, en Amérique du Nord, en Afrique, à des expéditions dans l'Antarctique, et a dirigé l'Institut international de biospéléologie en Roumanie.

Ses voyages l'ont incité à réfléchir aux questions de biogéographie historique et des lignées de l'évolution. Dans son œuvre maîtresse, *La Genèse des faunes terrestres,* en 1942, il défendit qu'une partie de l'histoire de la Terre est inscrite dans la répartition géographique des insectes cavernicoles. Il mit ainsi en évidence que des espèces très voisines peuplent aujourd'hui l'Afrique orientale, Madagascar, l'Inde, l'Australie, c'est-à-dire les vestiges d'un vieux continent actuellement éclaté : le Gondwana. Alors même que la majorité des géologues la rejetaient, faute d'avoir trouvé le moteur, il soutint ainsi avec enthousiasme la théorie de la dérive des continents, émise par le géophysicien allemand Alfred Wegener en 1915. Wegener avait en effet remarqué que la côte est de l'Amérique du Sud semble s'emboîter parfaitement dans la côte ouest de l'Afrique. Il avait proposé que les masses continentales actuelles résultent de la fragmentation d'un supercontinent, la Pangée, d'abord en Gondwana et Laurasie, puis en masses plus petites dérivant depuis à la surface de la Terre. Le moteur de cette dynamique, la tectonique des plaques, sera découvert bien plus tard.

Hennig : les mouches et la cladistique

La systématique est la science de la classification des êtres vivants. Dans les années 1940 et 1950, un biologiste allemand, Willi Hennig, spécialiste des mouches et des moustiques, a révolutionné l'approche des relations de parenté entre les organismes vivants en posant les fondements de la classification phylogénétique par caractères dérivés, baptisée cladistique, encore utilisée aujourd'hui par les systématiciens du monde entier. Il a intégré la notion d'évolution dans la classification moderne, en proposant de regrouper les organismes selon des caractères hérités d'un ancêtre commun qui les a transmis à l'ensemble de ses descendants. Il regroupe donc les organismes sur un caractère présent chez tous. Sa méthode pour reconstituer l'arbre généalogique du monde vivant (l'arbre phylogénétique) repose sur une typologie précise des caractères définissant les nœuds de l'arbre. À côté des vrais caractères dérivés d'un ancêtre commun et partagés par les espèces d'une même branche, on trouve par exemple les caractères dérivés acquis plusieurs fois indépendamment au cours de l'évolution (comme les ailes des insectes et des oiseaux) ou les caractères primitifs (comme les poils des mammifères).

Von Frisch : la danse de l'abeille

En 1973, Karl von Frisch, chevalier de son état, recevait le prix Nobel en compagnie de Konrad Lorenz et Nikolaas Tinbergen, pour leurs découvertes en éthologie concernant les comportements individuels et sociaux des animaux.

Von Frisch était spécialiste du comportement des insectes, une discipline dont Fabre avait établi les prémisses (cf. chap. 31). Il a étudié en profondeur les mœurs et les modalités de la communication entre les abeilles. Par ses recherches sur les outils de navigation des abeilles, Von Frisch a démontré que les abeilles peuvent s'orienter de plusieurs manières : d'abord par la position du soleil et, en cas de ciel couvert ou d'obscurité, par le schéma de polarisation de la lumière du ciel bleu et par le champ magnétique.

Les deux premiers sont les principaux et visent à connaître la position du soleil. La lumière du ciel bleu, qui est la lumière du soleil diffusée par l'atmosphère, est partiellement polarisée dans une direction dépendant de celle du soleil. L'abeille a trois petits yeux simples (ocelles) sur le front, qui comportent un récepteur à ultraviolets muni d'un filtre polarisant, orienté différemment selon les yeux. Avec au moins deux taches de ciel bleu, elles peuvent localiser approximativement la direction du soleil. Les abeilles sont capables d'effectuer des corrections par rapport à la course du soleil, pour retrouver la source de nourriture même si plusieurs heures se sont écoulées. Elles disposent d'une horloge interne qui leur permet d'actualiser les directions. Une zone de butinage trouvée lors d'une expédition matinale sera retrouvée l'après-midi au moyen du soleil. Les abeilles naviguent également en captant les variations magnétiques de la Terre, grâce à des détecteurs abdominaux contenant des granules de ferrite, mais aussi en se basant sur des repères physiques (une rangée d'arbres…) et sur les phéromones laissées par d'autres butineuses.

Von Frisch a également montré que les abeilles ouvrières peuvent indiquer à leurs congénères butineuses la direction et la distance par rapport à la ruche, par un langage dansé, sans vocalisation et sans dialogue. Dans la danse frétillante, l'orientation verticale de la danse indique la direction de la zone par rapport au soleil, la vitesse du frétillement la distance de cette zone, et l'odeur imprégnant la danseuse la nature des fleurs à butiner. Cette analyse de la danse des abeilles a permis des réflexions fondamentales sur la nature du langage humain.

Vacher de Lapouge : des carabes à la théorie des races

Vacher de Lapouge fait partie des entomologistes qui ont activement contribué à la pensée sociale de leur temps, comme plus tard Edward Wilson, éminent spécialiste des fourmis et théoricien de la sociobiologie. Vacher de Lapouge fut un anthropologue français à la réputation grande et fâcheuse. Érudit, docteur en droit, passionné par les langues orientales (il apprendra l'assyrien, l'égyptien et l'hébreu, le chinois et le japonais), il fut parallèlement un brillant spécialiste des coléoptères carabiques, chez lesquels la nomenclature des races et des sous-espèces est traditionnellement détaillée. Il s'est intéressé dès les années 1880 à la théorie darwinienne de l'évolution et à la pensée eugéniste du démographe anglais Francis Galton, cousin de Darwin.

À partir de ses travaux d'anthropologie, et probablement sous l'influence de son expérience d'entomologiste des carabes, il a développé une théorie scientifique sur les sélections sociales, l'hérédité et la hiérarchie des races humaines. Dans une typologie d'apparence très « zoologique », il distinguait en Europe l'*Homo europeus*, grand blond (anglo-saxon ou nordique), protestant, dominateur et créateur, de l'*Homo alpinus*, représenté par l'Auvergnat et le Turc, « parfait esclave craignant le progrès », et de l'*Homo contractus*, ou Méditerranéen, incarné par le Napolitain et l'Andalou, appartenant aux races inférieures. Dans son livre *L'Aryen et son rôle social*, en 1899, il était persuadé que l'avenir du monde reposait sur la victoire des aryens sur les juifs. Il croyait à la primauté de l'hérédité sur l'éducation et l'action du milieu social, et insista sur l'infériorité physiologique et psychologique des métis et le risque d'extinction des races par métissage. Il fut le premier à employer les termes d'eugénisme et d'ethnie. En 1886, il lança une prophétie tristement annonciatrice de la Shoah : « je suis convaincu qu'au siècle prochain, on s'égorgera par millions pour un ou deux degrés de plus ou de moins dans l'indice céphalique ».

Les thèses antisémites de Vacher de Lapouge furent reprises par Escherich, entomologiste de talent, recteur de l'université de Munich et l'un des premiers compagnons d'Hitler. Escherich proposa au mouvement national socialiste le modèle de la société des termites, vieille d'au moins 50 millions d'années, équilibrée, où tout est conçu pour la collectivité au détriment de l'individualisme et de l'égoïsme.

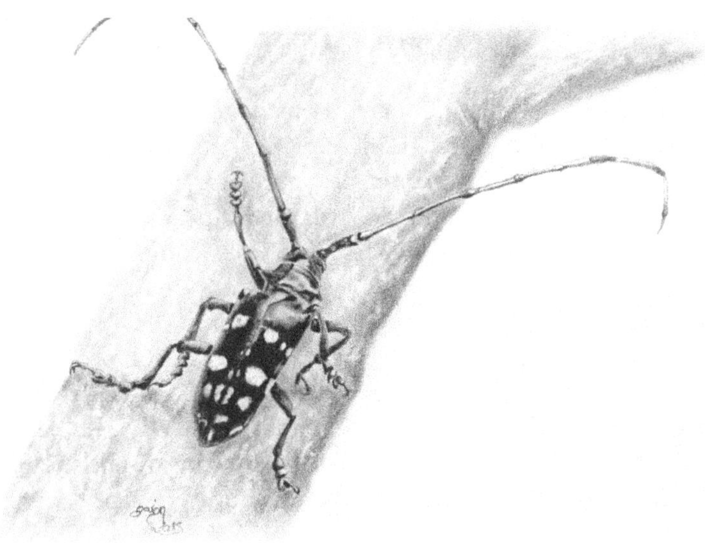

34

Les insectes font l'actualité

« Ainsi comprise, l'entomologie, je le sais, n'est pas, goûtée de tout le monde ; on tient
en pauvre estime le naïf occupé des faits et gestes de l'insecte. […] Et qui vous a dit,
homme de peu de foi, que l'inutile d'aujourd'hui ne sera pas demain utile ? Instruits
des mœurs de la bête, nous pourrons mieux défendre notre bien. Ne méprisons pas
l'idée désintéressée, il pourrait nous en cuire. »

Jean-Henri Fabre, Souvenirs entomologiques

Où l'on découvre que les moustiques ont empêché une société française de
concrétiser la construction du canal de Panama. Que des bombes japonaises
à puces porteuses de la peste ont été lancées sur les villes chinoises durant la
Seconde Guerre mondiale. Que de nombreux insectes conquièrent le monde en
auto-stop sur les cargaisons commerciales. Que l'homme voudrait faire porter le
chapeau du réchauffement climatique aux insectes. Qu'un papillon et une cétoine
ont réussi à faire fermer ou dévier une autoroute.

Quand les insectes nuisent aux grands projets

Dans les régions tropicales, les insectes ont fragilisé la pérennité et l'expansion des empires et la mise en œuvre de certains grands projets d'infrastructures. Les historiens estiment que les mouches simulies transmettant des vers parasites (cf. chap. 24) ont empêché les grands empires africains du Sahel, comme celui du Mali, de valoriser les fertiles vallées intérieures (comme celle du fleuve Niger) et de disposer ainsi des ressources vivrières nécessaires pour pérenniser leur régime politique.

C'est aussi aux insectes qu'on doit l'échec du projet français du canal de Panama ! En 1879, l'entrepreneur français Ferdinand de Lesseps, auréolé du succès du célèbre canal de Suez, eut l'idée de reproduire son œuvre de perceur d'isthme à Panama. Pour aller en bateau de New York à San Francisco sans contourner l'Amérique du Sud par le cap Horn, Ferdinand de Lesseps envisagea un canal long de 75 km traversant l'Amérique centrale. Les travaux débutèrent en 1881 mais les insectes compromirent rapidement l'entreprise. Beaucoup d'ouvriers (27 500 !) et d'ingénieurs succombèrent à la malaria et à la fièvre jaune transmises par les moustiques (ce qu'on ignorait à l'époque !). Les retards causèrent des pertes financières colossales et provoquèrent un scandale politico-financier dans la Troisième République française.

En 1887, le projet inachevé avait déjà coûté trois fois le budget total initialement envisagé. La Compagnie universelle du canal interocéanique de Panama fut mise en liquidation judiciaire en 1889, ruinant 85 000 souscripteurs. Cette affaire provoqua un regain d'antisémitisme contre les industriels juifs en France et contribua significativement au déclenchement de l'affaire Dreyfus, deux ans plus tard… À Panama, les États-Unis reprirent le chantier à leur compte en 1904. En supprimant l'eau stagnante des pots de plantes vertes dans l'hôpital du chantier, les Américains diminuèrent fortement les populations de moustiques côtoyant les convalescents ! Le canal américain de ce projet français fut inauguré le 15 août 1914, quelques jours après l'éclatement de la Première Guerre mondiale en Europe.

Armes de guerre biologique

La guerre entomologique est un cas particulier de la guerre biologique, où le soldat se sert des insectes soit comme assaillants directs, soit comme vecteurs d'agents pathogènes. Les insectes sont des armes biologiques que les militaires ont du mal à maîtriser. Les historiens distinguent trois principaux types d'attaque entomologique.

• Dans le premier type, les insectes piqueurs sont infectés avec un microbe et dispersés sur une zone cible ennemie où ils transmettront la maladie. Ce mode de diffusion fut même employé bien avant qu'on connût le mode de transmission des maladies. Dès l'Antiquité gréco-romaine, les troupes répandirent la peste bubonique par des vêtements infectés, en fait couverts de puces vecteurs du bacille. La peste noire qui ravagea l'Europe au XIVe siècle aurait pris sa source au siège de la ville de Caffa, en Crimée, durant lequel les Mongols avaient jeté des cadavres de pestiférés infestés de puces sur les Génois.

Pendant la Seconde Guerre mondiale, une unité japonaise de guerre biologique a lancé des attaques à grande échelle sur la Chine. Les militaires japonais ont dispersé des puces porteuses du bacille de la peste et des mouches porteuses du choléra en les pulvérisant d'avion ou en larguant des bombes « Yagi » remplies de 10 L de charge de puces. Ces épidémies meurtrières localisées ont causé la mort de 500 000 Chinois. À la fin de la guerre, les « entomologistes » japonais de l'unité 731 ont échangé avec les Américains leur savoir-faire contre leur impunité.

Ça alors ! La guerre entomologique des savants nazis

Un institut d'entomologie avait été créé par le chef nazi de la SS, Himmler, à côté du camp de concentration de Dachau. L'objectif défensif ou offensif des recherches sur la puce et la peste, le moustique anophèle et le paludisme (cf. chap. 24) demeure ambigu. Erich Martini, l'un des membres de l'équipe de Dachau, fut toutefois tenu responsable du lâcher de millions de larves de moustiques porteuses du paludisme dans les marais au sud de Rome en 1943, afin de ralentir la progression des troupes alliées...

Pendant la guerre froide, les États-Unis ont très sérieusement étudié la guerre entomologique. Ils ont ainsi planifié des installations de guerre capables de produire mensuellement 100 millions de moustiques infectés par la fièvre jaune, et testé le largage des moustiques infectés sur leurs propres populations, comme lors de l'opération Big Buzz en mai 1955 à Savannah, en Géorgie. Ces essais ont peut-être préparé des largages américains de moustiques sur Cuba, où de curieuses épidémies de dengue ont sévi dans les années 1970… Ce procédé est légalement prohibé par la Convention sur l'interdiction des armes biologiques de 1972.

• Dans le deuxième type d'attaque, ce sont des insectes ravageurs des cultures qui sont dirigés contre les ressources alimentaires de l'ennemi. Pour ce cas de figure, il est toujours difficile de démontrer que l'expansion des insectes résulte d'une attaque, de la fuite d'essais mal maîtrisés ou d'un phénomène naturel. Durant la guerre de Sécession américaine, les Confédérés du Sud ont accusé l'Union d'avoir introduit la punaise arlequin (*Murgantia histrionica*), un redoutable ravageur des choux, dans le sud du pays pour nuire aux réserves de l'ennemi. Ces accusations n'ont toutefois jamais été officiellement prouvées. Plus tard, pendant la Seconde Guerre mondiale, l'Allemagne a lancé un programme de production de masse du doryphore de la pomme de terre (cf. chap. 24), et élaboré un plan pour en larguer des populations sur les cultures anglaises. Réciproquement, en 1942, les États-Unis ont expédié 15 000 doryphores en Grande-Bretagne (le doryphore est à l'origine une chrysomèle nord-américaine) pour étudier leur utilisation comme arme biologique contre les Allemands. Aucun des deux projets ne semble avoir été concrétisé.

Plus récemment encore, la recherche américaine a été particulièrement active sur le front de recherche concernant les armes entomologiques. Dans les années 1990, Cuba a accusé les États-Unis d'avoir lâché *Thrips palmi*, ravageur de la pomme de terre et des courges, par un avion d'épandage le long d'un couloir aérien. À partir des années 1990, dans le cadre de la guerre américaine contre les drogues, les États-Unis ont financé des programmes de recherche concernant l'élevage et le largage de chenilles, notamment d'*Eloria noyesi*, sur des champs de coca en Amérique du Sud, et un insecte vecteur d'un virus affectant le pavot à opium.

• Le troisième type de guerre entomologique, probablement le plus ancien, consiste à projeter des insectes vulnérants, par exemple des abeilles, sur l'ennemi. Dès l'Antiquité, plusieurs civilisations méditerranéennes ont usé de véritables bombes entomologiques, en lançant sur l'ennemi des nids de frelons, des ruches ou des paniers et des poteries remplis d'insectes piqueurs, comme des guêpes ou des réduves. Dans la Rome antique ou au Moyen Âge, les historiens relatent l'abandon ou la résistance de villes assiégées, sous le feu de ces projectiles entomologiques douloureux, catapultés dans ou de leur camp. Lors de la guerre du Vietnam, l'abeille asiatique *Apis dorsata* a été utilisée par les troupes locales contre la cible américaine.

Une empreinte écologique mitigée

Le climat de la Terre se réchauffe : les modèles du Giec le démontrent et les données météorologiques des dernières années le confirment. Dans ce dossier, les insectes sont parfois assignés au banc des accusés. Ils favoriseraient le réchauffement climatique par deux voies.

La première repose sur leur contribution aux émissions de gaz à effet de serre. D'après une ancienne étude parue en 1982, les termites (et les symbiontes les aidant à digérer le bois ; cf. chap. 10) émettraient 10 fois plus de gaz carbonique que les automobiles et les usines ! Des évaluations récentes ont remis en question cette estimation : les termites n'assureraient que 2 % des émissions annuelles de CO_2. D'autre part, les termites, qui sont les seuls insectes à abriter des bactéries symbiotiques méthanogènes dans leur intestin (cf. chap. 10), seraient responsables de 4 % des émissions annuelles de méthane. Ces contributions sont donc modestes dans le bouquet des pollueurs…

La seconde voie concerne l'action des insectes herbivores qui grignotent les feuilles des arbres et réduisent ainsi la capacité des forêts à absorber du CO_2.

Chaque année, les forêts mondiales absorbent environ un tiers des émissions humaines de carbone. La hausse des concentrations atmosphériques de CO_2 pourrait d'ailleurs stimuler la croissance des arbres qui absorberaient davantage de CO_2. C'est sans compter sur la pullulation des insectes herbivores, favorisée par cette hausse du CO_2. Grâce à des expériences d'enrichissement artificiel de l'atmosphère en CO_2, des chercheurs américains ont démontré qu'une forêt exposée à des teneurs accrues de CO_2 serait beaucoup plus grignotée que les forêts actuelles. La démographie des insectes profiterait de l'augmentation de la qualité nutritionnelle des feuilles en cas d'augmentation du CO_2 ambiant. Le gain de production de ces forêts baignant dans une atmosphère enrichie en CO_2 serait diminué de 35 % à 50 %. Les arbres séquestreraient alors moins de carbone. La complexité du système rend les prédictions délicates. Le puits de carbone forestier sur lequel l'humanité compte tant serait ainsi un puits percé par les insectes !

Alerte aux invasifs

L'accroissement des déplacements et des échanges commerciaux à la surface du globe a permis à de nombreuses espèces d'élargir leur aire de distribution, voire de devenir cosmopolites. Les punaises de lit *Cimex* qui perturbent les nuitées de l'hôtellerie mondiale colonisent le monde en voyageant avec les bagages. À la fin du XXe siècle, de nombreux insectes asiatiques sont partis à la conquête du monde (frelon asiatique, coccinelle asiatique, capricorne asiatique…), reflétant les flux dominant les transactions mondiales.

Les tribulations du capricorne asiatique (*Anoplophora glabripennis*) en auto-stop sont particulièrement symptomatiques. Dans les années 1960-1970, la Chine communiste a soutenu un vaste programme d'amélioration génétique du peuplier (imitant le blé de Lyssenko…), pour alimenter une sylviculture intensive de clones à croissance rapide. Dans la foulée, de 1977 à 1991, les populations du capricorne asiatique, un xylophage friand de chair de peuplier, ont augmenté de 650 000 % sur le territoire chinois. Les hybrides à croissance rapide étaient en effet malheureusement très sensibles à ce ravageur. De 1991 à 1993, les autorités ont décrété l'abattage de 50 millions d'arbres attaqués.

Dans le même temps, les commerçants chinois se sont lancés à la conquête du monde. De 1986 à 1996, les exportations de produits chinois ont grimpé de 364 %. 20 % de ces exports étaient emballés dans des caisses ou sur des palettes en bois… de peuplier ! Les peupliers contaminés fraîchement abattus en ont livré la matière. Mal écorcés, séchés dans la précipitation, ces troncs ont fourni du bois renfermant des larves de capricorne encore vivantes, prêtes à émerger en adultes reproducteurs. De 1996 à 1998, des *Anoplophora* sortis des caisses d'emballage ont envahi New York puis Chicago. Comme l'espèce est capable de s'installer dans le bois d'une large gamme d'arbres feuillus vivants, les adultes ont pondu dans les arbres des avenues et des parcs, obligeant les services des espaces verts à procéder à des abattages massifs. Les paysages urbains ont alors été défigurés ! De 1996 à 1999, plus de 30 observations d'*Anoplophora* ont été enregistrées autour d'entrepôts de fret en Angleterre, mais sans attaques des arbres locaux. Malgré une directive européenne incluant des mesures anti-*Anoplophora*, l'espèce a été détectée sur des érables en 2001 en Autriche et en 2003 en France. Ces premières mentions n'ont pas été suivies de l'invasion des forêts voisines. Mais jusqu'à quand ?

C'est parfois délibérément, au moins au départ, que l'homme a favorisé l'invasion. Nombreux sont les exemples d'apprenti sorcier introduisant des ennemis naturels, coccinelles ou guêpes parasitoïdes, pour lutter contre un ravageur (cf. chap. 25). En apiculture, les croisements d'abeilles livrent une histoire frappante. En 1956, afin d'augmenter la productivité de leurs ruches avec un hybride mieux adapté au climat tropical d'Amérique du Sud, les apiculteurs brésiliens croisèrent des reines de la sous-espèce sud-africaine *Apis mellifera scutellata*, avec des mâles des sous-espèces d'abeille européenne qu'ils utilisaient alors (*Apis mellifera ligustica* et *Apis mellifera iberiensis*). Ces abeilles furent tôt baptisées de tueuses : leur venin est identique à celui des abeilles européennes, mais leur agressivité décuplée ! Elles attaquent souvent en grand nombre et poursuivent un ennemi sur plus d'un kilomètre…

Échappées de la zone d'étude brésilienne dès 1957, elles ont colonisé le continent sud-américain dans les années 1960, atteignent le Mexique en 1985 et les États-Unis au début des années 1990, évitant les régions montagneuses et désertiques. Les reines européennes se reproduisent davantage avec les faux-bourdons africanisés qu'avec leurs pairs, facilitant la progression des gènes de l'abeille africanisée dans la colonie. Lorsque la reine est à remplacer, les jeunes reines vierges africanisées émergent plus tôt et détruisent leurs rivales européennes. Les abeilles africanisées éliminent parfois la reine européenne en place pour la remplacer par une consœur africanisée. L'invasion américaine de ces métisses vigoureuses est donc particulièrement réussie…

Génie écologique au secours des insectes menacés

Le Sommet de la Terre à Rio en 1992 a consacré la préoccupation universelle de protection de la biodiversité et conduit à plusieurs engagements internationaux pour la conservation des espèces et la gestion durable des habitats. À côté de ces processus internationaux, existe une multitude d'initiatives locales ayant pour cible la préservation d'espèces particulières.

Les grandes infrastructures routières causent à la fois une mortalité directe et la fragmentation des populations ; les passerelles à grande faune sont vouées à faciliter la survie des mammifères. D'autres mesures de génie écologique s'adressent aux insectes…

Sur l'île de Taïwan, le papillon migrateur *Euploea tulliolus* réalise une migration saisonnière, comme le monarque en Amérique du Nord. L'espèce hiverne dans le sud de l'île et se dirige vers le nord au printemps pour s'y reproduire. Durant son périple, plus de 1 million d'individus traversent une dangereuse autoroute sur environ 600 mètres de large. Pour éviter une hécatombe de victimes de la circulation automobile, les autorités ont mis en place plusieurs réponses depuis 2007 : l'autoroute est temporairement fermée lors du pic migratoire, des filets de protection obligent les papillons à voler bien au-dessus de la circulation, et des lumières ultraviolettes positionnées en dessous d'un tronçon de route surélevé les incitent à passer dessous.

En Europe, c'est la cétoine pique-prune (*Osmoderma eremita*) qui a récemment obligé les autoroutiers à adapter leur projet. L'osmoderme est un insecte spécialisé des cavités à terreau des vieux arbres, classé comme espèce prioritaire par une directive européenne. Or les remembrements planifiés sur le tracé de l'autoroute A28 entre Tours et Le Mans incluaient l'abattage d'arbres dans lesquels la présence de cette espèce était attestée. Les associations de protection de la nature sont donc montées au créneau pour bloquer le chantier : le tracé a été dévié, et les atteintes inévitables portées à certains habitats ont induit des mesures de compensation. Certains troncs de châtaignier porteurs de cavités à osmodermes mais abattus pour la cause autoroutière ont ainsi été transportés dans un site propice à l'espèce.

Dans le nord-est de la Suède, ce sont des souches de pin brûlé qui ont été transportées par hélicoptère dans un parc national, pour servir de nourriture aux larves d'un scarabée (*Chalcophora mariana*). Cet insecte, qu'on croyait disparu du pays en raison du contrôle systématique des incendies de forêt, a été réobservé sur ce site en 2007 !

C'est parfois l'espèce elle-même qu'on déplace. Les translocations d'espèces ont été mises en œuvre pour la conservation des grands animaux, plus rarement chez les insectes, moins emblématiques et faute de moyens. Une liste d'expériences couronnées de succès pourrait toutefois être établie : la translocation d'individus du banal grillon champêtre (*Gryllus campestris*), espèce rare sur la marge nord de son aire de distribution, d'une réserve naturelle allemande à une autre en 2001, la transplantation réussie d'une quinzaine d'individus de la grande sauterelle des cavernes (*Dolichopoda linderi*), endémique des grottes de l'Aude et des Pyrénées-Orientales, de la grotte de Sirach à la grotte du Gourp des bœufs en 1982, etc. Deux autres exemples, l'un européen et l'autre exotique, sont également instructifs. Avant les années 2000, la sauterelle weta *Motuweta isolata* ne survivait plus que sur les 13 ha de l'île d'Ahu, au large de la Nouvelle-Zélande. Les capacités de recolonisation naturelle de cette grosse sauterelle sont très limitées. Pour éviter une extinction accidentelle de l'espèce, un mâle et deux femelles ont été mis en élevage et leur descendance directe et indirecte (plus de 500 individus) a été relâchée dans six îles proches entre 2000 et 2009. En 2012, des traces de survie voire d'extension des *Motuweta* étaient détectées sur cinq des six îles. En revanche, la population de l'île d'origine s'était éteinte…

L'azuré du serpolet (*Maculinea arion*) est un papillon européen lié à la présence d'une pelouse rase contenant sa plante hôte pour le début de la vie de chenille, et des fourmis du genre *Myrmica,* qui prennent soin des chenilles plus âgées dans leurs fourmilières (cf. chap. 21). Après les années 1950, l'intensification agricole en Grande-Bretagne a fait disparaître ces pelouses. En 1979, les entomologistes britanniques ont constaté avec consternation la disparition de la dernière station du papillon. Mais, dès 1983, l'espèce a été réintroduite à partir d'une population suédoise sur 10 sites du Royaume-Uni, dont 9 tenus secrets.

> « Le savoir humain sera rayé des archives du monde avant
> que nous ayons le dernier mot d'un moucheron. »
>
> Jean-Henri Fabre, *Souvenirs entomologiques*

Bibliographie

En concertation avec l'éditeur, nous avons choisi de ne pas inventorier les nombreuses références des articles scientifiques d'où proviennent les résultats commentés ici. Seules quelques références d'intérêt général sont mentionnées.

Cambefort Y., 1995. *Le Scarabée et les Dieux – Essai sur la signification symbolique et mythique des coléoptères*. Boubée, 224 p.

Fournier M., 2011. *Quand la nature inspire la science – Histoire des inventions humaines qui imitent les plantes et les animaux*. Plume de carotte, 152 p.

Fraval A., 2011. Épingles entomologiques. Ebook, 396 p.

Guillot A., Meyer J.A., 2008. *La Bionique – Quand la science imite la nature*. Dunod, 229 p.

Hölldobler B., Wilson E.O., 1996. *Voyage chez les fourmis – Une exploration scientifique*. Le Seuil, 256 p.

Jolivet P., 1991. *Curiosités entomologiques*. Chabaud, 170 p.

Jolivet P., Verma K.K., 2005. *Fascinating Insects – Some aspects of insect life*. Pensoft Publishers, 310 p.

Lamy M., 1997. *Les Insectes et les Hommes*. Albin Michel, 420 p.

Lewino F., 2007. *Tuez-vous les uns les autres – La vie et la mort chez nos amies les bêtes*. Grasset, 367 p.

Passera L., 2008. *Le Monde extraordinaire des fourmis*. Fayard, 235 p.

Paulian R., 1993. *Les Coléoptères à la conquête de la Terre*. Boubée, 243 p.

Siganos A., 1985. *Les Mythologies de l'insecte – Histoire d'une fascination*. Klincksieck, 397 p.

Glossaire

Abdomen : troisième division ou partie postérieure du corps de l'insecte.

Apex : extrémité d'un organe.

Aposématique : se dit d'une ornementation ou couleur qui avertit les prédateurs de la toxicité (vraie ou simulée) du porteur.

Aptère : dépourvu d'ailes.

Chitine : substance organique dure, solide et imperméable qui constitue le principal élément recouvrant le corps des insectes (chitineux : formé de chitine).

Cleptoparasite : qui se nourrit en volant la récolte ou les proies capturées par une autre espèce.

Commensal : espèce associée à une autre et profitant de ses aliments sans lui porter préjudice.

Coprophage : qui se nourrit des excréments d'animaux.

Cycloalexie : comportement collectif de défense par regroupement des individus en cercle.

Diapause : état temporaire de vie ralentie indépendant des facteurs extérieurs.

Ectoparasite : parasite externe.

Élytre : aile antérieure modifiée et durcie de certains insectes, ne battant pas en vol.

Entomophile (plante) : dont la pollinisation se fait grâce à l'action des insectes.

Éthologie : science qui a pour objet l'étude des mœurs et du comportement individuel et social des animaux.

Exosquelette : enveloppe extérieure des insectes.

Fèces : excréments solides des animaux.

Fémur : une des parties de la patte, entre la hanche et le tibia.

Hématophage : qui se nourrit du sang des vertébrés.

Hémocœle : cavité interne du corps des insectes, dans laquelle baignent les organes.

Hémolymphe : liquide circulant librement dans la cavité interne générale du corps des insectes.

Monophage : qui ne se nourrit qu'aux dépens d'une autre espèce unique.

Nécrophage : qui se nourrit de cadavres et d'organismes morts.

Nectaire : organe des fleurs ou des feuilles sécrétant une matière odorante et sucrée, le nectar.

Nématode : groupe zoologique de petits vers cylindriques et effilés, aquatiques libres ou parasites.

Nymphose : au cours du cycle biologique, transformation d'un insecte de larve en nymphe, avant la métamorphose de nymphe en adulte.

Ocelle : tache ronde dont le centre est d'une autre couleur que la circonférence ; elle ressemble à un faux œil sur les ailes de certains insectes.

Oligophage : qui peut se nourrir aux dépens de quelques espèces, souvent apparentées.

Oothèque : fourreau ou capsule sécrétée par la femelle de certains insectes (blattes, mantes, criquets) au moment de la ponte et contenant les œufs.

Osmotique : relatif au phénomène d'osmose, caractérisé par le passage de la solution la moins concentrée vers la solution la plus concentrée, lorsque deux liquides de concentration différente sont séparés par une membrane semi-perméable.

Palpe : petit organe sensoriel articulé accompagnant les pièces buccales.

Parthénogenèse : mode de reproduction dans lequel un œuf non fécondé donne naissance à un organisme.

Phyllophage : qui mange les feuilles.

Phytophage : qui se nourrit de végétaux vivants.

Polyandre : qui se reproduit avec plusieurs mâles.

Polyphage : qui consomme une alimentation variée, qui se nourrit d'un grand nombre d'espèces.

Pronotum : partie dorsale du premier segment du thorax.

Protozoaire : groupe zoologique d'animaux à une seule cellule.

Saprophage : qui se nourrit de matières organiques en décomposition (= détritivore).

Saproxylophage : qui se nourrit de bois en décomposition.

Sensille : organe sensoriel de réception chimique sur les antennes.

Séricigène : qui produit la soie.

Spermathèque : glande destinée à recevoir et stocker la semence du mâle.

Substrat : milieu nutritif ou support physique d'un organisme.

Symbionte : chacun des organismes associés par une symbiose, relation durable à bénéfice réciproque. Une symbiose implique au moins deux partenaires symbiontes.

Tarse : dernière partie de la patte, souvent en plusieurs articles.

Tégument : ensemble des éléments qui constituent le revêtement externe du corps.

Thorax : partie du corps située entre la tête en avant et l'abdomen en arrière, et où s'insèrent les organes locomoteurs.

Tibia : une des parties de la patte, entre le fémur et les tarses.

Triongulin : premier stade larvaire de certains insectes, caractérisé par des pattes qui se terminent par trois ongles.

Trophallaxie : mode de transfert de nourriture de bouche à bouche entre deux membres d'une même colonie d'insectes sociaux.

Xylophage : qui se nourrit de bois.

Édition : Sylvie Blanchard
Mise en pages et couverture : Paul Mounier-Piron

Imprimé pour vous par Libri Plureos GmbH
(Allemagne)

9 782759 224487